/ 中国首部全译插图本 /

SOUVENIRS
ENTOMOLOGIQUES

昆虫记

· 典 藏 版 ·

· X ·

［法］法布尔　著

张广学　学术顾问

鲁京明　译

SPM
南方传媒　花城出版社

中国·广州

图书在版编目（CIP）数据

昆虫记：典藏版. X ／（法）法布尔著；鲁京明译
. -- 4版. -- 广州：花城出版社，2022.6
  ISBN 978-7-5360-9276-1

  Ⅰ. ①昆… Ⅱ. ①法… ②鲁… Ⅲ. ①昆虫学－普及
读物 Ⅳ. ①Q96-49

中国版本图书馆CIP数据核字(2022)第045765号

出 版 人：张　懿
特约策划：邹靖华　秦　颖
责任编辑：黎　萍　夏显夫
技术编辑：凌春梅
封面插画：空　澈
封面设计：介　桑

书　　名　昆虫记：典藏版
　　　　　KUNCHONGJI：DIANCANGBAN
出版发行　花城出版社
　　　　　（广州市环市东路水荫路 11 号）
经　　销　全国新华书店
印　　刷　佛山市浩文彩色印刷有限公司
　　　　　（广东省佛山市南海区狮山科技工业园 A 区）
开　　本　880 毫米×1230 毫米　32 开
印　　张　10　4 插页
字　　数　235,000 字
版　　次　2022 年 6 月第 1 版　2022 年 6 月第 1 次印刷
定　　价　388.00 元（全十卷）

如发现印装质量问题，请直接与印刷厂联系调换。
购书热线：020 - 37604658　37602954
花城出版社网站：http://www.fcph.com.cn

法布尔是掌握田野无数小虫子秘密的语言大师。

——［法］罗曼·罗兰

目 录
Contents

JEAN-HENRI CASIMIR FABRE

SOUVENIRS
ENTOMOLOGIQUES

JEAN-HENRI CASIMIR FABRE

第一章 🪲 蒂菲粪金龟的洞穴

为了让人们对这一章讲述的昆虫留下深刻印象，昆虫分类学家采用了两个可怕人物的名称来指称它。一个是弥诺陶洛斯，这是弥诺斯那只在克里特岛地下迷宫中食人公牛的名字。另一个是蒂菲，他是大地之子，一个试图登天的巨人。忒修斯利用弥诺斯的女儿阿里阿德涅提供的绳子终于抓住了弥诺陶洛斯，将它杀死并安然无恙地走出了迷宫，从此使他们国家的人民永远摆脱了被这半人半兽的怪物吞食的命运。蒂菲被他自己垒起的群山劈裂，掉进了埃特拉火山口。

他仍然在那里，他吐出的气息化成了火山的烟，他一咳嗽，火山就会冒出岩浆；如果他想让另一边肩膀休息，就会引起西西里岛不安，因为他引发的地震使西西里岛地动山摇。[①]

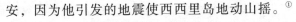

昆虫的故事能唤起人们对一些古老神话的回忆，倒并不是件坏事。这些念起来响亮、听起来顺耳的神话人物名字，并没有带来与事实相矛盾的问题；而那些根据构词法拼凑起来的名称，总免不了名不副实的弊病。能将神话和历史联系起来，得到一种意象朦胧的名字，才是最理想的命

1/3

雄蒂菲粪金龟

[①] 弥诺陶洛斯是希腊神话中牛首人身的怪物，是弥诺斯之妻和波塞伊冬送的白公牛所生。弥诺斯将它关在迷宫里，用人肉供养它。忒修斯将弥诺陶洛斯杀死，为民除了害。蒂菲是神话中大地之子的名字，他是个巨人，试图把山垒起来登天，结果跌入了埃特拉火山口。他的气息化成了火山的烟，他一咳嗽，火山就会冒出岩浆；他只要一动就会引起西西里岛地震，使西西里岛地动山摇。——译注

名。蒂菲粪金龟就是个范例。

人们管一种个头较大的黑色鞘翅目昆虫叫蒂菲粪金龟，它与在地下挖洞的粪金龟具有相近的血缘。它是一种和平而无害的昆虫，但它的角比弥诺斯的公牛更厉害。在带甲胄的昆虫中，没有一种佩带的武器具有如此大的威胁性。雄性的胸前有3根平行的锐利长矛，假如它有公牛一般的体魄，恐怕连忒修斯在乡间遇上它，也不敢迎战它那可怕的三叉戟。

寓言中的蒂菲企图洗劫诸神的住所，他把连根拔起的山垒成一根柱子。昆虫学家眼中的蒂菲不会登天，却会入地，能在泥土中钻得很深。它首先用肩膀把泥土撞得松动了，再用背去顶，使小土堆震颤，就像埋在埃特拉火山里的蒂菲一动火山就会喷发一样。

我今天要研究的就是这种昆虫，我想尽可能地深入到它最秘密的行动中去，在长期研究的过程中所收集到的一些资料，使我想到蒂菲粪金龟的一些习性，值得花笔墨来详细描写。

但是写这个故事有什么意义呢？深入细致的研究又有什么意义呢？对此，我很明白，不要低估一粒胡椒的价值，也不要高估了成桶烂白菜的价值，以及武装舰队让决意拼命的人对峙的严重事态。昆虫不奢望如此高的荣誉，它只是通过变化多端的表现，向我们展示它的生活，它在一定程度上有助于我们理解人类这本最晦涩难懂的书。

蒂菲粪金龟容易收集到，饲养也花不了多少钱，再加上观察起来不讨人厌烦，它比高等昆虫更易于接受我好奇的调查。再说高等昆虫只会重复那些单调乏味的话题，然而蒂菲粪金龟的本能、习性、结构等特点，有许多都是我从没听说过的，它能揭示一个新的世界，仿佛我们是在与另一个星球上的生物进行研讨。这就是为什么我始终高度重视蒂菲粪金龟，一再不懈地与之建立联系的原因。

　　蒂菲粪金龟喜爱露天的沙地，羊群去牧场时所经之处，会撒下一粒粒黑色的粪球，那就是它通常吃的粮食。如果没有羊粪，它也接受兔子细小的粪便，这种粪便更容易收集。兔子这种害羞的啮齿动物，也许是怕到处大小便会暴露目标，总是跑到老地方百里香丛中排便。

　　对于蒂菲粪金龟来说，兔子的粪便是劣等食物，当找不到更好的食物时才用它作便餐；但它不用兔粪喂孩子，它喂给孩子们的是羊粪。如果根据它的爱好来为它命名，恐怕应该叫它羊粪爱好者。蒂菲粪金龟对牧羊群的偏好没有逃过古代观察家的眼睛，有人称它为羊金龟。

　　蒂菲粪金龟的洞穴口有个土丘，相当容易辨认。当秋雨滋润了被夏日的太阳烤干的土地时，洞穴便开始多起来。这时，新生儿慢慢地从泥土里钻出来，第一次到地面上来享受阳光。同时，它们花上几周时间，在一些临时小屋里大吃大喝，然后大伙儿一起为越冬储备粮食。

　　参观它们的住宅很简单，只要一把普通的小铲子就够了。秋末初冬，蒂菲粪金龟的城堡是一口直径像手指般粗的井，约一拃深，里面没有专门的房间，只有一个洞，洞壁的垂直度受地形和土质的影响。洞主待在洞底，有时是雌性，有时是雄性，总是独居一室，结婚成家之前，每只蒂菲粪金龟都过着隐居的生活，只顾自己过得舒适。隐修士的上方有一根羊粪做成的柱子，把住所都占满了，有时连它的手心里都有粪便。

　　蒂菲粪金龟是怎么得到那么多财富的？它聚敛财富很轻巧，免去了搜寻的烦恼，因为它总是留心把家安在一堆美味的排泄物附近，以便在家门口就可采集。当它觉得有必要时，特别是晚上，它会在一堆粪球里选出一粒中意的，然后用杠杆似的头部伸到粪堆底下撬动粪堆，轻轻一推就把粪球滚到了井口，战利品又从井口滚入井里，随后"橄榄"接二连三地落入井里。这一切做起来全不费功夫，因为粪团的形状是圆的，滚动起来就像箍桶匠手下滚动的小酒桶。

当圣甲虫打算到远离纷乱的地下设宴时，便把自己的那份粮食揉成团，让外观呈球形，这种形状最适合滚动。同样精通滚球艺术的蒂菲粪金龟可以免去准备工作，山羊已经免费帮它把粪便做成了便于携带的球形。

对自己的收获感到心满意足的采集者回到家后，它将如何处理它的财宝呢？用作食品，只要寒冷和由此导致的麻木不中断它的食欲，这是不言而喻的。但是，这些宝物还不仅用作食物，冬季住在一个不太深的藏身所里，还必须用它来防寒。快到12月时，我看到一些洞口的土丘堆得和春天时一样大，相当于从一米多深的井里挖出的土。住在深洞穴里的总是雌性，它们在那里可免受外面寒冷空气的侵害，靠一些粗劣的食物维生。

像这样能保持恒温的住处还是很少见的。洞穴里总是只有一位居民，不是一只雄虫，就是一只雌虫。洞穴几乎只有一拃深，里面基本上都垫了一层用粪球压成的厚厚的莫列顿呢毯；这张纤维毯的保温性很强，无怪乎隐修士即使在寒冬腊月也生活得很自在。蒂菲粪金龟在秋末初冬积粪，是为了在严冬到来时，可以用毡垫把自己裹起来。

3月初，开始出现一些埋头筑巢的夫妻，此时一直分别住在浅洞穴里的两性结合在一起，将共同生活很长一段时间。它们是在什么地方相会并签订合作协定的呢？有一件事首先引起了我的注意，在秋末冬初乃至冬季，雌性和雄性的数量一样多；可是，当3月到来时，我就再也找不着雌性的了，我几乎对在笼子里饲养蒂菲粪金龟进一步观察其生活习性的打算失去了信心。在挖出的蒂菲粪金龟中，雄性有15只，而雌性只有3只。那么多的雌性都到哪里去了？

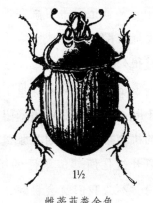

1½

雌蒂菲粪金龟

　　我开始搜查，用小铲子挖掘那些很容易挖开的洞穴，也许失踪者秘密地隐藏在更难观察到的洞穴底部。我找了个手脚比我灵活、身体比我强壮的人帮忙，他能用铲子挖得深一些。我的坚忍顽强得到了回报，雌蒂菲粪金龟终于被我找到了，数量如我希望的一样多。它们离群索居，没有食物，住在一个很深的洞里，洞穴的深度足以使任何没有足够耐心的人放弃挖掘。

　　现在一切真相大白了。在万物复苏的春季，有时甚至是在秋末，勇敢的、未来的母亲们在认识合作者之前便开始工作了。它们选好地方，然后打一口井，如果说这口井还没达到要求的深度，至少为后面更重要的工程打下了基础。在不引人注意的黄昏时分，求婚者来到或深或浅的洞穴里，寻找正在劳动的姑娘，有时一下子来了好几个，这种情况并不少见。当一位求婚者被选中，或许是通过比武决出胜者之后，其他几位只好让位，到别处去寻找伴侣，这里留下一个就够了。

　　这些和平者之间打架时应该不会动真格的，它们的争端最多也就是绊几下腿，用带齿的臂铠在坚硬的甲胄上碰得吱嘎作响，或者用三叉戟把对手打翻在地。当其他竞争者离开后，这对蒂菲粪金龟完成交配，它们成了家，从此便确立了婚姻关系，这种关系将会维持很久。

它们的婚姻关系是牢不可破的吗？当这对配偶混在那么多同类中时，还能相互认出来吗？它们是否忠贞不渝呢？如果说婚姻破裂的机会很少，是因为雌蒂菲粪金龟根本就没有机会，它已经好久没离开过住所。但雄性的机会倒是很多，分工决定了它必须经常出门。不久我们就会看到，它一生充当着粮食供应者的角色，是个推垃圾车的清洁工。它从早到晚独自把雌蒂菲粪金龟挖出的土运到洞外，夜晚又独自一人到住宅附近搜索，寻找给孩子们做面包的粪球。

有时一些洞穴靠得很近，收集粮食者会不会在回家时走错了门，走进别人的家里去呢？在回家的路上，难道它就不会因为遇见一位正在散步的未婚女子，而忘记了自己的发妻吗？它是否会轻易离婚，这个问题值得考察，我试图用以下的方法来解决这个问题。

两对夫妻正在挖土时被我从洞穴里取了出来，我用针尖在一对夫妻的鞘翅下边缘做了个擦不掉的记号，以便把它们区别开来。我随便把这4只蒂菲粪金龟分别放在一块场地上，地上有两拃深的沙土，这样的土质挖一夜工夫就能挖好一口井。假如它们需要粮食，有我为它们准备好的一把羊粪球。我用一个宽大的网罩罩在沙土上，既可防止它们逃走，也可起到遮阴的作用，有利于它们沉思。

第二天，有了圆满的答案。罩子里只有两个洞穴，一个也不多，两对夫妻像先前一样重新组合在一起，两位丈夫都找到了自己的妻子。次日，我做了第二次实验，之后又做了第三次实验，结果都相同。做了记号的一对在一个洞穴里，没有做记号的一对在另一个洞穴里。

我共做了5次实验，这4只蒂菲粪金龟每天都要重新组织家庭。现在事情变糟了，有时4只蒂菲粪金龟各住一个地方，有时两只雌虫或两只雄虫住在一起，有时一雌一雄住在一个洞里，但组合方式与先前不同了。我重复实验的次数太多，现在一片混乱，我每天的骚扰已使挖掘者气馁。一个摇摇欲坠老是要重建的家，结束了合法的婚约。在房子每天倒塌的情况下，正常的夫妻生活已不可能存在。

不过没关系，前面的3次实验似乎已经证明：蒂菲粪金龟的夫妻关系有一定的稳定性，尽管那两对夫妻经历了一次次的惊吓，维系夫妻关系的脆弱纽带却没有断，它们彼此都能辨认对方，还能在我制造的混乱中重聚。它们相互忠诚于对方，这种高贵品质在朝三暮四的昆虫界实为罕见。

它们彼此是怎么认出对方的呢？我们人类是根据面部特征，人与人除了具有共性之外，还存在形形色色的差别。那么蒂菲粪金龟呢？说实在的，它们没有面孔，在它们坚硬的面具下也没有表情；再说事情是发生在极黑暗的地方，眼睛根本派不上用场。

我们人类可以识别话语、音色、音调，而它们是哑巴，没有办法呼喊，或许只能凭嗅觉。蒂菲粪金龟寻找配偶的方法，使我想到了我的家犬汤姆小朋友，求偶期的汤姆鼻子朝天，嗅着风吹来的气味，然后跳上围墙，赶快顺着远方传来的、极有魔力的召唤跑去；它还使我想起了大孔雀蛾，它从几公里以外的地方飞来，向刚破茧而出、正值婚嫁年龄的姑娘致意。①

然而对比还有许多不尽如人意的地方。狗和大孔雀蛾在认识新

----

① 见卷七第二十三章。——校注

娘前，对婚礼仪式就已很内行；而不善于顶礼膜拜的蒂菲粪金龟，却直截了当地向它已经接触过的姑娘走去，通过辨别身体散发出的气味，把它和别的姑娘区别开来，某些特殊的体味除了恋人，别人是闻不出来的。

这些散发物是由什么成分构成的呢？昆虫还没有告诉我。很遗憾，它本该给我们讲讲关于它那了不起的嗅觉，告诉我们有趣的故事。

在蒂菲粪金龟家庭中是如何分工的？要知道这一点可没那么容易，不是用刀尖就能办到的。谁如果打算去参观在家中劳动的蒂菲粪金龟，必须借助累人的镐头。蒂菲粪金龟的家可不像圣甲虫、粪蜣螂等昆虫的家那样，用小铲子轻轻一挖就能挖开。这是一口深井，只有用一把结实的铲子顽强地挖上整整几个小时才能挖到底，如果太阳稍微强烈一点，干完这苦差事，人都要累瘫了。

唉，我那可怜的关节随着年龄的增长都生锈了！想要探索隐藏于地下的一个有趣的问题，却有心无力！天气还是那么热，我以前挖掘条蜂喜爱的沙土斜坡时也是一样炎热。我对研究工作的执着依然如故，但是心有余而力不足，幸好我有位帮手，他就是我的儿子保尔。他有力的臂膀和灵活的腰身为我提供帮助，我动脑，他动手。

全家人，包括孩子们的母亲，每个人都热心地帮助我。眼睛越多越好，坑越挖越深时，就必须隔着一段距离用眼睛盯着铲子挖上来的微小资料，万一一个人看漏了，另一个人也能发现。双目失明的于贝尔①依靠一位眼光敏锐的忠实仆人辅佐研究蜜蜂，比起这位伟大的瑞士昆虫学家，我的条件优越多了，我的眼睛尽管有点老花但

① 于贝尔：瑞士博物学家。——译注

还相当不错，更何况还有孩子们敏锐的眼睛帮助我。我之所以还能继续从事研究，应该归功于他们，我应该为此而感谢他们。

一大早我们就来到了现场，我们发现了一个洞穴和一个大土丘，土丘呈圆柱形，是被一次性推上来的一整块土。搬开土丘便露出了一口井，我把路上捡来的一根灯芯草茎整个都伸进洞穴，它将成为我们的向导。

土质很疏松，里面没有石子。这对喜欢垂直挖掘的昆虫来说是件讨厌的事，对使用铲子挖掘的我们来说，更是讨厌。土壤中沙的成分太多，只靠少量的黏土粘在一起。如果不需要挖很深，挖起来应该很容易，可是在很深的地方难以操作工具，除非把地面整个挖开。有种方法效果很好，不会加剧土块的震动。洞里的主人可能讨厌震动。

我们在以井口为中心1米宽的范围内挖掘，同时把灯芯草茎上的皮剥掉，一点一点伸进洞里，草茎先伸下去一拃，随着洞越挖越深，现在已伸下去半米，已无法用铲子铲土，因为洞的宽度不够；必须跪着用双手把洞里的土捏成团，大把大把扔出洞口；洞挖得越深，挖掘的难度越大。这时要继续挖下去就得趴在地上把上身伸进洞里，尽可能地把腰弯下去，每弯一次就抓上来满满一把土。灯芯草茎还在往下伸，仍然没有碰到洞底的迹象。

我的儿子已无法再继续，尽管他年轻，身体柔软，但是，现在必须降低身下地面的高度，才有可能靠近深得让人绝望的洞底。他在圆洞边上挖了一个凹槽，正好够放下两个膝盖；这是一个台阶，一个通向深处的阶梯。保尔又继续挖掘，挖得更深；然而，灯芯草茎还在往下伸，而且伸下去了很多。保尔又再向下挖一级台阶，用铲子把洞里的土铲上来。现在洞深已超过1米，我们是否已挖到了底呢？还没有，可怕的灯芯草茎还在往下伸，我们把台阶向下延伸后再继续挖。成功属于持之以恒者。那根灯芯草茎终于在1.5米的深度碰到了障碍物，不再向下滑了。胜利啦！挖掘结束了，我们已经挖到了蒂菲粪金龟的卧室。

用小铲子小心地剥去卧室外面的土之后，我们看到了里面的宅主。先挖出来的是雄蒂菲粪金龟，再向下挖一点就发现了雌蒂菲粪金龟。这对夫妻被挖出来后，一个深色的圆点露了出来，这是粮食柱的末端。现在得小心地轻轻挖，我们沿着洞底边缘把中间那块土与周围的土分开，然后用小铲小心地把中间那块土铲起来，完整地取出来。好了，我们现在拥有了那对夫妇和它们的巢。一个上午精疲力竭地挖掘，我们获得了这些财富。保尔背上冒出的热气，足以说明我们为此付出了多大的劳动。

1.5米不是也不可能是蒂菲粪金龟洞穴的固定深度，许多原因都会使它有不同的改变，比如穿过的泥土的湿度、土质、工作热情、时间是否充裕等，还有是否临近产卵期。我见过一些洞穴挖得比较深，也见过一些洞穴还不足1米深。在任何情况下，为了产卵，蒂菲粪金龟都需要一个非常深的居所。据我所知，还没别的挖掘者挖这么深的洞。我思忖，是什么迫使这个集粪爱好者把家安在这么深的地方。

在离开现场之前，我必须记录下一个事实，这个证据以后将会有用。雌蒂菲粪金龟正在洞底，雄蒂菲粪金龟在它的上面，离开一段距离，夫妻俩都吓得一动不动，很难确定它们当时在干什么。这个细节在挖掘别的洞穴时，我已见到多次，似乎说明夫妻俩各有一个固定的位置。

更精通养育工作的雌蒂菲粪金龟占据下层，只有它在挖掘，它擅长挖垂直洞穴，因为它知道怎样既省工又可以挖得最深；它是工程师，因此总是与坑道的工作面打交道。另一位是非技术工人，它在后方，准备用带角的背篓运土。后来女挖掘工变成了面包师，它把为孩子准备的糕点揉成圆柱形；孩子们的父亲则成了小伙计，它从外面带回做面食的原料。这个家也像任何和谐的家庭一样，母亲主内，父亲主外。这样也许可以解释，为什么在那个管形的住宅里，它们的位置总是一成不变。未来会告诉我们，这些猜测是否与事实相符。

现在，我从从容容、舒舒服服地在家观察那块费了九牛二虎之力才从洞穴里弄来的土块。土块中裹着一个食品"罐头"，形状像一根香肠，粗细长短和一根手指头差不多，看上去颜色较深，很结实，有好多层，还能看出里面是压碎了的羊粪。有时面团揉得很细，圆柱形的面团很均匀；更多的时候面团看上去有点像牛轧糖，细面团里夹杂着大疙瘩。面包师制作的糕点外观时有变化，主要取决于时间是否充裕，时间充裕就做得讲究些，时间紧迫就马虎些。

圆柱牢牢地嵌在洞穴的死胡同里，那个地方墙壁更加光滑，比井里的其他地方更平整。我用小刀尖很轻巧地就将那圆柱与周围的地面剥离开，就像剥树皮一样剥下来，我就这样得到了这个不粘任何泥土污物的食物圆柱。

这项工作完成后，我该了解卵的情况了，这块糕点肯定是为幼虫制作的。

以前我从粪金龟那里了解到，它们把卵产在粪香肠底端一个特制的窝里，这个窝就在食物中间。我期望能在香肠底部一个密封的房间里，找到粪金龟的近亲蒂菲粪金龟的卵。我得到的情报不对，我要找的卵不在预先估计的那个地方，也不在另一头，它压根就不在食物罐头里。

最后我在食物柱的外面找到了卵，它是在食物柱的下面，就在沙土里。一般情况下，母亲们都擅长采取细致周到的措施保护卵，可是在这里卵根本没有任何保护，连一间墙壁光滑的小房间也没有。按说皮肤柔嫩的新生儿需要这样的屋子，然而现在这间小屋的墙壁很粗糙，凹凸不平，一点也不像母亲建造的，倒像是个废墟，卵将在远离食物的硬床上孵化。为了取到食物，幼虫必须挖开并穿过几毫米厚的沙土天花板。

为了孩子，蒂菲粪金龟妈妈成了做香肠的专家，然而它却根本不懂得把婴儿的摇篮布置得柔软舒适些。由于想观察卵的孵化以及幼虫的生长过程，我把找到的卵尽量照原样安置在一些容器中。我找了一根一头封闭、直径和洞穴相同的玻璃管，先在里面放一层新鲜的沙代替原住处的地面，再把卵放在这张床上，上面再照样盖上一层沙，作为新生儿获取食物时要钻过的天花板。食物就是从井里揭起来的那根香肠，这是它们的日常食品。我用棍子压几下，将那块空地压实，然后再用一块湿润的棉花把玻璃管里剩余的空间填满，这样既可以长久保湿，使管子里的沙土和母亲产卵的洞穴深处的沙土一样潮湿，又可以使食物保持柔软，让孩子能吃得动。

使食物保持柔软，利用湿气使食物发酵，散发出好味道，也许与蒂菲粪金龟把巢筑在那么深的地方不无关系。蒂菲粪金龟夫妇到底是怎么想的？它们把洞挖得那么深，难道就是为了自己享受？它们钻到很深的地下，难道是为了在暑气逼人时，得到宜人的温度和凉爽吗？

这无论如何说不通，它们和其他昆虫一样体格健壮，喜欢阳光，它俩在没成家之前，都是住在普通的朝南的小屋里，即使是严冬也不需要更好的庇护所。当需要筑窝产卵时，则另当别论。它们钻到很深的地下，这是为什么？

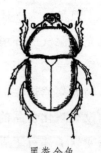

黑粪金龟

因为它们的孩子将近6月时出生，炎热的夏天能把土地烤得像砖一样硬，而它们的孩子必须吃柔软的食物，就算把小香肠藏在地下一两拃深的地方也会变硬，无法食用，幼虫会因为吃不动坚硬的食物而死去。因此，它们必须把食物储存在地窖里，地窖必须是在最强烈的阳光也无法到达的深处，才不会使食物干化。

其他许多罐头制造者也知道太干燥的危害，它们对付这种危害各有各的办法。粪金龟住在大堆的骡粪下面，这是阻止快速干化极好的屏障。再说它们在秋天劳动，那是个多阵雨的季节，而且它们把食品制成粗香肠状，唯一用来食用的是中间部分，水分蒸发得很慢。因此，它挖的洞深度一般。

月形粪蜣螂

圣甲虫也不重视深藏，它们把孩子安置在离地面不深的地方，作为补救措施，它们将食物揉成球状，它们知道圆形罐头保湿性强。把食物做成卵形的粪蜣螂，还有其他的昆虫，如赛西蜣螂和侧裸蜣螂也一样，唯独蒂菲粪金龟潜入那么深的地下。

有多种原因迫使它这样做，下面是第二个原因，它甚至比第一个原因更重要。食骡粪的昆虫全都找味道好又富有弹性的新鲜原料，而蒂菲粪金龟可是个奇怪的例外，它需要干燥乏味的旧原料。我从没见过笼子里的蒂菲粪金龟捡新排出的粪球，野外的那些蒂菲粪金龟也一样，它们要让粪便在太阳下长时间熏烤。

但是，为了适合幼虫食用，需要把坚硬的食物慢慢炖烂，让它在充满湿气的环境中变得可口。婴儿食品的调制要求在很深的地下作坊里完成，因为夏季的干旱不管持续多久，地下作坊也不会受到影响。集粪行会的其他成员不敢食用这种干燥无味的食品，因为它们没有软化食品的作坊，而在蒂菲粪金龟的作坊里，干燥无味的食品变软了并有了香味。蒂菲粪金龟垄断了这种生产技术，而且为了更好地完成自己的使命，它具备特强的钻探本能。食物的性质把一只长着三叉戟的食粪虫，变成了一个出色的超级钻井工。一块硬面包对它的才能的形成，起着决定性的作用。

第二章 🪲 蒂菲粪金龟与第一观察器

以前蒂菲粪金龟的表兄粪金龟让我见识了非常罕见的事情：两性的长久结合，那对真正的夫妻为了让孩子过上舒适的生活齐心协力地工作。菲雷蒙和波西斯，以前我是这样称呼它们的，它俩以同样的热情造房子和准备食物。菲雷蒙更强壮些，它用臂铠揉压食物，把食物做成罐头食品；波西斯负责开发地面上的那个粪堆，选出最好的可以做粪香肠的原料，用臂膀抱着送到洞穴里。真是好极了，妻子采集，丈夫挤压。①

一片乌云给这幅精美的画面投上了阴影。我的研究对象住在一个笼子里，我每次去那里探视都需要挖掘，当然十分谨慎，但也吓坏了那些劳动者，让它们无法工作。凭着极大的耐心，我得到了一组快照，以后我将凭着摄影师对事物逻辑性的敏感，把这些镜头串成生动的画面。我希望了解得更多，我本想观察这对夫妇工作的全部过程，但是我不得不放弃这个打算，除非我进行骚扰性的搜查，否则就不可能了解地下室里的秘密。

今天我又萌发了做完那未竟之事的愿望。蒂菲粪金龟能和粪金龟媲美，甚至还技高一筹。我希望既能随心所欲地监视它在一米多深的地下活动，又不会分散它的注意力。为此我需要拥有一双猞猁般敏锐的眼睛，据说猞猁可以透视不透明的物体，而我只能凭想象才可能看清黑暗中的事物。我还是去向蒂菲粪金龟请教吧。

---

① 见卷五第十一章。——校注

洞穴的走向使我隐约觉得，我的计划并非异想天开。蒂菲粪金龟筑巢时挖的洞是垂直的，如果它随心所欲，不按规矩挖洞穴，让地道变得弯弯曲曲，那么挖一个洞就需要一块无限大的土地，这可超出了我的条件范围。然而蒂菲粪金龟永恒不变的垂直挖掘方向提醒我，不必为有一大块空旷的沙地操心，只要把土层加厚就行了。在这种情况下，我想做的事是合理的。

我刚巧有一个很久以前用来做化学实验，后来一直用于昆虫实验的玻璃管。它长约1米，直径3厘米，如果使它垂直竖立，足以用作蒂菲粪金龟的洞穴。我用塞子把玻璃管的一头塞起来，在里面装上细沙和潮湿黏土混合而成的沙土，然后将它交给挖掘者去挖掘。

为便于蒂菲粪金龟工作，管子必须保持垂直，为此，我在大花盆的土里插了3根竹竿，把3根竹竿的顶端捆在一起，做成一个三脚架，这是建筑物的支架。我再在花盆里的土里挖一个洞将玻璃管垂直放进去，管的另一头靠在三脚架上，然后用一个小罐子套住管口，管口稍微露出一些，再在管口周围铺一层沙，井口周围便有了一块场地；蒂菲粪金龟将可以在那里忙它们的事情，或用那块地方堆放洞里清出的泥屑，或在那里采集食物。之后我用一个玻璃罩扣在罐子上，既可防止蒂菲粪金龟逃出来，又可保持必要的湿度。最后，我再用绳子和铁丝把整个装置固定，使它不会晃动。

别忘了一个很重要的细节，玻璃管的直径大约比实际洞穴大一倍，如果蒂菲粪金龟严格地顺着纵轴垂直向下挖掘，这个宽度对它来说是绰绰有余的，它将会挖出一条洞壁有几毫米厚的隧道。但是还应该预计到，蒂菲粪金龟不懂几何学的精确性，也不知道有什么条件限制，它不会注意坐标位置，有时往这边偏，有时又往那边偏。再说，穿过的土层阻力稍微大一点就会使它产生偏离，有好几处挖到了管壁，挖出一扇扇窗户。借助这些窗口我可以观察里面的情况，但是对于喜欢黑暗的劳动者来说，这将是很讨厌的事。

为了既能保留这些窗口，又免去蒂菲粪金龟的烦恼，我用一些硬纸皮把玻璃管包了起来。纸皮轻轻一推就能滑动，拉开时，纸皮便重叠收拢起来。有了这个装置，我就可以在不影响蒂菲粪金龟工作的情况下，用手将纸皮拨开一点，借着些微亮光进行巡视，而蒂菲粪金龟则在暗处。只要蒂菲粪金龟因挖掘失误再为我多开几扇窗户，这个活动的、可开关的纸皮套，就能让我从头到尾观察到玻璃管里发生的趣事。

我还采取了最后一项预防措施。如果我简单地把那对夫妇安顿在罩着罩子的罐子里，也许那块很小的开发场地无法引起隐居者的注意，我应该告诉它们正确的位置是在挖不动的那块场地的正中。为此，我在玻璃管上部留出几法寸空间；由于玻璃管壁无法攀登，我给它安上了一部电梯，在管壁上铺一层薄薄的金属纱网。之后，我将两只同时从天然洞穴里挖出来的蒂菲粪金龟带到这个门厅里，它们将会在这里找到它们熟悉的沙土。为了让它们喜欢上这个陌生的住处，我还在附近撒上一些食物，这下总该让它们满意了吧，但愿如此。

冬天的夜晚，我久久地在火炉边沉思，用这么一个简陋的装置，我将会得到什么呢？这个装置的外表确实不美观，在设备精密的实验室，它会受到冷落，它是乡下人用粗俗的材料胡乱拼凑起来的。我同意这种看法，但是，别忘了设备的寒酸和简陋，丝毫不妨碍它在追求真理中发挥作用。我这个用3根竹竿搭起来的建筑物，伴我度过了一段美好的时光，它给我带来了有趣的发现。

3月，正是蒂菲粪金龟筑巢挖洞的旺季，我在野外挖出了一对蒂菲粪金龟，将它们放进我的装置里，倘若它们在艰苦的挖井劳动中需要用食物加油，罩子下面的管口附近还放着一些羊粪。在门厅里留出空地的计谋，获得了预期的成功，它使囚犯们立刻与那根可开发的沙柱建立了联系。安顿下来不久，刚从紧张不安中恢复过来的囚犯们，就努力地工作起来。

这对蒂菲粪金龟正在家里全身心投入挖掘工作时，被我挖了出来，现在它们在我家继续进行刚才被中断的工作。我确实是以最快的速度，把它们从不远处的洞穴里，移到这个工地上来的，它们的热情还没来得及冷却，刚才在挖掘，现在又重新投入挖掘。尽管经历了一次似乎使它们气馁的动荡，这对夫妻还是不想休息，因为事情很急迫。

正像我预计的那样，洞穴的挖掘偏离了中心，沙土洞壁的一些地方出现了空洞，露出光秃秃的玻璃管壁。对于我的计划来说，这些窗户还不十分令人满意，尽管有几扇窗能见度还不错，但大部分窗口都被沙土蒙上了一层雾，模糊不清。此外，这些窗不是固定的，每天都会出现几扇新开的窗户，而其他的却关上了。窗口变化不定，是由于蒂菲粪金龟吃力地把土推到外面，与管壁造成摩擦，刷掉了管壁上某些地方的沙。当光线适宜的时候，我利用这些偶然出现的窗口，观察到了一些玻璃管里发生的趣事。

以前我访问天然洞穴时，费了九牛二虎之力才好不容易见到一闪而过的情景，现在却随时都能再见到，想看多少遍都行。母亲总是在前方的工地上坐镇，它独自一人用头部翻土，独自一人用臂上的钉耙耙土和挖土，它的丈夫不会来替换它。做父亲的总是在后方，它也非常忙，但忙的是别的工作，它的职责是把挖出来的土运到外面去。女先锋一边往前挖，它得一边帮忙清理出场地。

非技术性的活并不轻松，从雌虫在田间堆起来的土丘就能判定。这是一大堆土疙瘩，土块呈圆柱形，大部分都有1法寸长，只有通过观察才会发现，这位清洁工搬运的是巨型土块，它不是一点一点地往外运余泥，而是大块大块地往外推。

看到煤矿工人被迫从几百米深的井下沿着垂直狭窄的巷道，靠膝盖和胳膊往上推沉重的煤车时，我们会怎么想呢？蒂菲粪金龟父亲的日常工作就相当于这种苦力。它非常机智地完成了任务，它是怎么做的呢？3根竹竿支撑的装置将会告诉我们。

玻璃管上出现的窗子，不时地让我隐约看到正在干活的矿工。它紧跟在挖掘者身后，把滚动的土块搂到自己面前，用力揉，因为土是潮湿的可以糅合在一起，把土揉成团便于在巷道里滚动。然后它推着土团往前走，用三叉戟把土团顶出去。如果偶尔出现的天窗愿意满足我的好奇心，运土块的情景看起来一定会很精彩；不幸的是天窗太少，而且很小，又模糊不清。

为了看得更清楚，我在实验室一个较阴暗的角落里，安置了另一根垂直的玻璃管，直径比第一根管子小。我就让它保持原样，不再给它加上不透光的套子。管子里装了一拃厚的沙土，其余部分空着。如果蒂菲粪金龟愿意在这么恶劣的条件下干活，观察起来就方便多了。只要实验的时间不太长，它还是很乐意接受的。在产卵期临近时，当务之急就是挖一个洞穴。

我将一对正在天然的地下长廊中挖掘的蒂菲粪金龟取出来，放进玻璃管里。第二天大白天，它们又继续进行被中断的工作。我坐在那个半明半暗吊着玻璃管的角落里，观看它们工作，我为眼前发生的事而惊叹不已。母亲挖掘，父亲在一边等候，当堆积起来的土块妨碍工作时，它便走过来，一点点把土搂到自己面前，把松散的土塞到肚皮底下，富有弹性的泥土在后足的挤压下变成了团。

现在雄蒂菲粪金龟钻到土团下，把三叉戟扎进土团，就像用长叉叉起一堆草放进谷仓里一样，它用带齿的、粗壮的前足抓住那块泥团，以防散开，然后使出全身的力气来推。加油！土团移动了，升起来了，上升得很慢，这不假，但是毕竟在上升。可是玻璃表面那么光滑，它绝对不可能从那里爬上去，怎么办呢？

我预先已经考虑到了这个无法克服的困难，于是往管子里扔了一些黏土，黏土能在它经过的道路上留下痕迹。在前面滚动的土团也会在路面上留下痕迹，像给路面铺上了一层碎石子，使道路可以行走。黏土蹭在管壁上留下了一个个小土块，这些土块就成了踏脚石，随着泥团不断向上推，泥团滚过的道路变得凹凸不平，蒂菲粪金龟正好可以把它作为攀登时的立足点，在万不得已的情况下它也只好将就了；道路并非一点也不滑，为了保持平衡，它需要比在天然的洞穴里花更大的劲。它来到离洞口不远处，放下在洞里做成形的土团，土团稳稳地立在那里纹丝不动。搬运工又回到洞里，它不是一下子跳下去，而是小心翼翼地、一步一步地，踏着刚才上来时用过的踏脚石往下走。第二个土团又推上来了，和第一个掺在一起，并成一个，接着又推上来第三个，最后一次它把所有的土揉成一个团推上来。

分散运输很合理，因为在狭窄而凹凸不平的天然隧道里，摩擦力很大，蒂菲粪金龟不可能把一堆土并成一团推上来；它把那堆土分成好几担，然后再把一担一担的土堆积起来，捏在一起。

我猜想，集中泥土的工作，应该是在坡度较小的门厅里进行的，通常前厅是在垂直井的出口处。也许泥团是在那里渐渐地揉成一个很重的圆柱。在几乎水平的道路上，泥团推起来很轻松，这时，蒂菲粪金龟最后用三叉戟推一下，把这个与土堆里的其他泥团融合在一起形成的大土团推出洞外。像大石头和煤砖一样的土块挡住了家门口，蒂菲粪金龟用这些铸成形的泥屑，构筑了一个巨大的防御系统。

在玻璃管壁上攀爬太困难，无法不使蒂菲粪金龟气馁。分散运输的泥团留下的台阶，极易坍塌，被徒劳地寻找立脚点的跗节一碰就会脱落，管道的大部分地方又变得光滑如初。攀登者最后只得放弃，它扔掉包袱，任其掉下去。从此工程停止了，这对夫妇总算领教了这个陌生住处的险恶。它们都想离开此地，试图逃跑的行为表现出它们的不安，我让它们获得了自由。在这种对我而言非常优越，而对它们来说极其恶劣的条件下，它们让我了解到了它们所能告诉我的一切。

我再回到大容器那边去，工作正在正常进行。掘井工程3月开始，4月中旬结束。从这个时候开始，我每天去巡视时，再也见不到土丘顶上出现潮湿的土团了，看不到有新掘出的泥屑的痕迹。

要挖开这个井至少还得等两三周，根据野外观察到的情况，我甚至认为再等一个多月也不算长。那两只被我非法监禁的蒂菲粪金龟，由于第一次工程被中断，为了赶时间，它们已经简化了工程，再说管底是用软木塞塞住的，当遇上这个无法克服的障碍时，它们就无法继续挖掘。其他那些在自然条件下工作的蒂菲粪金龟，在挖掘时深度不受限制，它们早早就开始干了，时间充裕得很。才2月底，洞口就已经堆起了大土丘，不久后那些土将相当于从1.5米还不止的洞穴里挖出的土块。挖这么深的井，工期就必须延长，就算不要一个多月，也得要一个月。

为了恢复体力，两位挖掘者在这么一段时间里吃什么呢？它们什么都不吃，绝对什么也没吃，容器里的两位客人是这样告诉我们的。它俩谁也没有到洞穴外的场院上寻找食物，母亲一刻都没离开过井底，只有父亲上上下下。父亲上去的时候总是推着余泥，在它的推力和余泥的撞击下，土丘会震动和摇晃，我由此知道它来了。但是它自己没上来，因为圆锥形的出口被推出的余泥封闭着，一切都是在秘密状态下进行的，它避开光线不暴露自己。同样，野外任何一个正在建设中的洞穴也都是封闭的，直至竣工为止。

说实在的，这还不能证明洞里绝对没有食物，因为父亲夜晚可以出去，在附近捡些粪球放进洞里，然后回家关好洞门，这个家因此就会有面包堆放在地板上，这点食物可以维持好几天。可是，应该放弃这种解释，我的装置明确证明，这种解释是行不通的。

考虑到蒂菲粪金龟对食品的需求，我已经在罐子里放了一些羊粪。挖掘工程结束后，我发现粪球原封未动，数量与原来一样多。就算父亲夜里外出寻食，它能不看到粪球吗？

我的农民邻居，艰苦的土地耕作者，每天要吃四餐。早晨一起床就吃面包和无花果，说是为了驱蛔虫。在地里，约九点钟，妻子为他送来点心、汤、鳗鱼和橄榄。将近下午两点，他来到树荫下，吃着从褡裢里取出的点心，有杏仁和干酪，然后在最热的时候打个盹。当天黑了回到家里时，主妇已经为他准备好了生菜沙拉和加洋葱的炸土豆。总之，他吃了许多食物，才干了一点活。

啊，蒂菲粪金龟比我们人类强多了！它可以一个月甚至更长的时间不吃一点东西，而且还完成了超强度的工作。它总是精力充沛，精神抖擞。如果我告诉我的农民邻居，在某个地方劳动者不停地干重活，整整一个月都不吃一点东西，他们一定不会相信，而且会大大嘲笑我一通；如果我对他们说，这肯定是真的，一定会得罪他们。

那也没什么了不起，就把蒂菲粪金龟告诉我的事，再讲一遍好了。来自食物的化学能量不是动物活力的唯一来源，作为生命的激发物，还有比食物更高级的东西。是什么呢？我怎么知道！看来是已知的或未知的太阳散发物，通过身体的加工转变成机械能，就像蝎子和蜘蛛那样[①]，今天蒂菲粪金龟也是这样告诉我们，而且它从事的职业的艰苦程度，使这种说法更具说服力；它不吃食物，却能从事强体力劳动。

昆虫世界充满了神秘莫测的奥妙。带三叉戟的蒂菲粪金龟，不折不扣的守斋者和卓越的劳动者，引出了一个非常有趣的问题。在一些受另一颗恒星支配的绿色、蓝色、黄色或红色的遥远星球上，生物是否只靠来自宇宙的辐射保持旺盛的生命力，从而摆脱为食而忙的难堪，消除了食欲这引发暴力的罪恶根源呢？我们难道永远无法解开这个谜吗？我可不希望如此。地球只不过是通向另一个更美好世界的驿站，在另一个世界里，真正的幸福应该是不断地探索事物的奥秘。

我还是从茫茫的星空收回遐想，脚踏实地地研究蒂菲粪金龟吧。洞穴挖好了，我第一次看到雄蒂菲粪金龟大白天出来冒险。它的出现提醒我，现在它们该做窝产卵了。它非常忙碌地在罐子里的场院上勘察。它在找什么？看样子是在为即将出生的孩子寻找食物。现在是我插手的时候了。

为了便于观察，我把场地打扫干净，清理埋在土丘下原以为会有用，而最终一动未动的食物。我把粘上土的旧粪团扔掉，换上12个新粪团，分散放在井口周围。12个粪团，正好分成4份，每份3

---

① 见卷九第二、二十三章。——校注

个，这样每天通过雾蒙蒙的玻璃罩数起来就方便多了。我时不时地在玻璃罩周围的土坎上适量地洒些水，让罩子嵌得更紧，实际上，这样也能使罩子里面的空气，能够像蒂菲粪金龟喜欢的地层深处的空气一样潮湿，这是获得成功不可忽视的一个要素。最后我还要建立一个收支账户，登记每天储存的粪团数量。我第一次供应了12个粪团，如果用光了，我还会随时补充，以满足它们的需要。

准备工作很快就有了结果，当天晚上，我站在远处窥视，正赶上那位父亲从家里出来。它走到粪堆边，挑了一粒中意的粪团，使劲揉搓，使它变成小酒桶的形状。我悄悄走近它，想看看它要干什么，蒂菲粪金龟因过度惊慌，马上丢下粪团，钻进了井里。这个多疑的家伙看见了我，发现有一个巨大而可疑的东西在附近活动，只要有一点动静就足以令它担心，并且中断工作。只有等到完全恢复平静，它才会再出来。

我现在得到了警告，要想亲眼看见它收获食物，必须有极好的耐心和涵养；我得好好记住，一定要谨慎和耐心。在后来的日子里，我又继续在不同的时间悄悄地等待机会，我坚持不懈地在暗中观察，终于得到了成功的回报。

我一次又一次地看到雄蒂菲粪金龟满载而归，只见它每次都是独自出来觅食，雌蒂菲粪金龟从不露面，它正在洞底忙于其他的事务。原料的供应精打细算，看来在下面，食品的烹饪速度是很慢的，供应新原料之前，应该给主妇足够的时间去处理已经送下去的原料，以免原料堆积堵塞通道，妨碍工作。从4月13日雄蒂菲粪金龟第一次出门起，10天时间里我的记账簿上记录的统计数字是23粒，它大约每24个小时运走两粒，10天的收成总共是24粒粪球，用来烹制香肠，这就是一条幼虫的口粮。

我得想办法看到这一家的秘密活动，我有两个办法，如果能坚持下去，就可以看到一些我非常渴望见到的片段。我首先想到的是那个三脚架装置。在那根装着沙土的玻璃管的管壁上不同高度处，偶尔会出现一些窗子，我利用它们可以瞥见内部的情况。另一个方法是用那根垂直光滑的管子，就是我用来观察蒂菲粪金龟爬高的那根管子，我把一对几小时前刚从土中取出、正在烹制食物的蒂菲粪金龟，移居到这根管子里。

　　我料想这个方法不会有长久的效果。那两只蒂菲粪金龟很快就因新住处的陌生环境而丧失斗志，进而拒绝工作。它们忧虑不安，一心想要离开。不过没关系，在筑巢的热情消退之前，它们会为我提供有价值的资料。我把用两种方法得到的资料汇总在一起，大致了解了蒂菲粪金龟一家的活动。

　　那位父亲出门，选好一个粪球，粪球大于井口的直径。它把粪球往井口边挪，要么倒退着用前足拖着走，要么直接用叉轻轻地顶着往前滚。到了井边，它是否会最后推一把，让粪球滚进深井呢？不，它的方法不是让粪球从上面重重地掉下去。

　　它先爬进井口，然后用前足抱住粪球，小心地把一头塞进井口。到了离井底一定距离的地方，它只要使过粗的粪球稍稍倾斜，使两头支撑在井壁上，就形成了一块可承受两三个粪球重量的临时楼板。这是父亲将要进行工作的车间，它不会干扰占据底层的母亲。这上面是磨坊，制作糕点的粗面粉就是在这里磨成的。

　　磨坊主的装备十分精良，瞧瞧它的三叉戟，坚硬的前胸上竖着3根尖锐的长矛，旁边的两根较长，中间的那根较短，矛头指着前方。这部机器有什么用呢？我们开始会认为那是一件男性首饰，食粪虫行会的成员都戴首饰，式样各有不同。但是对蒂菲粪金龟来说，三叉戟不仅是一件装饰物，而且是劳动工具。3根不在同一高度的矛头形成一个凹弧，里面可以装一个粪球。要在那块不完整的而且会晃动的楼板上站稳，蒂菲粪金龟必须靠后面4只足支撑在井壁上。蒂菲粪金龟是怎么固定住滚动的粪球并把它压碎的呢？我们看看它是怎么做的吧。

蒂菲粪金龟微微弯下身子，把叉子插进粪球，粪球就这样被卡在新月形的工具里不动了。蒂菲粪金龟的前足是自由的，它用前臂上锯齿状的臂铠可以锯开粪球，切成小块，加工好的小粪块便从楼板的空隙里掉下去，掉到母亲住的地方。从磨坊主家掉下去的面粉还没有筛过，是粗粉，里面夹杂着没捣碎的粪块。尽管面粉磨得很粗糙，还是给正在精心制作面包的母亲帮了大忙，使它可以简化工序，一下子就可以把好的和坏的分开。当楼上的粪球包括那块楼板全被磨碎之后，长角的磨坊主又来到洞外，重新收获，然后又不慌不忙地重新开始研磨工作。

作坊里的女面包师也一点没闲着，它收集落在身边的面粉，进一步把面粉碾细，进行精加工。然后它把面粉按质分类：这些比较软可以做面包心，那些比较硬可以做面包皮。它转过来转过去，用扁平的胳膊使劲拍打原料，把粪料摊成一张饼，然后用脚踩实，就像葡萄酒酿造者榨葡萄汁那样，变得坚硬结实的大块面饼将成为最好的储藏品。大约经过10天的联合加工，夫妻俩终于做成了圆柱形的长面包。丈夫供应面粉，妻子揉面。

4月24日，一切准备工作都已完成，丈夫从玻璃管里出来，在玻璃罩里逛来逛去。原来一见到我就吓得钻到井里去的胆小鬼，现在看到我却没一点反应，食物也引不起它的兴趣。地面上有一些粪球，蒂菲粪金龟每次碰到都不屑一顾，只管径直往前走。它只有一个心愿，那就是快点离开这里。它不安的步态和急得团团转的样子，以及不断地试图翻越玻璃围墙的行为，正是这种心态的反映。它从墙上摔下来，又爬起来，马上重新开始爬，它已经忘却了那个它永远也不会再回去的洞穴。

我让那只绝望的蒂菲粪金龟折腾了24个小时，它尝试逃跑的企图一次一次失败，已经变得精疲力竭。现在我来帮它一把，让它获得自由吧。不行，那样它会从我的视线中消失，我就无法知道它烦躁不安地想离开的目的是什么。我有一个很大的空罐子，我把那只蒂菲粪金龟安置在里面。那里有很大的空间可以飞，也有精选出的食品和阳光。尽管有这么舒适的条件，第二天我发现它仰面躺在地上，腿部僵直，它死了。这位完成了父亲义务的勇士，已经感觉到身体支撑不住了，这便是它烦躁不安的原因。它想离开，死在很远的地方，以免让自己的尸体污染家园，打扰遗孀后面要做的工作。我敬佩蒂菲粪金龟这种克己的精神。

假如这是一种孤立的，也许是由于住所不完善导致的偶然事件，那么对于容器里的蒂菲粪金龟之死，我也就没什么可强调的。但是，现在情况变得严重了，临近5月时，我经常发现被太阳晒干了的蒂菲粪金龟尸体，尸体是雄性的，很少有例外。

一个我多次试着用于饲养昆虫的钟形罩，为我提供了另一个很能说明问题的工具。两拃深的土层不够厚，隐居者绝对不肯在那里做窝，而用于一般用途的工程仍然会照常完成。然而，自从4月底开始，雄性蒂菲粪金龟陆续回到地面，一会儿上来一只，一会儿又一只，它们在玻璃罩里转了两天，想要离去。最后它们倒下了，躺在地上，平静地死去，它们是老死的。在6月的第一周，我把玻璃罩里的土翻了个底朝天，原来有15只雄性蒂菲粪金龟，现在一只不剩全死了；而所有雌蒂菲粪金龟都还活着。规律是冷酷无情的：那些带角的辛勤劳动者钻井时帮忙运土，之后则收集适当的粮食并磨成粉，这一切完成后，它们将死在离家很远的地方。

第三章 ⬛ 蒂菲粪金龟与第二观察器

在玻璃管里，用3根竹竿架起来的住宅，布置得与蒂菲粪金龟平常的洞穴那么不同，很可能是导致雄性蒂菲粪金龟过早死亡的部分原因。在玻璃管底部，唯一的一个圆柱形糕点已经做好了。这显然还不够，至少还要再做两个，才能维持目前的生活状态，要使家族兴旺还需要更多，多多益善。但是在我的装置中没那么大的地方，除非把圆柱形的面包叠起来，堆成一根柱子。可是母亲不会犯这种错误，如果面包叠得太高，将来会妨碍孩子们出壳。当羽化期到来时，那些在柱子底层的、已完全老熟的大哥们急于见到阳光，要摆脱那些还没成熟、压在上面的小弟弟，会把家搅得天翻地覆。为了让孩子们平安地迁移，必须让巷道畅通无阻，每一间独立的巢室都应该相互靠拢，每间巢室都要有一扇侧门通往向上的公路。

从前，野牛双凹蜣螂已向我们展示了，它为许多幼虫准备的、放在洞底附近的食品罐头①，洞里有一个很短的前厅，使每个房间和垂直的长廊相通，它把巢室集中在同一楼层上。也许蒂菲粪金龟也采用类似的方法。

在晚些时候，那些丈夫都死了，我又到野外去挖掘，我用小铲果然在中央小间的不远处，又挖到了另一个小间，里面也有卵和粮食。在另一次挖掘中，我也挖到了一些厢房。洞中的正房和厢房的

---

① 见卷六第二章。——校注

布局都一样，底部的沙子里埋着卵，卵的上面放着圆柱形的粮垛。

显然，要不是因为在漏斗形的洞底挖掘难度太大，超出了我的合作者的耐力与腰部弯曲度的极限，在春季的几次挖掘中，我一定可以在一口井里挖到更多的侧室。一共会有多少间呢？4间、5间，还是6间？我说不准，总之数量不会太多。我想应该是这样，家庭的粮食采集者数量很少，它们没有时间给众多的后代留下粮食。

用竹竿搭起的三脚饲养装置使我感到惊讶。那位父亲离开洞穴并死去之后，我去察看了那个装置，里面有一根圆柱形面包，就像我在野外挖出来的那根一样；但是这些食物中没有卵，食物下没有，别的地方也没有。餐桌上已经摆好了菜，却没有食客，是不是那位母亲厌恶在我强加给它的这个不舒适的房子里产卵呢？看来不是，如果面包没人吃，它就不必预先揉好面包；如果是因为拒绝在这间不完善的房子里产卵，它就不会去做那根无用处的面包。

再说，在自然的条件下也会出现同样的情况。我在野外挖掘12次，之所以没有继续挖掘，是因为挖掘的难度太大。在12次挖掘中，有3次没有发现卵，粮仓里没有卵。雌蒂菲粪金龟没有产卵，而食物却存放在那里，制作方法和平时一样。

我猜想，那位母亲在感觉到卵巢中的卵完全成熟之前，会和它的丈夫一样拼命干活准备粮食。它知道它那位带角的帅哥，如此热情的助手，不久就会因年老和劳累而死去，在失去它之前，得利用它的热情和力量。不久就会派上用场的食品罐头，就这样被搬进了储藏室，这些因发酵味道变得更香的食品，将由产妇再度加工，它将把食物搬到厢房中摞起来。这时它会在每一块食物里，都产下一枚卵。即将守寡的母亲原来就采用这种方法，它一个人还得继续完成剩下的任务。父亲现在可以死了，家庭不会因此而遭受太大的痛苦。

父亲过早去世，也许是由于无所事事的失落感造成的，它是个劳碌命，闲着无事就要生病。在我的装置里，丈夫做完第一块糕点就死了，因为作坊里根本无事可做，玻璃管里空余的地方不允许建楼房，那会妨碍家人的进出。由于没有场地，妻子便停止产卵，无所事事的丈夫于是离家出走，死在外面，是闲着无聊导致了它的死亡。

在野外不受限制，蒂菲粪金龟可以根据孩子的数量，决定在井下挖几间房间。但是这样一来又出现了另一个问题，而且是最严重的问题。我亲自当供应商时，蒂菲粪金龟不必担心闹饥荒，我每天都了解下面存货的情况，并随时为它们补充必要的粮食，把粮食撒在地面上。我那些囚犯的仓库里，就算没有堆满粮食，也至少可以说存货充裕。

在自由的野外，则另当别论。山羊没那么慷慨，它可不会总在一个地方留下蒂菲粪金龟所需的大量粪球，据我以后的观察证实，它们需要的羊粪球是两百多粒。一只羊能留下三四打羊粪蛋就算不错了，这只食草动物必须赶路，它会继续到别处排便。

然而，食羊粪者天生就不喜欢在外面游荡，我无法想象它会到远处去为孩子觅食。经过长途跋涉，它哪里还能找到回来的路，又怎么能用脚把看到的粪球一个个滚回家呢？就算它能飞，有灵敏的嗅觉，能在远处为自己找到食物，也没什么用。对这位节俭的消费者来说，它需要很少的食物，再说吃饭不是当务之急；但如果是为了筑巢，情况就不同了，这时它必须尽快找到大量的粪球。蒂菲粪金龟很有心计，的确是这样，它们把家安在粪球最集中的地方。夜晚它到住宅周围巡视，几乎在家门口就可以捡到粪球。但它还是会到离家几拃远熟悉的地方去捡粪，在那里不可能迷路。可是总有一天粪球会被捡光，周围会什么也找不到。

一向讨厌长途跋涉的捡粪者，由于无所事事，身体衰弱下去，逃离了从此无事可做的家。由于没有原料什么也干不成，运粪工兼磨粪工死在了家门外的美丽星空下。我想这就是5月初，在野外常能发现雄蒂菲粪金龟尸体的原因。这些死者是因工作的激情无处释放而死，当生命变得无意义时，它们便离开尘世。

假如我的推测站得住脚，我应该可以延长这些绝望者的生命，免费为劳动者提供它们所需的粪球。我打算满足蒂菲粪金龟的心愿，为它造一座天堂，那里盛产粪球，当旧的粪球被运往地下粮仓时，又马上会有新的补充上来。而且，这块幸福的乐土将是沙土地，保持着适宜的湿度，深度和通常的洞穴一样，宽度也允许在洞底建好多间相邻的小屋。

我以自己的方法建成了这样一个建筑。木工用一指宽厚、水分蒸发后会变得薄一些的木板，为我做了一个高为1.4米的正方形空心柱，3面用钉子钉死，还有一面是3扇用螺丝锁住的活页窗。有了这个装置，我就可以随心所欲地观察容器的底部、上部和中间，而不会震动内部。四方形的洞口边长为1分米，底部是封闭的，上端是空的，四周镶上了突出的边，上面做成一个突出的平台，代表自然洞穴四周的空地，平台上罩着一个圆形的金属纱罩。空心柱中间装满了适当夯实的潮湿沙土，平台上也盖了一指厚的沙。

最后，还剩一个条件必须满足，不能让容器中的沙土变干。木板的厚度能防止部分水分散发，但还不够，特别是在炎热的夏季。为此，我把空心柱的下面三分之一插在一个装满土的花盆里，用适量浇水的方法保持花盆中泥土的潮湿；水分通过木头微微渗透到沙土中，可防止沙土变干；如果需要，这根柱子将要这样放上1年。中间的三分之一用厚厚的布包起来，我几乎天天用水壶往布上浇水。上面的三分之一露在外面，但由于我经常给平台的那层土人工降雨，也能保持所需的水分。借助这些人工方法，我得到了一个土柱，既不会太湿，又不会过于干燥，这正是蒂菲粪金龟筑巢所需的湿度。

如果凭着我的勃勃雄心行事，我非建造10个这样的装置不可。也正是因为有那么多问题要解决，我才会冒出这种念头，但是这个装置很昂贵，超出了我的经济能力。没有钱，这个帕努尔日[①]曾抱怨过的困难打消了我的念头，我只能做两个，多了不行。

一旦里面有了居民，冬天我就把它们放在一个小温室里；这个装着沙土的容器体积太小，我怕它会冻结。在天然的洞穴底部，蒂菲粪金龟不必害怕严寒，有一层无限厚的围墙保护着它；而在我发明的这个简陋装置里，它得忍受严寒的考验。

春天到了，我把那两根柱子放到离家门口几步远的室外。它们并排放在一起形成了造型奇怪的塔门，家里人打那里经过时都会瞥上一眼。我坚持不懈地去观察，尤其是早上和晚上，夜工开始和结束的时候。我躲在塔门附近偷偷地窥视，监视和思考花费了多少时光啊！

现在我就讲讲我看到的情况吧。12月中旬，我在两个装置中各放了1只雌蒂菲粪金龟，它们都是从最符合要求的那一类中精心挑选的。在这个时期，雌性和雄性是分开住的，雄性住在比较浅的洞穴里，雌性则钻得比较深。有些健壮的雌性没有合作者帮忙，已经圆

---

① 帕努尔日：拉伯雷的作品《巨人传》中的人物，他淫荡、恬不知耻、胆小，但很有思想，是庞大固埃的忠实伙伴。——译注

满筑成或者几乎挖好了产卵的洞穴。12月10日，我从1.2米深的洞穴里挖出了1只雌蒂菲粪金龟，这个早熟的挖掘者不适合我的实验。由于想看到工程进展的全过程，我选了1只从野外挖到的小个子的雌蒂菲粪金龟作为实验对象。

我在两个装置中间各挖一个浅浅的坑，给它们的洞穴打个基础，这样囚犯被放进后，很快便会习惯新环境；我再把数过的羊粪球撒在洞口周围，从此事情就会自然地进行，我只需在必要时给它们补充些食物就行了。冬季是在温室中度过的，没发生什么特别的情况。一个小土丘隆起来，几乎只有一把土那么多，大工程还没有开始。

2月中旬，杏树开花了，气候很温和，既不像冬天那么冷，也不是春天那么暖，白天阳光灿烂，夜晚壁炉里柴火燃烧时的火焰也有着特别的魅力。荒石院里已经盛开的百合花上，蜜蜂在采花粉，红腹壁蜂嗡嗡叫，大灰蝗停在枝头上扇动大翅膀，表达着生活的喜悦。这个万物复苏的美好季节应该适合蒂菲粪金龟。

我为我的囚犯主婚，我给它们各找了一位伴侣，都是从乡下带来的棒小伙。新婚之夜夫妇俩马上就积极地投入劳动，夫妻作坊热闹起来了。以前，雄性独自隐居在浅洞里时，通常都是在打瞌睡，它对捡粪不感兴趣，也不想把洞穴挖得深些；就大部分雌性而言，它们也不见得更勤劳，挖的洞很浅，门口的土丘堆得很低，它们也不把粮食往家里收。成家后它们把洞穴挖得很深，并大量地积蓄财富，仅用了48个小时，挖出的土块就在庄园上堆成了一个宽一拃的圆土包。此外，它们还把10粒羊粪运进了地窖。

挖掘巢穴持续了3个多月，期间它们也停下来休息，休息时间时长时短，看来休息对磨坊主和面包师来说是必要的。雌性从来足不出户，总是雄性出去寻找食物，有时是傍晚，更多的时候是在深夜出去。

尽管我很注意在洞穴周围撒上适当数量的粪球，但它收获的数量却变化无常，有时一两粒就够了，有时，一夜工夫20粒粪球就被捡光了。捡粪者似乎是受天气条件的影响，天气转阴，快要下暴雨时，或者我用人工降雨给实验装置的平台浇水时，捡粪工就变得特别卖力；相反，如果天气干燥，好几个星期过去了，它也没进一点货。

将近6月时，勇士预感到时日不多，便加倍努力地工作，它想在死以前给家人留下充裕的粮食。只顾狂热地储存而常常没有好好计算，慷慨的搬运工把粪球堆起来，压紧，粮食太多了，以致堵塞了洞穴，使主妇的工作受到了妨碍。财富太多也是一种负担，这个冒失鬼总算明白了，它把多余的粮食推出了洞口。

6月1日，运到其中一个装置里的粪球总数已达239粒，这个数字雄辩地证明了带角昆虫的辛苦。我计算粪球时的精确程度不亚于银行的会计，这个统计数据证明收成之好。我为蒂菲粪金龟得到如此多的财富而感到高兴，但是，过了没几天，一个非常意外的结果使我陷入了担忧。一天早晨，我发现雌蒂菲粪金龟死了，它死在地面上。看来这是规矩，夫妻中的任何一方都不得死在孩子的房间里，孩子的父母都必须死在远处的露天地里。

妻子死在丈夫之前，这种反常的死亡顺序需要进行调查。我拧开3扇活动百叶窗的螺丝，察看装置内部，我的防干燥措施很成功，空心柱上面三分之一的沙土保持着恒定的湿度，防止了塌方。用湿布包起来的中间三分之一更潮湿，就在那里有一个很大的粮仓，里面堆满了粮食；雄性在里面，动作灵活，精神抖擞。插在大花盆潮湿泥土中最下面的三分之一沙土,可塑性同小铲在天然洞穴深处挖到的土一样。一切看上去似乎都正常,然而在洞穴的底部没有任何筑巢的痕迹,也没有做好的香肠,甚至连香肠的半成品都没有,粪球完好地堆着。

显然,妻子拒绝产卵,因此丈夫也不磨粉。既然不做面包,面粉也就没有用处。为给孩子做面包而收回来的粮食还是那么多,我数得很清楚,239粒粪球分成几堆,原封不动地放在那里。这个洞穴不是笔直的,有螺旋形的坡道,还有楼梯转台与各个小仓库相连,那里储藏着粮食。井里的每一层都有仓库,即使丈夫死后妻子也有享用不尽的财富。在母亲产卵之前,为孩子准备的糕点还没做好之前,丈夫总是积极地捡粪,把很少的一部分放在底层,大部分放在各楼层的小室里。

但是,没有卵,这是为什么?首先,我注意到洞穴一直延伸到了1.4米深的容器底部,在木板封住的底部突然停顿下来。在这个无法逾越的障碍物上,能看到一些磨蚀的痕迹,雌蒂菲粪金龟一定是挖到底部时,遭到了阻挡,它的一切努力都失败了,于是它便回到地面。它精疲力竭,心灰意冷,再加上找不到合适的住所,只能一死了之。

它难道就不能把卵产在保持着和天然洞穴同样湿度的空心柱底部吗?也许不行。在我们地区,1906年是很反常的一年。3月22日和23日,天降大雪,在我们地区还从未见过下这么大的雪,尤其是这么迟来的雪。后来出现了持续的干旱,田野变得像烟灰缸一样干燥。

由于我一直注意使容器保持适当的湿度,里面的雌蒂菲粪金龟看来是避免了自然灾害。然而,没有什么能说明,它不会通过那块木板,知道外面已经发生的或将会发生的事。对气候变化极为敏感的它，预感到可怕的干旱将会对隐藏不够深的幼虫造成危害，由于无法达到凭本能感觉应该达到的深度，它没有产卵就死了。除了可疑的气候原因之外，我再也找不出其他原因来解释这些现象。

我将另一对蒂菲粪金龟放进另一个空心柱，两天后我碰到了非常棘手的问题。那只雌蒂菲粪金龟毫无缘由地离开了家，它钻到平台上的沙土里就不动了，也不管它的丈夫在家里等它。一天中我7次将它放回洞中，让它头朝下钻进井里；然而，毫无用处，夜里它又固执地爬上来，重新安家。它尽力往土里钻，要不是罩子上的网纱阻止了飞翔，它早就逃出去，到别处去找伴侣了。是它的丈夫死了吗？根本没有。我看见它在洞穴的上层，像以前一样精力充沛。

生性喜欢待在家里的雌蒂菲粪金龟，竟然一意孤行非要逃跑，是不是因为夫妻性情不合？为什么不可能呢？女合作者要离开，是因为男合作者不般配，它们是我一厢情愿凑合在一起的，那位求婚者没有博得姑娘的欢心。照规矩到了婚嫁年龄的女子，应该自己选择夫婿，由它自己根据求婚者的品行决定接受谁，拒绝谁；如果要长久生活在一起，就不能草率缔结这种不可分割的关系。这至少是蒂菲粪金龟的观点。

尽管其他大多数昆虫都是一会儿好，一会儿散，见一个爱一个，用不着负什么责任。生命何其短暂，它们要尽情享乐，不去自寻烦恼。但是在蒂菲粪金龟家族中，却存在真正长久的夫妻关系，它们同甘共苦。如果两口子互相之间没有好感，又怎么能勇敢地为孩子的幸福同心协力地劳动呢？我们已经见到在相邻的两个洞穴中的两对夫妻，被拆散后还能认出自己的配偶，重新结合在一起；眼前这对夫妻却互相排斥，关系很微妙，任性的妻子在赌气，不惜一切要离家出走。

　　两口子闹离婚似乎还要无限地拖下去，虽经我多次调解，整整一个星期，我每天都把那女子送回洞穴里去，可还是无效，最后我只得把那个丈夫休掉，替它另找一位。新丈夫看上去不比第一位强也不比第一位差，但从此一切又恢复了正常，工作进展很顺利。巷道在延伸，土丘在加高，食物搬进了粮仓储备，食品罐头的加工正在积极地进行。

　　到6月2日，运到洞中的粪球共计225粒，这是一笔可观的财富。不久丈夫老死了，我在离洞穴不远处发现了它，它倒在那个来不及运回去的最后一粒粪球上，死神的魔爪伸向了老态龙钟的积粪工，闪电般地将它击倒在运粮的路上。寡妇继续料理家务，6月，它靠自己的力量，在死者留下的一大堆财产中，又添了10粒粪球。后来酷暑降临，热得让人不想干活，老想打瞌睡，寡妇再也不出门了。

　　它在阴凉的地下室里干什么呢？看来它和雌粪蜣螂一样，在监护产下的卵。它从这间屋子走到那间屋子，听听糕点里有没有动静。现在去打扰它很不礼貌，我还是等到它带着孩子们出来吧。

　　利用这段较长的休息时间，我来说说生活在那个总有食物的玻璃管里的蒂菲粪金龟，告诉我的点滴情况吧。卵的成熟大约需要4周的时间。4月17日产的卵，5月15日孵化出幼虫，孵化的时间这么长，不是因为初春温度不够高，而是因为在1.5米深的地下温度变化很小。

　　我看到幼虫也从容不迫，它们在化蛹之前要度过整个夏季呢。待在香肠中间气温宜人，在一个可免受天气变化影响，远离外界冲突的地下室里，生活多么惬意啊，到外面去寻欢作乐可是不无风险的呢。在这里什么也不用干，边消食边打瞌睡有多舒服啊！何必着急呢？用不着早早就去为生活操劳，蒂菲粪金龟似乎认为应该让幼儿尽量多享点福。

刚刚在沙土里诞生的幼虫用嘴咬，用足抓，用屁股顶，为自己打开一条通道，一天一天地向上移动，到达了堆放在上面的粮垛上。我看见它在玻璃管里爬上爬下，挑选身边的食物，随心所欲地东咬一口，西咬一口。它屈起身子，然后挺直，动来动去，轻轻摇摆，它很幸福。看到它满意和健康的样子，我也感到很幸福，我可以观察它的成长直至它老熟。

两个月后，它穿过了叠成柱子的食物堆，忽上忽下，就为了找到一个好位置安顿下来。这是一条漂亮的幼虫，模样周正，不胖也不瘦，看上去和花金龟的幼虫差不多。它的后足没有特别不同寻常的地方，当初在研究粪金龟家族时，我着实吃了一惊。

粪金龟幼虫的后足比其余的足细，极度扭曲，那两条不适合行走的足搭在背上，是个天生的残疾。尽管蒂菲粪金龟和粪金龟是食粪虫类里很相似的两种昆虫，但蒂菲粪金龟的幼虫不残疾，后足的外观和配合都和另外两对足一样正常。为什么粪金龟生来就残疾，而它的近亲却很正常呢？像这样的一些小秘密还是不去探究比较好。

8月底，幼虫期结束了。在幼虫消化力的作用下，那个粮食垛，那根香肠尽管形状和体积没变，但已经变成了一个面团，几乎无法辨认出是用什么做的，用放大镜也无法找出一个带纤维的颗粒。山羊已经把植物分解得很细了，这条幼虫真是无与伦比的磨碎机，它食用了山羊的粪便，将其进一步分解，从某种程度上说是研磨。在由4个部分构成的羊胃里，都没能被消化利用的营养物质，就这样被它提炼出来加以利用了。

按照我们的逻辑推理，这个滑腻的粪团倒是适合幼虫筑巢，它应该渴望有一个柔软的垫子放置蛹。我的猜测是错的，幼虫回到了柱子的底部，钻进沙土，在那里化蛹。它在沙土里做了一个坚硬粗糙的盆子，如果粗糙的住宅不改善，它们既不为未来的蛹着想，也不考虑自己柔嫩的皮肤，这种反常做法，会让我感到很吃惊。

隐居者的大肚子里已经储藏了部分消化物的残渣，残渣要彻底清除掉，因为在化蛹之前，绝对要把身体里的污秽物清除干净。幼虫把这种在肠胃中经过细加工的黏合剂，涂抹在沙土墙壁上，它用圆圆的臀部当作抹子把墙抹平，一遍又一遍地把露出的泥灰抹光，起初粗糙的房间变得柔和光滑了。

化蛹的一切都准备就绪了。至于蛹，没有什么特别值得一提的，特别是雄性蒂菲粪金龟的三叉戟，其形状和体积已经和成年的雄性一样了。大约到了10月，我得到了完美的昆虫。从卵到成虫，整个生长过程持续了整整5个月。

我再回过头来去观察那只储备了255粒粪球的雌蒂菲粪金龟，其中225粒是它丈夫死前从洞穴外捡来的，30粒是寡妇自己捡的。当天气变得炎热时，它绝不再到地面上去，而是待在井底忙家务。尽管我迫不及待地想知道它家的情况，但我还是耐心地等待，始终处于戒备状态。10月带来了第一次降雨，勤劳的食粪虫求之不得，于是在野外出现了许多新的土丘。现在是金秋时节，经过一个夏天变得像烟灰一样干燥的土地又恢复了湿润，长出了绿草。牧羊人把绵羊赶到草地上去放牧；这是蒂菲粪金龟的节日，大批从地底下出来的孩子，第一次兴高采烈地来到牧场上的羊群中间。

但是，在我那个装置的玻璃罩里，什么也没出现，再等也没用，季节已经太迟。我打开地下室，母亲已经死了，而且腐烂不堪，表明它已经死了很久。我是在垂直长廊的上部靠近出口的地方发现它的，说明它的工程已结束，它要上去死在外面，就像它丈夫那样。突然它心力衰竭，最终倒在了半路上，几乎就倒在门口。我原本期待着更好的结局，想象它会在孩子们的陪伴下走出洞穴。勇敢的母亲应该在一年中最后的好日子里，看到幸福的孩子们，它应该得到这种回报。

我没有放弃这个想法。如果母亲没有和孩子们一起出来，应该有原因的，我会弄清楚主要的原因。得益于我经常往大花盆里的泥土上浇水，沙柱的底部湿度保持得最好，那里面有8根香肠，8个用精面加工成的精美食品罐头。它们被分放在不同的楼层上，每个罐头通过一个短短的门厅和中央走廊相通。一个罐头就是一条幼虫的粮食定量，因此，它在一个窝里共产了8枚卵。卵的数量有限，我早已预料到了，当养育费用昂贵时，母亲们就明智地节制生育。

出乎意料的是，圆柱形的食物中没有成虫，甚至连蛹都没有，里面只有幼虫，而且身体健康，胖得几乎像蛹一样。它们成长得如此缓慢，真让人吃惊。当新一代成虫离开出生的小屋，开始挖掘越冬的洞穴时，它们的母亲一定会比我更加惊喜。可是，它无法再等待孩子长大，决意在完全丧失劳动能力之前独自离开，免得挡住向上的通道。由于无情的衰老而引起的一次痉挛把它击倒了，它几乎倒在了家门口。

我没有找出幼虫期延长的原因，也许应该把它归咎于育儿室的卫生条件差，我采取的各种措施，显然还是没有完全创造出幼虫在潮湿的土壤深层里，所能得到的舒适条件。在一个太容易受温度变化和大气湿度影响的狭窄沙柱中，幼虫的食欲不像往常那么好，因此生长缓慢。然而，这些发育迟缓的幼虫外观很漂亮，我期待着冬末能看到它们蜕变。它们仿佛严寒季节停止生长的小苗，在等待春天的激励。

第四章　蒂菲粪金龟的道德

现在该对蒂菲粪金龟的品德做一个概括说明。严冬过后，蒂菲粪金龟开始寻找配偶，和它一起在地下安家。丈夫尽管常常外出，有许多机会接触到别的姑娘，但它忠贞不渝，以从不减退的热情，来帮助那位决心在孩子没有独立之前，绝不出门的女挖掘者。连续一个多月，它用带三齿叉的篓子把挖掘出来的土运到洞外，它总是十分耐心，从不因为攀登的艰难而气馁。它把较轻松一些的耙土工作留给妻子去做，把最苦的活留给自己，从一条又窄、又高、又陡的地下长廊里往外运土。

之后搬土工成了粮食收获者，它去购物，为孩子储备粮食。为了帮妻子简化剥皮、分拣、装罐头的工作，它又成了磨粉工，在离洞底一定距离处研碎被太阳晒硬了的粮食，把它加工成粗粉，面粉随之落到妻子的面包房里。最后精疲力竭的它离开家，死在远处的露天地里。它英勇地完成了作为父亲的义务，为了孩子能过上幸福日子，毫无保留地奉献出自己的一切。

而雌蒂菲粪金龟则全心全意地操持家务，尽管它还活着，却足不出户。古人把那些模范母亲称作"多米芒希"①，它就像多米芒希，把面包揉成棍状，将一枚卵藏在面包里，从此便守护着它的卵，直到破壳而出的孩子大批迁移。金秋时节到来时，它终于回到了地面，带着一群孩子。孩子们自由地四下散开，到羊群经常光顾

---

① 普罗旺斯俗语称母亲为"domi mansit"。——译注

的地方去大吃大嚼。忠于职守的母亲现在已无事可做，它死去了。

蒂菲粪金龟的父亲的确不像有的父亲那样对孩子漠不关心，它对孩子倾注了特别深厚的感情，却忘记了自己。它本可以去观赏春天美丽的景色，跟同行一起宴饮，和女邻居们嬉闹。可是它不为明媚的春光所动，坚忍不拔地在地下工作，竭尽全力为孩子们留下一份家业。当最后蹬腿时，它可以对自己说："我尽了自己的义务，我已经尽力了。"

这位勤劳的父亲，何以有如此高尚的献身精神和如此高涨的热情，为孩子谋幸福呢？事实告诉我们，它的品德是一点一滴养成的，从平庸到优秀，从优秀到杰出。一些偶然的有利和不利的条件塑造了它。它像人一样在实践中学习，也和人一样在变化、发展和完善。

在这个小小食粪虫的脑瓜里，以往的教训留下了深刻的印象，时间使它成熟，使它的行动更为周密。本能主要产生于需要，在需要的激励下，动物塑造了自己；它凭着自己的能力，把自己造就成我们熟悉的这个样子。它有自己的工具和自己的职业，它的习俗、能力、技艺，是在无限漫长的道路上，获得的点滴经验的总和。

这就是理论家对蒂菲粪金龟的评价，若不是他们用空洞的不实之词代替了铿锵有力的事实，这种伟大的理论足以对任何一个具有独立思考能力的人产生诱惑。我们应该请教蒂菲粪金龟，它肯定不会向我们揭示本能的来源；它会使这个问题始终成为一个谜；但至少它可以让我们看见一丝光线，这丝光线再昏暗，再摇曳不定，也有助于我们在黑暗的洞穴中探索。

蒂菲粪金龟专门采集羊粪，为了孩子，它需要被太阳晒干、烤硬了的羊粪。这种选择很奇怪，因为别的拾粪者都需要鲜货，不论是圣甲虫、粪蜣螂、粪金龟还是其他的食粪虫，没有一个像它这样收集粮食。对所有的食粪虫来说，不论是大的还是小的，不论是塑造粪梨的艺术家还是粪香肠制造者，都绝对需要富有弹性、原汁原味的原料。

持三叉戟的蒂菲粪金龟却需要普通的"橄榄"，脱了水的羊粪蛋。世上本来就存在各种爱好，最好还是不要讨论这个问题。但是，我还是想知道，明明有来自羊或是其他动物的柔软多汁的粮食，为什么这个持三叉戟的食粪虫，偏偏要选被别人嫌弃的东西呢？如果它不是天生就偏爱这道菜，又怎会放弃它也应该有份的好东西，去接受这种劣质的、别人都不要的东西呢？

我们不必再坚持了，不管怎么说干羊粪球给予了蒂菲粪金龟，一旦赠予被接受，后来的事也就顺理成章。似乎是"需要"这种促使进步的原动力，使蒂菲粪金龟逐步承担起合作者的职责，过去的它游手好闲，符合昆虫的习惯；现在的它成了热情的劳动者，因为经过一次次尝试，这个家族感受到了劳动带来的满足。

它把收获物用来做什么了？很简单，当洞穴里的潮气使倒胃口的粮食软化了时，就可以食用。它把粮食制成毯子，冬天可以躲在里面避寒，但这只是这条毯子最次要的功能，主要还是为了孩子的将来。

然而，消化能力很差的幼虫，从不肯直接啃咬未经加工的食物，为了使粮食能被接受，吃起来味道好，就必须经过加工，使食物变得细腻、柔软又香甜。在什么地方烹饪呢？当然是在地下，唯有那里能保持稳定的湿度，又不至于太潮湿影响卫生；为了保证食品的质量，它就必须挖洞，而且洞必须挖得很深，以免夏季的酷热把食品烘干了无法食用。幼虫生长很缓慢，要到9月才能长成成虫，它必须在地窖里躲过一年中最炎热最干燥的季节，因为在那里面包才没有变干的危险。为了使幼虫和粮食避开盛夏似火的骄阳，1.5米的洞穴并不算深。

母亲有能力独自挖掘这样的井，尽管这口井要向下延伸很远。当它顽强地挖掘时，没有人会来帮助；但是挖出来的土必须及时运出去，使巷道里始终留有空间，除了便于运输粮食，也为了便于孩子们迁移。

既要挖掘又要运输，对一个人来说太辛苦，这么浩大的工程，单靠它自己是无法在挖掘期内完成的。看着它长年累月地干活，雄食粪虫的脑子开了窍，它心想：我的三叉戟可以用作背篓，有我帮忙，工作会进行得更顺利、更快，我来帮助女挖掘工把挖出来的土运上去。于是两人合作的关系形成了，家庭建立了。其他方面也一样急需它的关心帮助，蒂菲粪金龟的食物原料硬邦邦的，必须撕开、磨碎、碾成粗粉，最后加工成糕点；原料经过精心的研磨之后，还得揉制成圆柱形，再经发酵提高食品的质量，这些都是费时又细致的工作。

为了缩短工期，充分利用温暖的季节，蒂菲粪金龟双双组合在一起。丈夫从外面收回粗粮，在楼上把收获物磨成粗粉。在底层的妻子得到面粉后，清除其中的杂质，把面粉堆成圆柱形，一层一层轻轻拍实，把丈夫供应的面粉揉成团。揉面是它的事，而磨粉是丈夫的事，有了分工，工作进度就加快了，短暂的时间得到了最充分的利用。

到此为止一切都很正常，好像两位合作者是在长期的学习中，通过实验学会了这些，并不时体验到幸福，好像它们不会以别的方法行事似的。但是，现在事情变糟了，任何事物的背后都隐藏着与

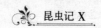

事物的表象相对立的东西。

刚做好的糕点是一条幼虫的口粮，绝对只够养活一条虫。种族的兴旺发达需要更多的孩子；可是，那位父亲出了什么事，它常常是刚做完一块糕点就离家出走，这个小伙计撇下女面包师，客死他乡。4月在挖掘野外的洞穴时，我总看到一雄一雌，雄虫在屋子的上层，负责磨粉，雌虫在底层，加工堆放在那里的粮食。稍后，总是只剩下雌虫，雄虫却不见了。

只要母亲的卵还没产完，它就得在无人帮忙的情况下继续工作。耗费了大量财力和体力之后，深洞总算挖好了，第一个蓄卵的巢也准备好了，但是它还必须继续筑别的巢，孩子生得越多越好。为了安置孩子，一向在家闭门不出的母亲必须经常出门。不爱出门的母亲现在成了捡粪工，它要到附近去捡粪球，把粪球带回井里储存起来，揉成圆柱形的面包摞起来。

丈夫偏偏在妻子生产的节骨眼上，离开了家。那是因为它已年老体衰，不是它不想帮忙，而是命运在作梗，它遗憾地走了，无情的岁月夺走了它的生命。你们也许会说：既然不断地进化能使你创立至高无上的家庭，并发明夏天在很深的地窖里保存食品的方法，你有办法磨碎粮食，软化干燥的食物，把它做成香肠使原料在里面发酵，那么进化怎么就没教你把寿命延长几个星期呢？如果借助一种更合理的行为方法，事情看来不是办不到的。其中有个容器中的雄蒂菲粪金龟就一直活到了6月，已经为伴侣准备好了大量的粪球。

雄蒂菲粪金龟同样有权利说：山羊并不总是慷慨大方的，洞穴周围捡不到多少粪球。当我把能找到的粮食投入井里之后，就会因无所事事而一天天衰老。我那位生活在科学家的容器里的同类，之所以能一直活到6月，是因为它身边有享用不尽的财富，能如愿以偿地进行储蓄，从而使生活变得温馨，稳定的工作使它得以长寿。而我却没有那么富裕，当我周围那点可怜的粮食收获完之后，我感到无聊得要死。

就算你说得有理，但是你有翅膀，你会飞，为何不去远一点的地方呢？你好歹总可以找到点什么，以满足你采集的爱好吧。可是你根本没这么做，为什么？因为时间没有教会你到离家远一点的地方进行探索。既然你无法把英勇顽强的工作再多延续几天，也不会到稍远一些的地方去收获，那你还怎么能一直帮助你的伴侣直至完成工作呢？

如果真像人们说的，进化教会了你从事这项艰苦职业，却没有教给你一些非常重要的，只要稍微学一下就很容易应用的具体方法，那么，它什么也没教会你，既没有教会你做家务，也没教会你挖深洞和做面包。你的进化是稳定不变的，你陷在一个无法延伸的圆圈里，你现在是将来仍然是，从前把第一个粪球推进地窖里时的那个样子。这等于什么也没说，我承认，不过学会不去了解自己不知道的事，至少能使我们不安的好奇心得到平衡和安宁。我们触到了深不可测的悬崖边，在悬崖边应该刻上但丁①写在地狱之门上的那句话：将期望弃置一旁吧。是的，我们这些人只不过登上了一个原子般的小球，就想要向宇宙进军，还是放弃这种奢望吧。万物起源的圣地将不会向人敞开。

我们把探头伸进生命之谜是徒劳的，我们永远不会捕捉到真正的真理。理论的钩爪不过是带来一些幻想，这些幻想今天被看成是具有权威性的理论而备受推崇，明天又会被当成谬误而为别的理论

---

① 但丁（1265—1321）：意大利诗人，中古到文艺复兴过渡时期最有代表性的作家。——译注

所取代，其他的理论迟早也会成为谬误。真理，究竟在哪里？它就像几何中的近似线，我们怀着好奇心苦苦地追索，总是能靠近它却从来无法触到。它是不是永不可及呢？

如果科学是一条规则的弧线，这个比方就是恰当的。但是科学像一条不规则的曲线，时而前进，时而后退，时而向上，时而向下，这条线弯弯曲曲，它在向近似线靠拢，可是突然又远离近似线。它是有可能和那条线相交的，但是一不留神，我们却失去了完全把握真理的机会。

尽管通过诸多观察，我已隐约发现蒂菲粪金龟夫妇对孩子倾注了特别的热情，我还是应该再追溯得更远一些，在动物中找出一些类似的例子，禽鸟类和兽类几乎都不能提供相似的例子。

如果这事不是发生在食粪虫的身上，而是发生在我们身上，我们肯定会说这是道德，是一种美德。这个词用在食粪虫身上也许太夸张，动物没有道德，只有人才有道德。人类在纯洁的良知上，集中了人类在真善美的明镜教化下形成的道德，并且逐步使之完善。

迈向最高境界的前进步伐是极其缓慢的。据说当第一个杀人犯该隐①杀死他的兄弟之后曾有过思考，是他后悔了吗？看来不是，他只不过是害怕比他更有力的拳头。害怕遭报应是明智的开始。

惧怕是有道理的，因为该隐的后代特别擅长制造杀人的武器。拳头之后有了棍子、狼牙棒和投石器射出的石子；进步带来了箭和燧石制造的斧头；后来又有了青铜大刀、铁矛、钢剑；再后来化学参与了进来，它的杀伤力首屈一指。如今，中国满洲里的狼群也许可以告诉我们，新式的炸药给它们带来了多少横飞的血肉。

---

① 该隐：《圣经》故事中人类始祖亚当的儿子。——译注

将来还会带给我们什么？我不敢想象。既然能够用硝化甘油炸药、雷汞引爆剂和成千上万种的烈性炸药把一座座山炸掉，那么随着科学的发展，不断地研制出威力大上千倍的炸药，难道人类就不会把地球给炸了吗？可怕的震撼是否将会导致地块爆裂的碎片腾空卷起，仿佛旋转的小行星一样呢？那大概就是消失了的地球的遗迹吧？这可能是美好而又崇高的事物的终结，但同样也应该是许多恶行和苦难的终结。

今天我们正处在唯物主义兴盛的时期，现代物理学恰恰是要破坏物质，分裂构成物质的原子，将它分裂成无限小直至消失，使物质变为能量。看得见摸得着的只是物体的外表，事实上一切都是能量。假如未来科学能够大致追溯到物质的起源是些突然化为能量的岩层，就可能会把地球分解成能量区，那时吉尔伯特①的伟大文学构想就会得以实现：

　　翅膀和虚假从此都被剥去，

　　毁灭了的星球上时间沉睡着，禁止不动。

但是，别对这种剧烈的药物抱太大的期望，种我们的菜吧，像天真汉②奉劝我们的那样，还是去给我们的白菜地浇浇水，一切都顺其自然吧。自然这残酷无情的乳母不懂什么怜悯，当它抚爱孩子之后，便抓住他们的脚像拉弹弓一样把孩子甩出去，使他们撞在岩石

---

① 吉尔伯特（1836—1911）：英国诗人，作家。——译注
② 天真汉是法国作家伏尔泰笔下的人物，他在德国一个男爵家长大，受老师的影响他以为世上一切都趋于完美。经过一系列灾难之后，他终于认识到世界并不完善，唯有工作能使人免除烦恼，因此他认为"还是种我们的菜园子要紧"。——译注

上摔得粉身碎骨。这是减少过多孩子拖累的办法。

死亡倒还说得过去，但是为什么要让人痛苦呢？当一条疯狗威胁公共安全时，我们会残酷地去折磨它吗？我们会一枪把它打死，而不是折磨它，我们会自卫。但是，以前法庭上穿着红袍、神气十足的法官，判处犯人五马分尸的酷刑、火刑，或者让犯人穿上浸过硫的上衣被烧死，他们想用可怕的折磨，让犯人为他们所犯的罪行付出代价。此后道德有了很大的进步，今天的道德观念迫使我们对待罪犯像对待疯狗一样宽容，我们要除掉他们，但不采用挖空心思想出来的惨无人道的愚蠢方法。

看来，从我们的法典上取消死刑的那一天将会到来，我们应该尽力帮助犯人弃恶从善，而不是处死他们。我们将会像与黄热病和鼠疫病毒做斗争那样，与罪恶的病毒做斗争。但是我们什么时候才能做到对人的生命绝对尊重？是否还需要几百年，几千年呢？很有可能，要使思想中的污泥浊水沉淀，需要很长的时间。

自从地球上有了人类，即使是在家庭这个杰出的神圣团体里，道德也没能得到充分的体现。古代专横的家长在家里独断专行，把家里人当成羊群来统治。他们掌握着孩子的生杀大权，随心所欲，用孩子做交易，把他们卖做奴隶，养孩子是为了自己而不是为了孩子，原始立法残酷得令人愤慨。

长久以来，情况有了明显的改善，虽然古代野蛮的立法并没有完全废除。那种把道德等同于对宪兵的惧怕的人，在我们中还少吗？我们难道没有发现许多人养孩子，就像养兔子一样，是为了从中获利吗？应该把善良的愿望，用法律的形式严格规定下来，保护未满13岁的儿童，不落入工厂的地狱。为了挣几个钱，可怜的孩子的前途都被断送在那里了。

如果动物不讲道德，不靠劳动致富，也用不着不断地完善自己的思想，它们也有自己与生俱来、亘古不变的戒律。这些戒律在它们身上打下的烙印，成了生命的一部分，就像呼吸和吃饭一样重要。在这些戒律中，首要的一条就是母亲对幼儿的呵护，既然生活的首要目的是延续生命，就应该使初生的弱小生命的存在成为可能，这是母亲应尽的职责。

任何一位母亲都不会忘记自己的责任，最最迟钝的母亲至少也会把卵产在适当的地方，在那里新生儿可以自己找到食物。最能干的母亲则会给婴儿哺乳、哺食、供应食物、筑巢、盖房子和建托儿所，它们的杰作往往非常精美。但是总的来说，特别是在昆虫界，父亲往往不关心后代，还没有完全摆脱旧习俗，人类也有点相似。

十诫要求我们尊敬父母，若不是十诫闭口不谈父亲对子女的义务，那就再好不过了。父亲说起话来就像以前的专制家长，他把一切归为己有，很少关心别人。很晚人们才明白，现在对未来负有责任，父亲的首要职责是让孩子做好与艰苦生活做斗争的准备。

当我们人类对这个问题还模糊不清时，那些低等动物走在了我们前面，依靠无意识的灵感，它们一下子就完满地解决了父权问题，尤其是蒂菲粪金龟的父亲。假如蒂菲粪金龟在这些重大的问题上有表决权，就得修改我们的十诫。它可能会模仿教科书用通俗的形式写上：

您应养育您的孩子
尽您所能英勇顽强

第五章 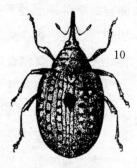 球　象

在昆虫中，赫赫有名的都是些草包，名不见经传的倒真有才能；才华出众的默默无闻，服饰华贵外表漂亮的人尽皆知。我们根据服饰和体格来判断它们的价值，就像我们根据一个人服装的质地、拥有的土地大小来判断他的价值一样，丝毫不考虑别的方面。

当然，要想被载入史册，昆虫最好得有点名气，这样既可以使读者安心，一下子就能确切地了解情况，又能使作者摆脱冗长的令人乏味的描写。另一方面，如果块头大容易观察，体态高雅、衣着华丽能引起人们注意，那么我们就没有道理不讲排场了。

但更为重要的是，它们的习性和创造性，才是昆虫研究中最有吸引力的。在昆虫界，那些身材最魁梧、外表最富丽堂皇的昆虫，往往是些蠢材。在其他地方也存在这种弊病。一只闪着金属般光泽的步甲有什么本事呢？它除了在被杀死的蜗牛的口中大吃大喝，没有别的本事。珠光宝气的花金龟有什么能耐？它除了在蔷薇花芯里打瞌睡，也没有别的能耐。这些高贵者什么也不会，它们没有技术也没有专长。

毛蕊花象

我们需要的是独特的创见、艺术品以及巧妙的方法，因此我们必须去找那些常常被人遗忘的低贱昆虫。不要嫌弃我们去的地方，垃圾堆里埋藏着连玫瑰也比不上的珍奇。不久前蒂菲粪金龟不就让我们了解了它们的家庭伦理道德吗？卑贱者万岁！小人物万岁！

有一种比胡椒粒还小的球象，将向我们提出重大的问题；这问题充满了趣味，但也许无法解决。这种昆虫的正式名称是塔普修斯球象。如果你问我这个词是什么意思，我可以老实告诉你，我不知道。不过这不论对昆虫命名者，还是对读者来说关系都不大。在昆虫学里，如果一个名称只代表以这个名称命名的昆虫，而不含别的意义，这样的命名是最好的。

如果用一个意义含混的希腊语或拉丁语，来影射昆虫的生活方式，在许多时候，真实与名称都并不相符。昆虫分类学家比关心活昆虫的观察家更超前，他们研究的是公墓，因此，一些似是而非的东西和明显的错误，常常使昆虫的档案变得逊色。

现在，批评针对的是"塔普修斯"这个词，因为球象开发的植物，根本不是植物学家所说的塔普修斯毛蕊花，而是深波叶毛蕊花。这种弯弯曲曲的毛蕊花长在南方的公路边，不怕土地贫瘠和白灰。它宽大而毛茸茸的叶子铺在地上，边缘有深深的锯齿，多权的花葶上覆盖着黄花，中间有胡须般的紫色雄蕊。

5月底，我打开雨伞放在深波叶毛蕊花下，作为采集工具。用拐杖敲打几下黄色的花簇，会落下冰雹似的东西来，它就是我们说的球象。它圆滚滚的，像个小球，足很短。它的衣服看上去倒也高雅，一件网眼衫，烟灰的底色上点缀着黑点，还有两条宽宽的黑绒饰带，一条在背上，一条在鞘翅的边缘，构成了球象的主要特征，其他种类的象虫都没有这种标志。它的喙较长，壮实，弯向胸前。

我关注这个身上带黑圆点的象虫已经很久了。我想了解它的幼虫，一切都似乎表明，它应该是生活在毛蕊花弯弯曲曲的蒴果里，属于以坚果里的种子维生的那类昆虫。它应该习惯于生活在植物里。然而，不论哪个季节，我剥开毛蕊花的蒴果时，从来也没发现过球象和球象的幼虫，或者球象的蛹。这个小小的谜更增加了我的好奇心，也许这个小矮子会告诉我一些有趣的事，我打算揭开它的秘密。

碰巧在荒石园里的石头缝里，有几株毛蕊花开着蔷薇形的花，虽然不多，但足够我把用雨伞从野外兜回来的球象放在上面。

这项工作完成后，从5月开始，我就可以在家门口观察球象的活动，不必再担心过路羊群的骚扰，而且随便什么时候都可以观察。

我的殖民地很繁荣，移民在树枝丫上安顿下来，对新营地颇为满意。它们在那里放牧，动手动脚互相作弄，许多象虫在交配，在明媚的阳光下尽情享受生活的乐趣。正在交配的配偶，一个压在另一个的身上，突然两侧晃动引起了震颤，就像一条弹簧交替地绷紧放松时发出的震颤。休息一会儿，又震荡起来，震荡一会儿又停下来，然后再开始。在两只球象组成的这部小机器中，谁是发动机呢？我看应该是雌性，它看起来比雄性略大一些。它的震动可能是表示反抗，试图摆脱对方的束缚，而对方不管它怎么震动还是紧抓不放。不过，它们共同发动的可能性更大，那是它们新婚时狂喜的震颤。

那些尚未结婚的球象把喙插进花蕾中，美美地吮吸。其他球象在细枝丫上啄出一个个褐色的小眼，从中渗出了糖液，蚂蚁很快就会来把它舔食干净。目前我所能看到的就是这些，没有什么能表明卵将产在何处。

7月，多数柔软的绿色蒴果底下出现了一个棕色的小点，很可能是球象产卵时留下的。我有些怀疑，大多数被啄过的蒴果里都没有东西，幼虫应该在孵化后不久就离开了这座房子，因为始终敞开的大门，畅行无阻。新生儿自谋生路，早早就到外面去冒险，这可不是象虫的习惯，象虫的幼虫一向以深居简出而闻名。幼虫没有脚，胖乎乎的，又爱睡觉，它害怕移动，它就在出生地长大。

另一个情况更使我疑惑不解。在有些被象虫钻了洞的蒴果里，有一些橘黄色的卵，每组有五六枚，甚至更多。这么多的数量不得不引起我深思。成熟的毛蕊花蒴果比同类的其他植物的蒴果小，那些很嫩的里面有卵，柔软的绿色蒴果几乎只有半颗麦粒那么大。在那么小的蒴果里，没有足够的粮食供这么多幼虫食用，恐怕连一条幼虫的需要都满足不了。所有的母亲都很有远见，毛蕊花的开发者不可能在那么小的仓库里，安排6个或更多的婴儿。因此，我怀疑我所看到的不是球象的卵，随后的观察也没能消除我的疑虑。橘黄色的卵孵化了，从里面钻出的幼虫，在24个小时内离开了产房。它们从那个敞开的小孔钻出来，分布在蒴果上，拔下蒴果上的绒毛，这些"草"足够做它们的第一餐饭。它们从蒴果上下来，到了枝杈上，剥去枝杈的皮，它们渐渐地逼近了附近的小树叶，准备去那里继续用餐。等它们长大吧，最后的蜕变将证明，我所见到的确确实实是球象。

这些光溜溜的无足幼虫，身体淡黄色，只有头部是黑色的，第一胸节上有两个黑点。它们全身裹着一层黏液，我用镊子去夹时，它们会粘在镊子上，很不容易被甩掉。当幼虫遇到麻烦时，会从肛门里排泄出一种黏液，看来它身上的黏液就是从那里来的。

它们在嫩枝上懒洋洋地爬行，把树枝的皮剥个精光，直到露出木质来。它们还吃枝杈上的叶子，这里的叶子比低处的叶子小得多。当它们找到一块理想的牧场时，便待在那里不动了，身体弯成弓形，靠黏液把身体粘在植物上。它们爬行时身体一拱一拱的，用具有黏附力的后部作支撑，尽管没有腿，可是靠黏液的黏性它可以牢牢地粘在树杈上，即使树枝晃动也掉不下来。由于它没有能够抓住物体的爪钩，为了在植物上散步时不掉下去，哪怕是刮来一阵大风也不被卷走，它想出了这种奇特的方法，以前我还不曾见识过。

球象幼虫容易饲养，在一个广口瓶里放上一些能吃的植物嫩枝，它们继续吃一段时间的嫩枝后，就会造出一个漂亮的圆泡，想必是要在里面蜕变了。看它们工作，了解它们采用的方法，是我的主要研究目的，我没有花多少努力就达到了目的。

幼虫身上黏糊糊的，不论是背面还是腹面，都裹着一层透明的、黏性很强的黏液，用镊子尖轻触幼虫的任何一个部位，都会冒出那种黏液来，可以拉成长丝。大夏天在火热的阳光下轻触它，它也照样会分泌出大量的黏液。油漆会被晒干，可幼虫身上的黏液不会干，这对幼小的虫子来说是宝贵的财富，它使得幼虫不怕寒风和剧烈的天气变化，能牢牢地粘在它喜欢的、生长在野外阳光下的植物上。

分泌黏液的孔很容易发现，只要让虫子在一块玻璃片上爬行，就能发现一种像露珠般拖着丝的黏液，从它的肛门渗出，润滑着尾端的那个体节，黏液是从消化道流出来的。它那里是否有一个特别的黏液配制室呢？我不准备回答，因为现在我的手已无法准确无误地进行解剖，眼力也不行了。尽管如此，我也可以认定，幼虫身上裹着一层黏液，就算源头不是肛门，至少也是储存在那里的。黏液是如何分布到全身上下的呢？幼虫没有腿，它靠后部支撑行走。此外，它有很多体节，在背面有一圈圈微微的突起，腹面也有一层层突出的隆起。幼虫爬行时很灵活，当它前进时，身体前部弯曲探路，就像滚滚的波浪此起彼伏，井然有序。

波浪从后端产生，渐渐地向前推进，直至头部。紧接着第二层浪潮顺着同一个方向涌来，然后是第三层、第四层，无限制地依次推进。波浪从一头推向另一头就是一步，只要波浪不断，那个支撑点即肠端的小孔就在原位上，先是向前挪一点，然而随着整个身体向前跃进，尾端又被甩在了身后，露珠般的黏液便依次涂在正在爬行的幼虫的腹部末端，小小的黏液滴就这样涂在了幼虫身体上。

剩下的事是把黏液分散涂抹开，这要靠幼虫爬行来完成。推进的波浪使它的体节时而靠近时而远离，当体节相互接触后，再拉开间隙，黏液便渐渐从毛细管中渗出，不需要任何特别的方法，幼虫在爬行中就使全身布满了黏液，每一个推动的浪潮，每向前一步都会使紧身衣粘上黏液。幼虫从一个牧场爬到另一个牧场时，不可避免地损失掉的黏液，就这样得到了补充，新渗出的黏液代替了旧的，黏液层始终保持着适当的厚度，不太薄也不太厚。

黏液覆盖全身的速度很快，我把一条幼虫放在水里，用画笔洗掉它身上的黏液。黏液消失了，分解在水里，我把沐浴水放在玻璃片上，水分蒸发后留下了一摊像溶解性很差的阿拉伯树胶似的痕迹。我把那条虫放在吸水纸上晾干，这时，用草秸碰它一下，已没有黏性了，幼虫已经失去了黏液。

它怎样才能重新涂上黏液呢？很简单，我让那条虫随意爬行几分钟，无需更多的时间，那层黏液又出现了，虫子粘在了触到它的草秸上。总之，虫子身体上裹的是一种可溶于水的黏液，虽然能很快分解在水里，但是，即使是在烈日下和干燥的北风吹拂下也不易干掉。

得到这些材料后，我们来看看它要在里面化蛹的蛹室是怎么建造的。1906年7月8日，我的儿子保尔，我热心的合作者，看我的腿脚不像以前那么灵便，便把晨跑时摘来的一棵布满球象的毛蕊花序带给我。那上面的幼虫多极了，有两只特别合我的意。当别的虫子都在植物上放牧时，它俩却不安地游荡，也不想吃东西。不用为它们担心，它们是在寻找一个适合的地方建造包膜帐篷。

我把它们分别放在两个玻璃管里以便观察。考虑到它们需要植物饲料，我在玻璃管里放了一枝毛蕊花。现在我手拿放大镜从早到晚进行观察，只要我还能顶住瞌睡，夜里也借着微弱的烛光去观察；非常奇怪的事就要发生了，我将按时间顺序来描写。

早晨6点：幼虫并不注意我给它的树枝，在玻璃上爬来爬去，把细细的身体前部伸出去。它轻轻地爬动时，背面和腹面就像波浪似的起伏，它试图把自己安顿得舒服些，做了两小时的体操练习之后，黏液源源不断地渗了出来，幼虫总算找到了舒服的感觉。

上午10点：粘在玻璃上的幼虫缩成小酒桶状，或者说像一粒两头略圆的小麦粒。其中一头有一颗黑亮的点，这是缩在第一个体节褶皱里的头部，身体的颜色没变，仍然是混浊的黄色。

下午1点：幼虫排出了半流质的粪便之后，紧接着排出一些很细的黑色颗粒。为了不玷污未来的房间，使肠子为后面将要进行的复杂的化学变化做好准备，幼虫先将污秽物排掉。它现在变成了淡黄色，先前的混浊颜色不见了。它把整个腹面贴在地面上。

下午3点：从放大镜里，我发现幼虫的皮下，特别是背面在微微地搏动，像沸腾的水面在颤动，比平时跳得更快的背面血管舒张、收缩，这是发高烧引起的。正在酝酿的内部变化，使得幼虫的身体紧张起来。这是不是在为皮肤开裂做准备呢？

傍晚5点：不是，因为虫子不再处于停滞的状态。它离开了垃圾堆，开始激烈地运动，比任何时候都烦躁不安。会发生什么奇怪的事呢？按逻辑推理，我觉得已隐约看出了其中的原因。

我们知道幼虫进行自由活动的必要条件，就是身上的那层黏液不能变干。如果黏液变干，就会妨碍和阻止幼虫爬行；当黏液呈液体时就相当于润滑油润滑着机器。但是，这层黏液将成为球壳，流质将变成薄膜，液体将成为固体。

这种变化首先让人想到氧化，可是你最好别有这种想法。如果液体变成固体，确实是氧化作用引起，那么，生来身上就黏糊糊、始终暴露在空气中的幼虫，恐怕身上早就不是穿着黏稠光滑的紧身服，而是穿着一层羊皮纸套。很显然，干化是在幼虫化蛹的最后时刻发生的，而且很迅速。干化在此之前是危险的，现在却成了一种很好的保护手段。

为了使亚麻油漆固化，我们采用干化剂，一种能作用于油，使油变为树脂，进而成形的药剂。球象同样有干化剂，后面发生的情况就能证实。由于它身体内部的配料房的结构正在发生深刻的变化，幼虫的肉体因高烧而颤抖时，也许就是在制造干化剂；它刚才长时间散步，就是为了把干化剂散布在皮肤表面。这是幼虫期的最后一次散步。

晚上7点：幼虫俯卧在地，又不动了。准备工作是否已结束？还没有。它必须建造一个球形建筑，在此基础上幼虫才能吹起它的圆泡。

晚上8点：幼虫的头部周围，以及与玻璃接触的前胸和身体的其他部位，出现了一条纯白的花边，好像覆盖了一层雪花。花边呈马蹄铁的形状，中间雪花还在不断堆积，看上去模模糊糊的。在花边的底下是向四周辐射的纤细光束，由同一种白色物质构成。这个结构表明，幼虫的嘴起着相当于喷雾器的细微作用。的确，除了头部周围，没有一处出现这样的白色物质。幼虫身体的两端参与了建造房屋，前端负责打地基，后端负责砌墙。

晚上10点：幼虫变短了。它把尾部向支撑点，即固定在雪白垫子上的头部靠拢了一些；它弯腰、拱背，渐渐地成了球状。那个正在建造的小泡还没有成形。干化剂已产生了作用，最初的那层黏液已变成了一层皮，现在还比较软，用背顶一下还会伸长。当小圆泡的容积足够大时，幼虫将脱去身上的外套，自由自在地待在一个宽敞的空间里。

我很想亲眼看见它蜕皮，但是事情进展得实在太缓慢。时间已经很晚了，我已经困乏不堪，还是去睡觉吧，眼前看到的东西，足以使我想象出将会出现怎样的情景。

第二天，当晨曦把大地照亮时，我跑去看望那些虫子。小圆泡已形成，是个漂亮的卵形小泡，像用很薄的肠衣制作的，同里面的小家伙一点都不粘连。幼虫建造小圆泡用了20个小时，剩下的工作是用衬里把小圆泡加固。通过透明的墙体，我可以看见里面的操作过程。

我看见幼虫的小脑袋忽上忽下，忽左忽右，不时地用大颚从肛门里取出一点胶黏剂。胶黏剂粘在某个地方后，它就细心地把它抹开推光，一点一点，一下一下地，把屋子里面抹上一层涂料。我怕隔着墙看不清，便捅破了一个小圆泡，让幼虫部分暴露出来。幼虫照常继续干活，没有太多的犹豫。它那种奇特的方法显然无可挑剔。幼虫把尾部作为存放混凝土加固剂的仓库，肠腔末端就像是泥水匠用抹刀取砂浆的小桶。

2½

色斑菊花象

我了解这种新奇的操作方法。以前，有一种大象虫，蓝色蓟的宿主色斑菊花象，已经让我见识了类似的工艺。它也会排出一种胶黏剂，它用大颚蘸取肛门上的胶黏剂，很节省地使用。它还有别的材料可使用，比如蓟草的毛和小花碎片，它的胶黏剂只用于加固以及给建筑物上光。球象只用肠道渗出的黏液，不用别的材料，因此它建成的建筑出类拔萃。除了色斑菊花象外，我的笔记中还记载了其他的象虫，例如大蒜短喙象，它会用尾部提供的一种很滑的黏液涂抹房间的墙壁。看来肠液在象虫科昆虫建造用于化蛹的小屋时，应用得很广泛，但是没有一种象虫如球象那么出色。它的工作如此有效，在于它的加工厂能在短时间里制造出3种不同的产品。它首先生产出黏性液体，有了它小虫可以牢牢地粘在被风吹得乱晃的毛蕊花上；

3
大蒜短喙象

接着生产出一种干化液，把黏液变成羊肠膜；最后生产出一种胶黏剂，加固那个通过皮肤开裂与幼虫身体分离的小圆泡。球象的实验室多么了不起，它的肛门是多么变化多端啊！

一小时一小时地详细记录这些细节有什么用呢？为什么要做这么幼稚的事情？一种几乎不为专业人士所知的小虫子的技艺，对我们有什么重要？

这些幼稚的举动触到了令我们不安的严重问题：世界是个受原动力支配的和谐的统一体呢？还是正相反，是个在盲目冲突的事物相互作用，好歹能偶尔达到相互均衡的混乱体呢？用科学的方法去探索这些小事情，和其他一些可能对昆虫学家细致深入的研究有帮助的现象，比做形式上的推论好得多。

球象为小圆泡加衬里，用一整天的时间并不算多。第二天幼虫蜕皮了，化成了蛹。我将用在野外获取的一些材料来结束它的故事。我常常在幼虫啃过的那株植物附近的草地上，在一些禾本科植物的茎和枯叶上，发现蛹。然而，蜕去外壳、变干了的蛹，通常是留在毛蕊花的细权丫上，9月迟早会从蛹壳里面钻出成虫来。那层肠衣包膜裂开时，不是支离破碎的，而是分成整整齐齐的两半，就像香皂盒打开时的样子。是不是隐居在里面的昆虫，用大颚咬破外壳再将它从中间一分为二呢？不是，因为两个半球的边缘很整齐，恐怕那里本来就有条很容易裂开的环形裂纹，只要象虫用拱起来的背撞击几下，就能开启房间的圆顶盖，获得自由。

我在一些完好的包膜上，发现了那条容易开启的裂纹，这是一条很细的小球赤道线，象虫为了使房间能够开启，是如何做准备的呢？一种叫海绿的开猩红色或蓝色花的普通植物，它的蒴果也像一个关闭的小圆香皂盒，当它要播种时蒴果很容易裂开。不管是球象还是海绿的作品，都是无意识的产物。球象并不比海绿更强，它事先也没有周密的计划。除了一些包膜的裂缝是整齐的之外，大部分蛹壳裂开时，断面残缺不全，很不规则。从那样的包膜里出来的，想必是些寄生虫，那些野蛮的家伙，由于不知道细接缝的秘密，出壳时只能撕破包膜。在还没破洞的包膜里，我发现了寄生虫的幼虫，一条白色的小虫粘在一根棕色的小香肠上，那是球象蛹的残骸。入侵者已经把刚刚降生、肉质非常嫩的屋主榨干了，我想那强盗一定是小蜂科家族的一员，它们习惯于这种杀戮方式。

它们的长相和吃相绝对别想蒙骗我。我的饲养瓶里养了许多小蜂，这种铜赤色的小蜂头大，肚皮圆中带尖，外表看不见产卵管。去向一些大师请教关于这种昆虫的名称，对我不会有什么帮助。我不会问昆虫："你叫什么？"而是问它："你会干什么？"隐居在广口瓶里的无名食客，没有小蜂科之王褶翅小蜂那样的工具，它没有能够穿透围墙、将卵从远距离送入寄主身上的探针，因此它的卵是在蛹室还没有建成之前，就被置入球象幼虫体内了。

这些派去给过于庞大的家庭裁员的小强盗，所采用的方法五花八门，每一个行会都有独特的方法，而且特别有效。那么小小的球象凭什么充斥世界？别着急，它们会受到控制，被扼杀在摇篮里，成为小蜂科的受害者。像别的昆虫一样，象虫这个心平气和的侏儒也该贡献出一些有机物质，这种物质不断地从一个昆虫的胃里，转到另一个昆虫的胃里，被加工得越来越细。

现在，我来概述一下球象的习俗。在象虫科里，球象的习惯很特别，雌球象把卵产在毛蕊花的蒴果中，至此一切都很正常。其他的象虫科昆虫也在毛蕊花、玄参和龙头花这些属于同一类植物的果壳里，为孩子寻找住处。我们很快就将看到球象与众不同的特点。雌球象选择了毛蕊花，它的蒴果特小，同样的季节在附近的其他植物上结满了硕大的果实，能提供丰富的食物和宽敞的住处，可它宁愿贫穷而不要富裕，宁要狭窄而不要宽敞。

更不可思议的是，它根本不考虑给它的孩子留下粮食，球象把鲜嫩的果仁咬烂，并彻底清除掉，为的是在这个小球里产下6枚左右卵，它把卵巧妙地放入果子里。除了那层果壳之外，幼虫就没有东西可吃，连养活一条虫的粮食都没有。既然食品橱里没有面包，家里一无所有，幼虫只能在孵化的当天就离开屋子。

这些大胆的革命者们要着手改革象虫中存在的恶习，尤其是闭门不出的习惯；它们要到外面去冒险，去长见识。它们去周游世界，从一片树叶爬到另一片树叶上寻找食物。这种对象虫科昆虫来说很异常的大迁移，并不是轻举妄动，而是由于饥饿，迫不得已而为之；它们之所以要移民，是因为母亲没想到给它们留下食物。

如果说旅行的乐趣能使它们忘记那个温馨的家，可以安安静静消化食物的家，它也有不利的一面，幼虫没有足，只能一拱一拱地爬行。它也没有任何黏附工具，可以使它稳稳地停在细树枝上，稍有风吹草动，它就会从树上掉下来。需要能激发创造的才能，为了避免跌落的危险，旅行者往身上涂了一种黏液，使身体能黏附在所经过的道路上。

这还不算，当幼虫化蛹的微妙时刻到来时，住宅是必不可少的，待在屋里昆虫才能太太平平地蜕变。流浪汉一无所有，它没有家，住在露天美丽的星空下，但是它会在必要时为自己建造一顶包膜帐篷，肠子会为它提供原料，它的同类中没有谁会造这样的房子。但愿讨厌的小蜂，球象蛹的杀手，不要光顾这座漂亮的小房子。

从毛蕊花上的球象那里我发现，象虫科昆虫的习性发生了一次深刻的变革。为了更好地说明这个问题，我们再来看看另一种被分类学家列为球象近亲的昆虫，比较一下这两种昆虫的异同。这位新的证人也开采一种毛蕊花，把它们进行对比更有价值。这种昆虫的学名叫作"西那童塔普西高拉"，也就是毒鱼草球象。

我的那个研究对象身着棕红色服装，身体浑圆，个头和球象差不多。注意那个定语"塔普西高拉"，意思就是毛蕊花的居民。我对这个名称很满意，这个词用得很贴切，它使新手能准确地找到这种昆虫，无需别的材料，只要找到它吃的那种植物就行了。

那种学名叫塔普修斯毛蕊花的植物俗称毒鱼草，喜欢长在田野里，北方和南方均有生长。它的花序不像深波叶毛蕊花的花序分支杈，而是在茎上长出一簇密匝匝的花。花开过后便结出一些蒴果，一个一个挨得紧紧的，每个都有普通橄榄那么大。这可不是深波叶毛蕊花球象幼虫住的那种果壳，空荡荡的，不立即从壳里钻出来就会饿死。这些果壳里满是食品，足够一两条幼虫食用。蒴果中间有隔墙把它分成两个大小相同的包厢，两个包厢里都装满了种子。

我一时心血来潮，想统计一下毒鱼草的种子库里有多少种子。我数了一下，仅在一个果壳里就有320颗种子，一根普通的茎上就有150粒蒴果，因此种子的总数是48000粒。这种植物为什么会结出那么多的种子？传宗接代只需少量种子，显然毒鱼草是营养元素的聚敛者，它制造食物，要把宾客请来共享丰盛的宴席。

得知这些情况后，毒鱼草球象自5月起，就来拜访蒴果累累的花茎，在那里产下卵。有幼虫居住的蒴果底部都有一个褐色的点，一眼就能认出来。这个隧洞是毒鱼草球象产卵时用喙钻出来的，必须钻这个洞才能把卵置入，通常在蒴果的两个子房上各有一个洞。不久从子房里渗出的液体凝固，变干，封住了这个小洞，蒴果又封闭起来，和外界没有任何联系。

6月和7月，我打开有褐色痕迹的果壳，几乎总是看见两条胖乎乎的黄油色幼虫，幼虫前部隆起，后部狭窄，拱着腰像个逗号。它没有腿，在这座房子里有腿也毫无用处。它舒舒服服地躺着，嘴边就有丰盛的食物。它首先吃又嫩又甜的种子，然后再吃果壳，果壳和种子一样多肉，而且味道特好。毒鱼草球象在此生活得很好，它无所事事，饱食终日。

真该有场灾难来扰乱隐居者的恬静生活。我用打开果壳的方法制造了这场灾难，幼虫立刻躁动起来，绝望得坐立不安，空气和光线的进入真让它们讨厌，至少需要一小时它们才能恢复平静。毒鱼草球象幼虫才不会像深波叶毛蕊花球象幼虫那样到外面去流浪呢，它永远也不打算离开自己的家。受家族遗传影响，它特别喜欢待在家里，永远待在家里不出门。

它甚至不喜欢和别人做邻居。同一个蒴果里，隔墙的另一边还有一位兄弟在啃食物，可它从不过去拜访。对它来说，把隔墙穿透是件很容易的事，现在这堵墙跟种子和果壳一样嫩。可是住在蒴果里的两条幼虫互不侵犯，各居一边，它们从来没有通过那扇天窗发生过任何关系，各自待在自己的家里。

这个家如此舒适，幼虫变为成虫后，仍然要在里面住很久，12个月里有10个月它都不出门。4月，当植物长出新的嫩芽时，它在已经变得像坚固的堡垒似的蒴果壁上，挖一个洞爬出来，跑到新长出的、一天比一天高、花越开越多的茎上，享受明媚的阳光。它们成双成对，兴高采烈；它们在5月生了孩子，孩子们又继承了长辈不喜欢出门的传统。

利用这些材料，我来稍微进行一些研究。所有的象虫都是在产卵地度过幼虫期的，当幼虫在临近化蛹时，都会移居到地上。蒜象放弃了大蒜芽，栎象离开了橡栗，卷叶象离开了用葡萄叶或柳叶做的雪茄，龟象离开了卷心菜的根。这些老熟幼虫的出逃，并没有违背象虫科昆虫在出生地长大的规律。

但是，最出人意料的是深波叶毛蕊花球象幼虫的转移，它很小的时候就离开出生的小屋，离开毛蕊花的蒴果，它必须出去，到一根树丫上自由地放牧。这就要求它具备别人不具备的两种技能：一是给自己做一件带黏性的紧身衣，使自己能稳稳地行走；二是造一个用来做蛹室的羊肠膜小圆泡。

球象为什么会出现这种反常？人们有两种看法，一种认为这是退化，另一种认为这是进化。有人认为雌球象从很早以前也一直遵守部族的规矩，和其他食嫩果仁的象虫一样，它也钟爱足以养活不爱出门的一大家子的大蒴果，后来由于疏忽大意，或是别的什么原因，它来到了小气的毛蕊花上。它忠实于古老的习惯，选择了一棵和最初开发的那棵属于同一类的植物；但不幸的是，它发现那种毛蕊花的果太小，连一条虫都养不活。正是母亲的愚蠢行为引起了这种退化，从此危险的流浪生活取代了平静的居家生活，球象走上了灭亡的道路。

另外一些人则说，球象开始得到的就是深波叶毛蕊花，但是幼虫不习惯这个家，母亲正在寻找更好的住处，慢慢地尝试总有一天会让它找到的。我倒是时常看见它在麻亚尔毛蕊花和毒鱼草上，这两种植物的蒴果都很大。不过它是远足路过这里，正忙着大口地饮果汁，并不是要在此产卵。为了孩子的未来，它迟早会来此安家的，这种昆虫正在进化。

如果用一些令人讨厌、适于掩盖模糊思想的说法，来给事实添油加醋，人们可以把球象说成是漫长的几个世纪，给昆虫的生活习惯带来变化的最好例子。这似乎很深奥，但是不是很清楚呢？我怀疑，当我看到一本书里滥用所谓科学的短语时心想："当心点！作者对他所写的事并不了解，否则他就该在久经推敲琢磨的词汇中，找到可以明白地表达他的思想的词汇。"

人们否定了布瓦洛①有诗人的灵感，但是他确实有见解，他的许多诗告诉我们：只有真正了解的东西才能清晰地表达出来。

很好，尼古拉！是的，他说话清楚明了，总是很清楚明了，他把猫叫作猫，我们应该像他一样。把莫名其妙的话说成是优美的散文，让人想到伏尔泰的俏皮话："听的人无法理解，说的人又说不清，那就是形而上学。"我再附加一句："这就是高深的科学。"

我还是只限于提出球象问题，别指望一天工夫就能得到明确的

---

① 布瓦洛（1636—1711）：法国诗人、文艺理论家。布瓦洛为他的姓，尼古拉是他的名。——译注

答案。另外，说实在的，也许并不存在什么问题，球象的幼虫天生就是流浪汉，而且将来仍然是流浪汉，它天生就不同于其他深居简出的象虫。我们还是到此为止吧，这是最简单、最明智的做法。

第六章 🪲 大薄翅天牛和木蠹

今天是封斋前的忏悔星期二①，是纪念古代农神的日子。此时我想到了一种古罗马美食家非常喜爱的、新奇怪诞的菜肴，我希望我这道荒唐的菜肴也能成为名菜。我得找一些美食家来做见证，他们必须能够以自己的方法，品尝那种除了博学多才的人之外，谁都没听说过的食物。这个重大的问题将在委员会上讨论。

讨论会将有8个人参加，我的家人加上两位朋友，恐怕这些人是我们村里我唯一敢请来品尝这么怪诞的菜肴的人，他们不会认为我有不良的怪癖。

一位是小学教师，他同意我的想法，而且也不怕万一我们举行这次宴会的事泄露出去，可能会引来的风言风语，他名叫朱利安。他见多识广，满腹学问，思想开放，崇尚真理。

另一位是马里尤斯·圭格，他是一位盲人木匠，生活在黑暗中的他，却能娴熟准确地操作锯子和刨刀，就如同一位能干的明眼人在白天做事一样。曾经见过欢乐的光明和缤纷的色彩的他，年轻时就失明了，在黑暗的困扰中，他养成了达观的人生态度，整天乐呵呵的。他有一个强烈的愿望，希望能尽量弥补自己只受过贫乏的初等教育的缺陷。敏锐的听觉使他能辨别最细微的声音，因劳动而磨起老茧的手指触觉特别灵敏，我们交谈时，如果他想知道某个几何形的特征时，他便会把手伸给我，他摊开的掌心就是我们的黑板。

①　忏悔星期二：法国东南部城市尼斯的狂欢节长达数十日，从2月底至3月初，在四旬斋前一天达到最高潮，并在这个星期二画上休止符。——校注

我用食指在上面画出要做的那个东
西的形状，一边轻轻画一边做些简
要的解释，这就够了，他能用刨刀
和锯子把领会到的表达出来。

　　星期天下午，尤其是冬天，当
3根架起的木柴在壁炉里燃烧，让
人忘却了凛冽的北风时，他俩常常
会聚集在我家里。我们组成了三人
乡村学社①，除了讨厌的政治外，
我们无所不谈。我们谈哲学、道
德、文学、语言学、科学、历史、
古币学、考古学。话题随着谈兴自
然地变换，为我们的思想交流提供

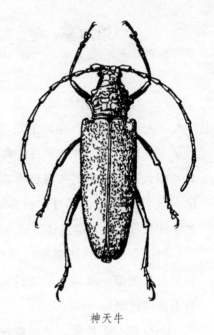

神天牛

食粮。今天的这顿晚餐，就是在这样的聚会上策划出来的，这种聚
会是我孤独生活中的一种慰藉。这道特别菜的原料是木蠹，一种在
古代非常出名的美食。

　　当厌倦了日常食物之后，穷奢极侈的罗马人不知该吃什么好，
便开始吃起虫子来。普林尼告诉我们，罗马人的饮食到了极端奢侈
的地步，认为橡树上的大肥虫味道很好，那种虫叫作木蠹。

　　这到底是什么虫子呢？拉丁语博物学家没有明确说明，他只是
告诉我们，这些虫子寄居在橡树干里。不要紧，有了这点资料我们
就不会搞错了。他说的是大天牛的幼虫，它们常寄居在橡树上。这
种虫的确长得白白胖胖；它那白白的、胖香肠般的外表很吸引人。

---

① 法布尔隐居塞里昂的日子里，荒石园里的常客是几位乡村教员和盲人马里尤斯。星期
四和星期五下午朱利安和马里尤斯总是准时去荒石园拜访法布尔。——校注

但是说这种幼虫生活在橡树上，依我看有些一概而论。普林尼没有对此进行深入研究，他要说的是一种胖乎乎的幼虫，列举的却是橡树幼虫，是橡树上最常见的一种外貌特征类似的幼虫。他忽视了其他的虫子，也许他没有对橡树虫子和别的虫加以区别。

我们不要局限于这篇拉丁语文章里所提到的那种树，顺着老作者的思路继续探索就会发现，其他一些虫子也和橡树上的幼虫一样，配得上木蠹这个名称，例如栗树上的鹿角锹甲幼虫。

能配得上木蠹这个著名称号的虫子，必须符合下列条件：胖乎乎的，个头大，看上去不招人讨厌。但是，经过分类学家的特殊加工，木蠹与蛀空老柳树的柳蠹扯上了关系。柳蠹呈酒渣色，十分难看，令人厌恶。罗马人绝不会粗俗到去吃这种恶心的虫子。现代的昆虫学家所说的木蠹，肯定不是古代美食家吃的那种虫子。

鹿角锹甲

除了那些经过专家鉴定，认为和普林尼所说的那种虫子相近的天牛和鹿角锹甲的幼虫外，我还知道另一种虫子，依我看它才是最符合要求的。我来说说是怎么发现它的。

如此缺乏预见性的法律，让这个美丽的树木杀手逍遥法外，这个蠢家伙为了捞一把，竟损害美丽的树木，折断树梢，吸干树汁，把土地变成干得冒烟的灰堆。在我家附近原来有一片苗壮的松树林，那是乌鸫、松鸦、斑鸫和其他过路客的乐园，我是其中的常客。后来林主让人把这片小树林给砍掉了，在这场大砍伐之后过了23年，我又回去过那里。

松树已经消失，变成了柴火和木梁，仅留下一些难以拔起的粗根。在这些长期经风吹日晒的残根上，可以看见被蛀食而形成的宽宽的长廊，表明有群强壮的生物正在完成由人发起的死亡工程。我应该去向麇集其间的宿主们了解一下情况，林子的主人从小树林获得了经济利益，而将他不重视的非物质利益的开发留给了我。

在冬季一个晴朗的下午，我们全家出动，我的儿子保尔用结实的切割工具剖开一个树根。外表又硬又干的木头中间却很柔软，好像火绒棉，在潮湿温热的腐质中，有一大群拇指般粗的虫子。我还从未见过这么胖的虫子，它那象牙白的颜色看上去很柔和，像缎子一般光滑的皮肤摸上去很舒服。如果人们能克服饮食偏见，它那半透明的、像灌满了黄油的小胖肠似的外观，甚至能引起食欲。一看到它我脑子里就冒出了这么个念头：这就是木蠹，真正的木蠹，它比天牛的幼虫要强得多。为什么不试试这道备受称道的菜肴呢？这么好的机会也许永远也不会再有了。

我们获得了丰收。我首先当然是研究这种外表看起来像天牛的昆虫，其次才是考虑如何烹调的问题。既要弄清它到底是哪种昆虫的幼虫，也要了解它的味道如何。封斋日前的星期二正是摆这种异想天开的宴席的好时机。

我不知道在恺撒大帝时代吃木蠹时浇的是什么汤料，那个时代的美食家们没有留下资料。雪鹀是用铁钩串了烤着吃的，如果用加调料的复杂方法烹制，简直是糟蹋佳馔。对木蠹这种昆虫学意义上的雪鹀，也应用同样的方法来处理。把用铁钩串好的木蠹放在很旺的火盆上的铁架上烤，除了加一点必不可少的盐作为烹调佐料外，不加任何其他的调料。烤肉变成了金黄色，发出轻轻的爆裂声，并滴下几滴油星，油滴到火上，燃起漂亮的白色火焰。木蠹烤好了，趁热吃吧。

在我的带动下，我的家人勇敢地啃起铁钩上的肉来。小学教师犹豫不决，老想着刚才看到的在盘子里爬的虫子，他挑了一串最小的，想起来不那么可怕。比较不受想象的厌恶感影响的瞎子静静地品尝，一副心满意足的样子。

大家的感觉是一致的，烤肉滋润，鲜嫩，味道极佳，吃起来有点像香草味的烤杏仁。总之，这道用虫子做的菜是完全可以接受的，甚至可以说非常鲜美。古代的美食家用很讲究的方法烹制出来的木蠹，简直不知道有多好吃呢！

虫子的皮不太好吃，太硬了。这道菜就像羊皮纸裹着的小肠，里面包着的东西很好吃，外面的袋子却难以下咽。我把虫皮送给我的小猫，尽管它很爱吃香肠的皮，却拒绝了虫子的皮。那两条吃饭时总是在我身边的狗，也拒绝了那玩意，而且是断然地拒绝。倒不一定是因为皮太硬，它那贪食的喉咙根本不存在吞咽困难的问题；凭着灵敏的嗅觉，它们闻出了那东西是一块不寻常的食物，绝对是它们没吃过的；因此闻了一下，便警惕地望而却步，仿佛我给它们的是一块抹了芥末的面包片，这对它们来说太陌生了。这使我想起我们村的邻居在奥朗日集市上，见到水产摊位上一筐筐的贝类、一篮篮的龙虾和一篓篓的海胆时，那种大惊小怪的天真模样。"看！"他们说道，"这也能吃！怎么吃啊？是煮还是烤？无论如何我们也不会用它来蘸面包吃的。"

他们为有人吃这种可怕的东西而感到非常惊讶，转身离开了海鲜摊位，我的猫和狗也像他们一样。当然，狗也和我们一样，第一次吃一种特别的东西时，先必须学习。

普林尼对他所提供的关于木蠹的点滴描述做了补充，他说用面粉把木蠹养肥，可使其鲜美。这个菜谱着实让我吃惊，特别是对这位老博物学家习惯于这种饲养方法感到吃惊。

他向我们讲述，一个叫作伊尔皮努的人，发明了一种饲养蜗牛的方法，在当时备受美食家推崇。饲养池周围环绕着水，以防饲养物逃走，池中放一些罐子作为窝居，然后把饲养物放在池子里养肥，用面团和烧酒喂养的蜗牛变得硕大无朋。尽管我对这位老博物学家很敬佩，但我仍不敢恭维用面粉和烧酒饲养软体动物的方法，其中存在着幼稚的夸大。当人的分析能力尚未形成时，总是难免会这样，普林尼天真地重复他那个时代乡下人的幼稚想法。

我也同样不信木蠹吃了面粉会长胖，但是，好歹这个结果比池子里养蜗牛还稍微可信些。我要以观察家一丝不苟的精神，来实验这种方法。我把几条松树上的虫子放在一个装满面粉的广口瓶里，什么吃的也不放。我等着看淹没在细面粉中的幼虫迅速衰竭，心想它们就算不会因气门阻塞而窒息，也会因缺乏适当的食物而贫血。

我大错特错了。普林尼是有道理的，木蠹在面粉中生长得很快，营养很充足。我看着它们在这样的环境下生活了12个月。它们在面粉里挖地道，在身后留下一团棕红色的糊，那是它们的消化排泄物。它们是否真的长胖了我不能肯定，但至少它们气色很好，完全和养在另一个广口瓶里的树根上的木蠹一样胖。有面粉就够了，就算不会把它们养肥，也至少可以让它们保持很好的状态。

关于木蠹和我那异想天开的烤肉串已经说得够多，我之所以要进行这项研究，绝不是希望丰富饮食。不，那绝不是我的目的，尽管布利亚-萨瓦兰说过："对人类来说，发明一种新的菜肴比发现一颗小行星更重要。"松树上大虫子的稀少，和大部分虫子在我们多数人的心理上引起的厌恶感，将永远阻碍它成为一道家常菜。也许这将永远是一则无需核实真实性的趣闻而已，并非所有人都有对虫子的美味做出评价的胃口。

　　对我来说，美食就更没什么诱惑力，我满足于俭朴的生活，不贪图别的，吃樱桃比吃美味佳肴更可口。我唯一的愿望就是要澄清自然史上的一些疑点，我达到目的了吗？也许达到了。

　　现在我来关注虫子的蜕变，力求得到成虫的原形，以便确定研究对象的身份，直到此时它还隐姓埋名。饲养这种虫子很容易，我把松树上那些已经长得很胖的幼虫，放在一些中等大小的花盆里，我给它们提供的食物是从它们出生的那个树根上剥下的碎块，特地挑选树心由于腐烂变得像柔软的火绒棉似的木层。

　　幼虫在丰富的食物中自由自在地穿行，懒洋洋地爬上爬下，有时停在一个地方，不停地吃食。只要保持食物新鲜，我就不用管它们。我用这种简便的方法，让它们在两年里保持着极佳的状态。这些寄宿者胃口一直很好，消化也很正常，它们不知道什么叫思乡。

　　7月初，我突然发现有一条幼虫像热锅上的蚂蚁团团转，这是皮肤开裂前做的柔软体操。自由体操在一间普通结构的宽敞屋子里进行，屋里没抹水泥，也没涂砂浆。那条胖乎乎的虫子用臀部，把来自食物或代谢物的粉状木质物推到身边压紧，使其黏结起来；由于我注意使木质保持适当的湿度，这种物质好似用木屑拌成的灰浆，有可能被压成一堵比较牢固而且非常光滑的墙壁。

几天后，在天气异常热的时候，幼虫蜕皮了。它们的皮肤是在夜里裂开的，我没有看见；但是第二天，我得到了新蜕下的那层皮。皮肤从胸部一直裂到最后一个体节，蛹把头一伸就从里面蜕出来了。蛹是通过绷直和缩紧身体，从背部的小窄缝里钻出来的，因此那皱巴巴的羊皮袋似的皮蜕下后，几乎完好无损。

出壳的当天，蛹白得非常好看，胜过大理石和象牙，如同半透明的硬脂酸做的蜡烛，肉体似乎正在慢慢凝固成形。肢体的排列非常对称，弯起来的足像交叉在胸前的双臂，姿势庄严呆板。我们的画师也找不出更好的方式，来表现敬仰命运之神这一主题。一节一节连起来的跗节像多节的长绳，沿着蛹的身体向下垂，好像祭司的毛皮长披肩。鞘翅和后翅双双合在一起构成一个套子，虫子的体形扁平，呈粗棒槌形，上面好像撒了一层滑石粉。触角弯成优美的曲棍，滑向前足的胫节，尖端贴在翅膀组成的棒槌形套子上。前胸两侧略向外扩展，很像修女戴的白色帽子。

我把造物主创造的这个可爱的尤物给孩子们看，他们说："这是一个领圣体的女教徒，一个披着面纱的女教徒。"这说法很形象贴切。如果它不会腐烂，该是个多么漂亮的宝物啊！寻找装饰物的艺术家们，从这里就能找到完美的样板。这个宝物会动，稍微受点惊动，背部就会扭动个不停，被扔在河边晒的鲍鱼也是这样扭动的。受到惊吓的人，感到自己处于危险时，就试图去吓唬别人。

第二天，蛹的身上罩上了一层雾，最后的羽化开始了，要持续半个月。到7月下旬，蛹身上的紧身衣终于裂成了碎片，那是成虫的肢体在里面乱蹬时给撕裂的。成虫出现了，它穿着铁红和白色相间的服装，很快颜色变深了，渐渐地变成了黑色。昆虫完成了它的生长过程。

我认出它就是昆虫学家说的"埃尔加特"[1]，翻译过来就是打铁匠。如果有谁知道并告诉我，为什么这个长着长角、喜欢住在老松根里的昆虫被称作铁匠，我将不胜感激。

大薄翅天牛是一种了不起的昆虫，个头和神天牛差不多，但是它的鞘翅较宽，有点变形，雄性的前胸有两个三角形的装饰斑闪闪发亮，那就是它的纹章，不过，它的首饰只是雄性的标志。

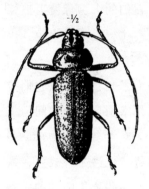

-½

大薄翅天牛（雄性）

大薄翅天牛在夜间活动，我曾试图提着提灯去观察，这种带松木花纹的昆虫在它们的出生地进行交配。大约在晚上10到11点，我的儿子保尔手提提灯跑遍了那片被毁了的小树林，挨个察看老树根。这次搜寻没有结果，一只大薄翅天牛也没找到，既没有雄性的，也没有雌性的。这次失利没有什么可遗憾的，因为罐子里养的那些虫子，完全可以告诉我们有关它们婚俗的趣事。

大金属网罩下罩着一大堆从烂松木上剥下的碎块，我把在实验室里羽化的成虫，一对一对单独安置，供应给它们的食物有梨块、小串的葡萄、西瓜等，这些都是神天牛爱好的食物。

白天，囚犯们很少出来，它们蜷缩在木块堆里。晚上，它们出来散步，表情严肃，有时爬上网罩，有时待在那个代替树根的木渣堆上，产卵期到来时它们一定会跑到那里去。它们从不碰几乎每天都更换的新鲜食物，也从没吃过一口水果，这些食物可是一般的天

---

① 　埃尔加特：原文Ergates Faber，又名大薄翅天牛。——校注

牛最爱吃的，可是它们厌食。

更严重的是，它们好像厌恶交配。几乎一个月的时间里，我每天都去观察它们。多么可悲的情人！雄性从不向雌性献殷勤，雌性也从不会抛媚眼，讨好对方。它们相互回避，即使碰到一起也是为了自相残杀。我发现5个网罩里，不论是雄性还是雌性都很冷漠。我有时看到它们两败俱伤，打断了几条腿，触角也多少有些损伤，残肢的断面那么整齐，就像是剪断的一样。它们的大颚像铡刀般锋利，我由此知道了原因。假如我的指头被它夹住，也不能幸免，也会被咬得鲜血淋漓。

这到底是什么野蛮的民族，两性相遇是为了相互残杀；它们搂抱时粗野地抓住对方的身体，这哪是爱抚，是宰割！雄性之间为了占有姑娘而大打出手，相互殴打，十分平常，对大多数动物来说是一条规矩；但是在这里雌性受到了严重的虐待，也许是开战后，铁匠自言自语道：好啊！你撕坏了我的翎毛，这回我要打断你的一条腿。啪！针锋相对的战斗继续进行，双方的铡刀都在运作，战斗的结果是双方都成了残疾。

在居住过于拥挤的情况下，失望地麇集在一起的昆虫之间，发生这种野蛮争斗尚可理解，但是在宽敞的纱罩里并不拥挤，有足够大的地方供两个囚犯在夜间散步，网罩里什么也不缺，只是不能自由地飞翔。是因为被剥夺了自由，性情才变得暴躁吗？它们哪像普通的天牛啊！假如我把12只神天牛放在同一个网罩里，过上一个月，邻里间也不会闹矛盾，它们会骑在同伴的背上，不时地用舌头舔同伴的背。种族不同，习俗也就不同了。

我认识一位松树昆虫的劲敌，也有同类相残的野蛮倾向。它就是薄翅天牛，它也喜欢黑暗，长着长角。它的幼虫生活在年久开裂了的老柳树上，成虫很漂亮，浅栗色，长着很硬的触角。同神天牛和大薄翅天牛一样，它也是天牛科里个头最大的一种昆虫。

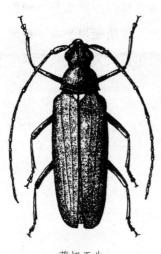

薄翅天牛

7月，大约夜里12点，空气温暖而且夜色宁静，我发现它们在柳树的树洞里，更多的时候是趴在粗糙的树干上。雄性较常见，它们趴在那里一动不动，也不怕提灯突然射来的亮光，它们在等待雌性从朽木里那些蜿蜒曲折的蛀洞里出来。

薄翅天牛也装备着有力的大剪刀和大颚铡刀，这些武器在刚成年的薄翅天牛为自己开辟出路时发挥过很大的作用，可后来它们却滥用武器进行同类相残，动不动就相互动武，割大腿和触角。假如我不是把这些研究对象分别放在大圆锥形纸袋里，我敢肯定，等我夜里远征归来时，盒子里恐怕就只有瘸子、独臂和跛脚了。一路上，它们的大颚切割器会疯狂地工作，差不多每只昆虫都会成为残疾者，最轻的至少得断一条腿。而待在大笼子里，有老柳树块作为藏身处，有无花果、梨和其他水果作为食物，这些野蛮的家伙显得宽容一些。三四天来，天一黑我的囚犯们就显得极度烦躁不安，它们迅速跑到网纱的圆顶上，它们在路上吵架，相互撕咬，互相用切割器伤害对方。雌性不在场，我去视察的时间也许还不够迟，那时还找不到雌性，因此我没有看到它们的婚礼，但是我目睹了它们的械斗，也多少让我长了点见识。像松树上的长角昆虫一样好割大腿的薄翅天牛，应该是属于不会献殷勤的昆虫，我想象它会殴打自己的配偶，使它变得残疾，而它自己也同样会遭到痛打。

如果那只是天牛科昆虫之间的事，那么这种丑行就不会有很大的影响。可是真糟糕，我们人类偏偏也有夫妻纠纷。昆虫发生纠纷是由于它们有夜间活动的习惯，阳光可以使人性情变得平和，黑暗会使人堕落。然而，人的思想愚昧带来的后果却更为严重，醉汉殴打妻子就是一种愚昧的表现。

第七章 公牛嗡蜣螂的巢室

我在摸索中研究昆虫的本能。今天刚开了个头明天又得放下，不久后又继续，然后再弃之一边，一切都取决于机遇。每天的机会都不同，而且季节的更替使得研究不得不中断很长时间；如果期待得到的答案不再遥不可及，便于第二年再继续。此外，通常研究的问题是由一个偶然事件引起的，如果孤立地看也许没什么意义，意外出现的问题因为完全理不出头绪来，所以无法引导我提出正确的疑问。如何对没有疑问的东西提出疑问呢？正式探讨这个问题，我还缺乏材料。

搜集零星的材料，用不同的方法加以检验，以证明其存在的价值，把材料组织起来对未知的事物进行分析，从而得出答案；这一切都需要漫长的时间，何况适合进行研究的最佳时期很短，常常是几年过去了，还没有得到完整的答案，总留下许多空白有待于填补，而往往在揭示出来的特点背后还隐藏着其他的特点，等待我们去揭示。

我深知应该避免重复，每次都能讲述一个完整的故事；但是，在关于本能的研究中，谁敢自信地说，他收获过的土地上再也拾不到遗落的麦穗呢？有时遗落在地里的麦穗比已收获的更有价值。如果必须等到把与研究课题有关的全部细节都收集齐全，恐怕谁也不敢把自己的点滴所得写下来。真理时不时会显露出来，就像那纷繁复杂的事物中的一点微粒。应该披露我们的发现，不管它是多么的微不足道，将会有新的发现对它进行补充。我把点滴的收获汇总起来，制成一张不断扩充的表格，但这张表格总是因为有未知数的存在而留下空白。

再说由于年事已高，不允许我再做长远的打算，明天不太靠得住，我必须一边观察一边逐日记录。这种并非甘愿如此，而实属无奈的方法，会把我重新带回到以前研究过的主题。当我从新的研究中获得新发现时，就必须回过头来对以前的东西进行补充，必要时进行修改。

2½

公牛嗡蜣螂

我在对一些我更加感兴趣的昆虫进行研究时，穿插进行了一次不在计划之内的简单饲养，使我得到了一些有关公牛嗡蜣螂的资料。前面有一章曾简要地对它做过介绍。①匆匆得到的偶然结果，启发我对已简介过的关于公牛嗡蜣螂的习性、本领、生长等情况，继续进行认真的研究，那么我就再来说说公牛嗡蜣螂吧。这种带角的小昆虫，对牛粪的爱好近乎狂热。

近来我饲养过以下的昆虫，是机遇为我提供的。它们是：公牛嗡蜣螂、母牛嗡蜣螂、叉角嗡蜣螂、斯氏嗡蜣螂、颈角嗡蜣螂、鬼嗡蜣螂。我没有做任何挑选，只要数量足够多，我都收罗起来。第一类尤其多，我为此感到高兴，因为公牛嗡蜣螂是它那个行会的首领，就算它的服装不像其他成员的那样呈铜色，显得比较贵重，至少它那优美的雄性装饰是谁也比不上的，它将是我的昆虫园里备受关注的对象。它将要告诉我的事，在别处已经说过，没有什么特别之处。它的故事将是它整个部落的故事。

我是在今年5月收集到公牛嗡蜣螂和其他嗡蜣螂的。在这个繁殖

---

① 见卷五第九章。——校注

旺盛期，我发现它们在羊粪下蠢动，很繁忙。粪堆不是散在地上一串串的橄榄形粪球，而是比较大的粪饼。粪球太干燥又少得可怜，公牛嗡蜣螂看不上；粪饼像大奶油蛋糕，自然比别的食物更受开发者的青睐。

　　丰盛的骡粪用途也很广，但是纤维较粗。尽管成虫可从中找到大量可吃的，但它们却很少会把骡粪作为婴儿的饮食。对婴儿来说，最好的供货商是羊，嗡蜣螂顾客一窝蜂地拥向富有弹性的羊粪，它们和圣甲虫、粪蜣螂、赛西蜣螂一样非常内行。此外，如果羊粪糕缺乏，大家就会突然转向纤维很粗的粪堆，进行一番精心的挑选。

　　饲养公牛嗡蜣螂并不难，不必用一个适宜快乐嬉戏的大笼子，大笼子反而不利于精确的观察。一大群不同的昆虫放在一起太嘈杂，我宁可把它们分装在几个比较轻便小巧的容器里。我可以把它们放在实验室里，这样更便于每天观察，也不受外界的干扰。把它们的家安在哪里呢？我采用了有螺口白铁皮盖的玻璃瓶，这是些用来装蜜、煮熟的水果、果酱、肉冻等食物的瓶子。当冬季食物匮乏时，食品罐头就成了家庭主妇的宝贝。我把家里的食品柜洗劫一空，找到了12个瓶子，瓶子的容量一般是1升。

　　我在瓶子里装一半沙，再放一些羊粪糕。每个瓶子都接纳一些雌雄搭配的公牛嗡蜣螂，按类别分开。当玻璃别墅已客满，房客过于拥挤时，我只能用简陋的花盆，按同样的方法布置好，在上面盖一块玻璃。所有这些容器都放在我的实验桌上。囚犯们对它们的大宅感到满意，那里气温宜人，光线柔和，还有一流的食物。

　　为了使食粪虫满意还需要什么呢？除了交配的狂热以外什么也不缺，它们不会放弃这种快乐。5月中下旬，被禁闭的公牛嗡蜣螂丝毫未因出现了新情况，而停止在百里香丛中的嬉戏。它们热切地相互寻找，相互调戏，结成一对对伴侣。这是寻找第一个问题的答案的最佳时机，公牛嗡蜣螂筑巢时懂得夫妻合作吗？它们的夫妻关系像我们已列举过的粪金龟、赛西蜣螂和蒂菲粪金龟那样永久呢，还是短暂的交配之后便永远分离？公牛嗡蜣螂将会告诉我们。

我小心地把两对夫妻单独搬到另一个广口瓶里，里面装满了食物和新鲜的沙子。搬家进行得很顺利，两只抱在一起的公牛嗡蜣螂一直连在一起，一刻钟后它们分开了，大事已完成。食物就在旁边，它们休息了一会儿，然后谁也不再理睬对方，各自开始挖自己的洞穴，独自钻进洞里。

大约过了一个星期，雄公牛嗡蜣螂又露面了，它烦躁不安，竭力想往上爬。这对公牛嗡蜣螂的关系结束了，彻底结束了，雄性想离开。不久，雌公牛嗡蜣螂也露面了，它拱着旁边那块奶油蛋糕，挑选出最好的带到地下去，它在筑巢。它的丈夫根本不关心这种事，这事和它无关。我又以同样的方式讯问了其他的囚犯，不论是哪一类，所提供的答案都一样。公牛嗡蜣螂部落不存在什么夫妻关系。夫妻关系长久，相互忠贞不渝，真有这样的昆虫吗？我看不见有，坦率地说根本就没有。如果说雄粪金龟用它的粪香肠证明它做过一些合作，在制作罐头食品时帮过忙；雄蒂菲粪金龟凭借深井让我隐约看到，带三叉戟的助手把雌蒂菲粪金龟挖出的土推出洞外时所发挥的必要作用；我就无法解释赛西蜣螂丈夫的作用，它很节省食物，也舍不得花力气往外运土。

就算雄性发挥了一些作用，如看守粮食，助一臂之力，给雌性壮胆，我不否认，但不管怎么说，它的合作者的作用是很次要的；雌性似乎可以完全不需要帮助，在圣甲虫家庭里就有这种规矩。再说公牛嗡蜣螂家族比赛西蜣螂更糟糕，这个侏儒不知道联合能形成双倍的力量，用这种方法完成劳动就相当于用两套车拉粪球那样省力。

它们如何按才能和技术分工的呢？通过一点一点地积累材料，一遍一遍地观察，是否总有一天我们会知道呢？我对此表示怀疑。我的一些朋友有时对我说："既然你已经获得了那么多详细的材料，你应该在分析的基础上进行综合，从宏观上归纳出本能的起源。"

他们给我提的是什么建议啊！真是些冒失鬼！仅仅因为我搬动了海岸边的一些沙子，就能说我了解了深邃的海洋吗？生活中有不可探知的奥秘。早在我给小飞虫下定论前，说不定人类的知识就已经从地球上的档案里划去了。

筑巢的问题也一样复杂。巢这个词是指所有有意识建造的住所，其作用是蓄卵、保护幼儿生长。膜翅目昆虫特别擅长筑巢，它们用织物、蜡、纸和树脂造房子。它们会用黏土造塔楼，用砂浆造圆屋顶，它们能把黏土塑造成坛子。蜘蛛可以与它们媲美，回想一下某些圆网蛛的气球形巢、抛物面状带星形边的窝，狼蛛的圆球形袋子，迷宫蛛的尖拱顶回廊，克罗多蛛的帐篷和透镜状的袋子，蝗虫那耸立着泡沫烟囱的地窖，螳螂用黏液吹泡建成有弹性的建筑[1]；双翅目昆虫和蝶蛾却没有这份柔情，它们只是把卵产在婴儿可以自己找到食物和藏身处的地方；鞘翅目昆虫也基本上对筑巢一窍不通。非常例外的是，在带护胸甲的鞘翅目昆虫中，唯有食粪虫具有一套育儿方法，可以与最有天赋的母亲一较高下。它们是怎么想出

---

① 见卷五第二十章，卷六第十六章，卷九第一、十五、十六章。——校注

这种方法的呢？

凭着大胆的理论勾画出的冒险想法，我们断定未来的科学，将由于拥有从纤维和细胞中提取的材料，可以建立起一张动物系谱，然后根据动物在图表中的位置，我们就能知道它的本能，不必再做任何观察，就能用巧妙的公式推算出昆虫的天赋，就像根据对数表我们就可以确定它们的数量一样。

这真是太好了，不过请注意：我们是在研究食粪虫，在画出本能对数表之前，还是先去咨询它们一下。公牛嗡蜣螂和粪蜣螂、圣甲虫、赛西蜣螂有亲属关系，它们全都精通滚粪球的技术。根据它们在昆虫系谱表中的位置，我们先试着根据表格中提供的数据，说出它们在筑巢方面有什么本领。

公牛嗡蜣螂很小，我承认，但是个头小的缺陷丝毫无损于它的才能。庞都里那山雀、鹪鹩、小黄雀就是证明，它们在小鸟中个子最小，然而却是无与伦比的艺术家。公牛嗡蜣螂的近亲擅长筑优美的卵形和梨形巢。而它呢？那么小巧，那么端正，应该干得更漂亮。

好嘛，图表在欺骗我们，表格在向我们撒谎。公牛嗡蜣螂是个蹩脚的艺术家，它的巢是一个简陋得几乎见不得人的作品。

从我养在广口瓶和花盆里的6种嗡蜣螂处，我已得到了相当多的证明。单单公牛嗡蜣螂就为我提供了差不多100个巢，而我却没有找到两个完全相同的。出自同一个模型和同一个作坊的产品，原本应该是一样的。

它的巢除了形状不相同以外，还或多或少表现为形状的不规则。但是从整体上很容易认出小巢的基本形状，筑巢者就是按照那个原形笨拙地进行加工的。小巢的基本形状像顶针似的羊皮袋，垂直竖立，底面呈半球形，上面有个圆形的开口。

有时公牛嗡蜣螂在容器中间的土堆里筑巢，这时，每个方向受到的阻力都相同，形状比较规则。由于公牛嗡蜣螂喜欢把巢建在坚硬的地方，而不是蓬松之处，它通常靠着广口瓶的壁筑巢，特别是瓶底。如果支撑物是垂直的，巢穴的形状就像纵向切开的短圆柱形，靠着玻璃面的部分光滑而又平坦，而其他几面则是突出的。如果支撑面是水平的，这种情况最常见，巢的形状隐约有点像个椭圆形的糖球，下面是平的，上面突出呈拱形。公牛嗡蜣螂的巢不但形状不规则，而且凹凸不平，没有任何标准，除了依靠玻璃的部分之外，其余各面都很粗糙，外表有一层沙子。

公牛嗡蜣螂的工作步骤可以解释巢穴外观不雅的原因。临近产卵期时，公牛嗡蜣螂在地上挖一个不太深的圆柱形洞穴。它用头部、背和带齿耙子似的前足挖洞，将身边松散的泥土推开，夯实，这样好歹可以得到一个宽度适宜的巢。现在得把洞穴里会坍塌的墙壁抹上水泥，公牛嗡蜣螂从井里爬回到地面，在家门口那块大粪饼上捧起一捧粪饼砂浆，重新返回井里，把砂浆摊开，抹在沙土墙壁上。墙壁被抹上了一层混凝土，其中的砾石是墙壁上原有的，水泥是用羊粪做的。经过抹刀反复来回地抹了几次后，地窖的墙壁全涂上了混凝土，黏附着沙粒的墙壁不再动不动就坍塌了。房间准备好了，只差往里面移民，并把房间装饰一番。它先在最里面留出一个空间作孵化室，将卵产在孵化室的墙壁上。接下来它开始为幼虫寻找食物，采集工作非常谨慎小心。以前，公牛嗡蜣螂在造房子时，只顾开采粪团外面黏糊糊的部分，也顾不得地面的肮脏。现在，它通过一个像用钻头钻出的长廊钻到粪团中间。为了品尝干酪，商人用一根空心的圆柱形探头插到干酪的深处，拉出来时探头里便充满了从深处提取出的样品。公牛嗡蜣螂为孩子采集食物时，似乎也是用这样的探头。

它在准备开采的那块牛粪上钻一个很圆的洞，然后直达粪团的中心，那部分没有接触过空气，保留着很纯的香味，而且更柔软。它只在那里采集，然后把采集到的粮食一块一块抱回家放在储藏室里，揉成块，并适当地压实，直到把小巢装满为止。最后它用沙和粪搅拌成的混凝土把小巢封起来，从外面看这个小巢时，根本分不出前后。

为了鉴定这个作品及其优点，我必须把它打开。洞穴后部有一个很大的椭圆形空间，这是产卵室。卵粘在墙壁上，有些在房间的底部，有些在侧面。卵是白色的，呈小圆柱形，两头圆。刚产下的卵有1毫米长，被产卵管放置在墙上的卵，只有一个支点，它的尾端粘在墙上，其他几面悬在空中。

如果稍加留意，人们就会对这么小的卵产在这么大的房间里感到惊讶。为什么要为这么小的卵造那么大的房子呢？仔细地观察一下房间内部的墙壁，就会引出另一个问题来。墙上涂了一层发绿的稀糊，半流质并有亮光，这种物质不论是内部还是外表，都和公牛嗡蜣螂提取建筑材料的粪团不同。

圣甲虫、粪蜣螂、赛西蜣螂、粪金龟等都以粪为食，并在食物中精心蓄卵，在它们的巢里都能看到类似的砂浆。但是我还从未见过涂抹的面积，像公牛嗡蜣螂的巢里这么大，保存得这么完整的砂浆层。我一直为这种糊状的涂料而感到困惑，圣甲虫为我提供了第一个例子，开始我以为这是从食物中渗出的液体，只不过是毛细管的作用使它聚集在表面，而不是别的什么作用。这是我多次观察涂着这种涂料的地方后得出的解释。

我错了，事实非常值得注意，今天，公牛嗡蜣螂使我对此有了进一步的认识，我要重提这个问题。这种发亮的浆液，这种半流质的膏状物，是自然分泌物还是母亲制造的一种保护液呢？

一种具有决定意义、十分简便的方法，将为我提供答案。我真该一开始就做这个实验，可是我以前却没有想到，因为，越简单的事情往往最后才会想到，事情就是这样。

我用公牛嗡蜣螂的方法把羊粪装进一个像鸡蛋大的容器里，塞紧，再用一根非常光滑的玻璃棍在粪堆里，钻出一个约1法寸深的圆柱形洞穴，然后把玻璃棍取出，再用粪饼把口封上，并盖上一个密封盖以防干化。圣甲虫那个梨形的孵化室很大，公牛嗡蜣螂的更是大得有点过分。

当玻璃棍取出时，洞穴的内壁是不透明的墨绿色，没有任何闪光的渗出液。如果这真是毛细现象产生的结果，半流质的涂层将会出现。如果糊状物不出现，内壁就会保持不透明的状态。我等了两天以便留出时间让毛细现象发生作用，如果真是有毛细作用的话。

我现在再来观察洞穴，洞壁上没有发亮的糊状物，仍然保持不透明状。3天后，我又进行观察，还是没有任何变化，用玻璃棍钻出的这个洞一点渗液也没有，反倒有点发干。如果有毛细现象和液体外渗，就不会是这种结果。

涂满了整个房间墙壁的稀糊是什么呢？答案是明显的，这是雌公牛嗡蜣螂分泌出的一种特殊的粥，是它为新生儿准备的乳制品。

小鸽子费劲地把喙伸进给它们喂食的亲鸟口中，亲鸟先是喂它从胃里分泌出来的乳品，稍后才喂易于消化的软米粥，小鸽子是吃父母吐出的有助于肠胃消化的食物。公牛嗡蜣螂幼虫刚开始也差不多是这样喂养的，为了方便婴儿消化食物，母亲在自己的肚子里为它们准备了稀稀的营养丰富的奶膏。

对母亲来说，口对口喂食是不可能的，因为它还得建造别的巢室，它得待在别的地方。再说，它一次只产一枚卵，两次产卵的间隔期较长，卵的孵化也比较迟缓，如果它像鸽子那样给孩子喂食，就没有那么多时间，因此一定得另想他法。

于是，母亲便将为婴儿准备的粥涂在婴儿室墙壁上，涂得到处都是，新生儿在身边就能找到大量的"面包片"。在那里大孩子吃的面包放在一边没有经过加工，羊排泄出来时是什么样现在还是什么样。然而新生儿吃的"果酱"，却是预先在母亲的胃里用同样的原料精制而成的。我们将会看到，婴儿首先细细地舐食身体周围的果酱，然后才勇敢地啃面包。我们人类的婴儿饮食也是这样逐渐变化的。

我真希望能亲眼看着那位母亲把粥吐出来，抹在墙壁上。我的愿望没能实现，因为这些工作是在一个狭窄的地方进行的，我无法看到里面制作糕点的过程。再说，那位母亲一旦暴露在光天化日下，就会马上停止工作。

就算我没有亲眼看到过程，至少那种物质的形态和用玻璃棍挖出的洞穴所做的实验，都清楚地告诉我，公牛嗡蜣螂在育儿方面可以和鸽子媲美，不过所用的方法不同。其他一些精通在粪堆里造孵化室的食粪虫，也同样会告诉我这样的方法。

在昆虫界，除了蜂科昆虫吐出的食物是蜂蜜之外，并非所有的昆虫都这般温柔，采牛粪的昆虫使我们了解了它们的习俗，它们中有的两性合作并建立家庭，有的为哺乳做准备，这是母亲最操心的事，它们把腹部变成了乳房。生活中的确有许多意想不到的事，那些最善于理家的主妇，偏偏被安置在垃圾堆里。确实，从垃圾堆到鸟类的崇高境界，存在一个质的飞跃。

公牛嗡蜣螂的卵自产下以后大了许多，长度几乎增加了1倍，体积是原来的8倍，这样的生长速度对食粪虫来说是很普遍的。不管是谁，当他记录下任何一种昆虫刚产下的卵的尺寸，过一段再记录下刚孵化出的幼虫的尺寸时，他都会为昆虫异常的生长速度而感到吃惊。例如圣甲虫刚开始在孵化室里住得还算宽敞，后来它的身体几乎把整个巢都占满了。

我脑海中产生了第一个想法，这个想法既简单，又有诱惑力：卵会吸收养料。由于被浓烈的气味所包围，卵吸入的气体使柔软的紧身衣膨胀起来。它之所以会长大是因为吸入了食物的气味，种子也同样会在肥沃的土壤中膨胀。我第一次遇到这个复杂的问题时，就是这么想的。但是这是不是事实呢？啊！如果坐在烤肉店门前，闻着烤肉散发出的阵阵香气，就可以填饱肚子，对于一些人来说，世界岂不是变了样！真是太美妙了。

公牛嗡蜣螂、粪蜣螂和其他一些在房间的墙上抹粪浆的昆虫在欺骗我们，它们用会长大的卵使我们产生幻想。后来蒂菲粪金龟证实了这一点，它迫使我彻底改变了以前的想法。蒂菲粪金龟的卵并不是裹在散发气味的食物中间，而是在香肠的外面，在很下面的地方，周围都是沙，它并没有吸入气味，但是，它和那些住在食物堆中的卵长得一样快。

除此之外，刚出壳的蒂菲粪金龟幼虫胖得让我吃惊，它比刚产出的那个卵大了六七倍，而且，在接触被沙子隔开的食物之前，它必须先穿过沙层。然而幼虫在这段时间内仍然保持着异常的生长速度，仿佛从卵里带来的物质中又增添了新的物质。

在干燥的沙子里，没有任何理由说是散发的气味，使卵获得了长高和长胖的营养物质。是什么使卵和新生儿都生长得那么快呢？

朗格多克蝎子提供了一个很好的开端，当它从幼虫蜕变为成虫时，我发现它的长度突然增长了1倍；接着，在它还未补充任何食物之前，它的体积就已增至原先的8倍，这是因为它机体内部正进行着一次更高级的排列组合，而非补充了新的物质。[①]

动物能够在物质总量不变的情况下体积变大，这一切都取决于分子的结构，分子的结构会由于生命活动而变得越来越精细。卵壳里容纳的密集物质，逐渐扩张成体积较大的生命体，成为在这个生命体中发挥各种不同作用的器官。同样，工业的产物火车头，比废铁熔化后铸成的铁锭体积要大得多。

如果外壳是可膨胀的，那么卵就会在不断重新组合和膨胀的内部物质的推动下扩大，几种食粪虫就属于这种情况。如果卵壳是硬的，考虑到膨胀作用，卵壳大的一头便会形成一个气室，为内部物质的扩张提供必要的空间。鸟就属于这种情况，它是在一个固定大小的钙质外壳里生长的。不论是哪一类卵，都会发生膨胀，不同的是，软的卵壳使我们可以从外部感知内部的变化，而坚硬的卵壳则不会让我们发现内部的任何变化。

孵化并不会终止进食前的不断生长。幼虫，刚孵化不久的幼虫，继续在长大，它在平衡的生物状态下，完成自身的稳定，它通过进一步的膨胀使自己完善。蝎子已经告诉过我这个道理，蒂菲粪金龟的幼虫和许多其他的昆虫也一再向我证明。以前我看到蝗虫刚从小套子里出来时翅膀很小，很快翅芽便展开成宽大的翅翼。

在食粪虫的故事中，我两次改变了想法。首先是关于抹在产房墙壁上的稀糊的解释，其次是关于卵产下后体积增大的问题。我刚

---

① 见卷九第二十三章。——校注

刚更正了自己的解释，但我并不为自己犯过的错误感到羞愧，只需想一下就达到真理的源头是件困难的事。只有一个办法可以不犯错误，那就是什么也别做，特别是不要动脑筋。

第八章　公牛嗡蜣螂的幼虫和蛹

5 月是各种食粪虫筑巢的季节，特别是公牛嗡蜣螂。这时母亲们钻到粪饼下的浅土层里，从上面的粪饼中提取建筑材料和食物。父亲不关心家庭，继续过着快活的日子。在没有父亲帮助的情况下，母亲们造房子，然后产卵，最后把产房里装满食物。再说造那个简陋的小屋，几乎不需要高雅的带角者的合作。最多也就盖五六间房子，每盖一间用两天，这就是一位母亲全部的工作。剩下的许多时间，它们都用来享受春天的快乐。

大约经过一周时间，小幼虫便孵化出来，它长得怪怪的，背上有一个糖面包似的大瘤，只要它试着用脚站立并行走，瘤的重量就拖累它使它跌倒。在瘤的重压下，幼虫老是踉踉跄跄，老是要摔倒。以前我们已见过圣甲虫幼虫背上的褡裢，里面储存着砂浆，用于堵塞食品罐头上意外出现的裂缝，并保证食物不被迅速风干。[①]公牛嗡蜣螂幼虫那个起类似作用的仓库却大得太过分，它把这个储藏室变成一块怪诞而又巨大的圆锥形碑，类似于一幅讽刺漫画。这是化装舞会上的疯狂笑料吗？这种变形是否合理，是否以后会有用途呢？未来会告诉我们的。

3

公牛嗡蜣螂幼虫

我不想再多说它了，因为找不到能够表现这个怪东西的词。请

---

① 见卷五第四章。——校注

读者参考缨蜣螂的幼虫，在第五卷里我曾粗略地描写过，这两个驼背很相似。

由于控制不了瘤的重心，公牛嗡蜣螂的幼虫侧卧着舔食周围的稀糊，稀糊分散在房间的各个角落，天花板上、墙壁上、地板上到处都是。当它们把一块地方彻底舔净之后，便利用长得很正常的腿挪动一下位置，然后又躺下来，继续细细地舔食。房间很大而且食物很充裕，它们在短时间内以"果酱"为食。

圣甲虫、粪蜣螂和粪金龟的大孩子们，用很短的时间就把糊在小屋墙壁上的食物吃完了。食品供应量很少，只能算是幼虫的肠胃准备接受粗粮前的开胃菜；而公牛嗡蜣螂的幼虫很弱小，像个侏儒，它们要吃一个多星期这种食物。与婴儿的身材不相称的大产房，正好能满足幼虫挥霍的需要，最后它们才吃真正的"圆面包"。大约一个月过去了，除了小屋的墙壁之外，所有的食物都吃光了。

现在那个瘤的伟大作用显现出来了。通过一些玻璃管，我得以观察到变得越来越胖、背部越来越突出的幼虫的劳动情况。我看见幼虫钻进变得摇摇欲坠的巢室的一头，在那里做一个箱子准备蜕变。瘤里积攒的消化物成了砂浆，这位粪土建筑师将用储存在瘤里的垃圾，为自己造一个精美的杰作。

我用放大镜监视它的活动。它把身子蜷起，首尾相接，关闭了消化道。它用大颚咬住尾部射出的粪团，粪便的收集做得干净利落，因为粪便已模压成形，投放的剂量也控制得很好。幼虫把脖子轻轻一扭，就将砾石放到了位，它把一块块砾石细心地一层一层砌起来，用触角轻轻地拍打砌好的砖块，看看是否稳当，黏结得牢不牢，砌得整齐不整齐。它在建筑物中间转圈，房子随之在加高，看

上去就像一位泥水匠在砌小塔。

砂浆用完了，有时放上的粪块会掉下来，幼虫再用大颚去取砂浆，但是在砂浆还没取来之前，它先用液体将粪块粘住。它的尾部会及时渗出一种几乎看不见的黏液，这是一种黏固剂，瘤提供建筑材料，必要时肠道会提供黏合剂。

一个优美的椭圆形小屋就这样建成了，里面光滑得像抹过黄泥。小屋看上去像一个雪松球果，构成松塔的每一瓣鳞片都是来自瘤的砾石。这个球果不大，和樱桃核差不多；但看上去那么标致，那么漂亮，简直可以称得上是昆虫界最精美的杰作。

公牛嗡蜣螂并没有垄断这个珠宝店，在它的家族中，个个都精于此道。最小的叉角嗡蜣螂的作品几乎只有一粒胡桃那么大，可它也和同伴们一样是建造雪松果形盒子的高手，这是家传的本领。尽管家族成员的身材服饰和工具有所不同，大家都同样掌握着这种本领。野牛双凹蜣螂、黄脚缨蜣螂等昆虫化蛹时，也是安全地躲在像公牛嗡蜣螂幼虫建造的那种房子里。它们也告诉我们，本能是不受外形支配的。

7月的第一周，我把已受到公牛嗡蜣螂幼虫破坏的蛹室彻底毁了。由于蛹室的内部已被吃空，幼虫便啃咬墙壁。拆掉这座破屋就像剥掉熟透了的核桃壳外表皮那么容易，剥掉外壳之后就能得到一颗种子，即得到一个蛹。蛹的外表很干净，和外壳没有任何粘连。我把这颗珠宝砸烂，里面有一个半透明的蛹，好像是一块水晶雕刻。我有幸得到了一只雄性蛹，由于它额头上带着自卫武器，我觉得更有意义。

它的角很像漂亮的牛角面包，向后侧斜架在肩上，鼓突的角是无色的，就像是在生殖液中的培养体；在角基窝变成深色的是眼睛，现在还看不见，但是将来会看见的。它的额头平展，向上抬起，从正面看，它的头部就像吻部很宽的公牛头，粗大的角像原牛角①。

假如早在法老时代，艺术家们就认识初生的公牛嗡蜣螂，肯定早就把它作为宗教的象征了。它的形象完全比得上圣甲虫，而且比圣甲虫更胜一筹，圣职的象征意义正体现于它的独特之中。它头胸部的前部边缘竖着一根犄角，和另外两根一样粗壮，外形像一根末端为锥形的圆柱体，这根角朝前长，插在星月形的额头中间，比额头略微突出。啊，真是新颖美妙的布局！象形文字的镂版工恐怕会以为，那是作为伊斯兰教象征的嵌着地球一角的星月形呢。

公牛嗡蜣螂的蛹还有其他一些奇怪的特征。腹部的左右两侧各装备着4根像水晶刺似的尖刺，它全身佩带着11件武器，前额2件，胸部1件，腹部8件。古老的动物热衷于这种奇奇怪怪的角饰，地质时代的一些爬行动物，上眼睑长着一根尖刺。公牛嗡蜣螂更大胆，它除了背部的一根长矛外，在腹部两侧还插了8根尖刺刀。额头上长角还说得过去，也比较常见，但是其他的刺有什么用呢？没一点用，这只是一时的新鲜，少年时佩带的宝物，成年后将不会保留丝毫痕迹。

现在蛹成熟了，额头上的附器刚开始完全是透明的，在透明中显出一条红棕色的圆拱形曲线，这是真正的角在形成、硬化和着色。相反，前胸和腹部的附器仍保持透明状。这是些不结果实的袋子，里面没有能生长的种子，身体凭着一时的狂热制造了它们，后来又看不上眼了，或许是无能为力，只好由它枯萎，变得毫无用处。

① 原牛角：原牛的角，原产于德国森林中，17世纪灭绝，为欧洲家牛的祖先。——校注

3
鬼嗡蜣螂

到了蛹羽化时，随着成虫身上那件薄薄的紧身衣的撕裂，这些奇怪的角都成了碎片，和旧衣服一起脱落。我希望多少能在昆虫身上找到一些脱落物的痕迹，我用放大镜在以前长刺的部位徒劳地寻找了半天，什么也没发现，光滑代替了凹凸不平，空白代替了实质。那些附属的甲胄，曾经那么让人抱有希望，现在荡然无存，一切都消失了，就像是蒸发掉了。并不是只有公牛嗡蜣螂的蛹，在羽化时会把身上的附器一起脱掉，嗡蜣螂部族的其他成员，在腹部和前胸也有这种附器。其中鬼嗡蜣螂成虫的前胸饰有4个排成半圆形的小圆点，旁边的两点孤零零的，中间的两点靠得较近，这两点正好就是蛹胸部上那两根尖刺的根部，也可以把它看成是消失了的附器的痕迹。可是，最好别这么想，因为边上的两点比中间两点更发达，而在那个位置原来没有角。不论是鬼嗡蜣螂还是其他的同类，蛹身上的防身武器是个骗局，最后什么也长不成。

有一些和嗡蜣螂相近的食粪虫的蛹也有角，如黄脚缨蜣螂，这是我唯一有幸就这个问题做过一些观察的金龟子。它的蛹前胸有一根漂亮的角，腹部的左右两侧各有4根一排的尖刺，就像嗡蜣螂家族成员一样，然而，在成虫身上这些刺彻底不见了。

以前成功地饲养从蒙彼利埃带来的双凹蜣螂时，如果我抓住机会，或许会发现它化蛹时，胸部和腹部的那些防身武器。由于以前观察时没有这种打算，而且我也想尽量不去打扰那对外地来的夫妇，所以就放弃了那次机会。

双凹蜣螂、黄脚缨蜣螂和公牛嗡蜣螂3种昆虫，都在化蛹前建造一个带鳞片的小房间，外观像赤杨果或雪松果。我可以不太冒险地肯定：建造类似建筑的3个不同的建造者，蛹都戴着全副甲胄，前胸长着角，腹部两侧呈冠冕状分布着8根尖刺。但我不能确定是防身武器决定了小巢的形状，而不是小巢决定了防身武器，这些奇怪的特点相伴而生，但相互间没有影响。

对事物做简单的叙述是不够的，我还想进一步研究它们长这么多角的目的。这是不是对旧习俗一种模糊的回忆呢？古代的虫子把过剩的精力用在奇怪的创造活动中，而如今那种创造已被逐出了我们这个更加稳定的世界。嗡蜣螂是不是已经过时了的古老带角动物的少数代表呢？它是否象征着衰亡的过去呢？

这样的猜测没有任何有力的根据，从生物出现的年代先后来看，食粪虫还很年轻，它属于出现最晚的昆虫之一，不可能退回到模糊的过去，退回到适宜富于想象力的先驱者发明创造的过去。那些地质层，甚至是富含双翅目昆虫和象虫的湖沼层，至今还不曾提供一点有关牛粪开发者的遗迹；因此我们还是谨慎些，不要把嗡蜣螂看成是古老带角祖先衰退的产物。

过去说明不了什么，我们还是转向未来吧。如果说胸部的角不是模糊的记忆，它也许是一个许诺，代表一次缺乏自信的尝试，经过几个世纪的努力，那个角将会变硬，成为永久的武器。它或许会让我们目睹一个新的器官慢慢地逐渐形成，它向我们展示一个尚不存在于成虫的前胸，但将来有一天会存在，并正在获得生命的附器。我以为亲眼看到了物种的起源，现实告诉我们未来是如何产生的。

公牛嗡蜣螂希望自己的背上早晚会长出一根长矛来，它要用这个正在形成的附器干什么？至少它可以作为雄性卖俏的装饰物，这东西对一些以腐烂植物为食的金龟子而言，是时髦的配件，在那些

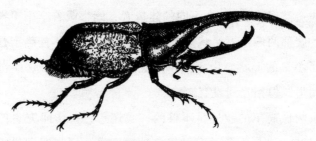

雄大力神独角仙

带护甲的鞘翅目昆虫中，有一些庞然大物自愿在它们平和的肥胖身体上，佩带样子可怕的戟。

瞧瞧这位生长在安第斯炎热气候中腐烂树根的宿主大力神独角仙，这个平和的大个子与它的名称很相配，它身长3法寸，若不是为了在没有这个奇怪装饰的雌性面前显示自己的美，前胸那把具有危险性的长矛、额头上那个带齿的千斤顶，对它有什么用呢？也许长矛和千斤顶在施工时能帮上忙，就像蒂菲粪金龟用三叉戟叉粪球和搬运泥屑一样。一种我们不知有何用途的工具，在我们看来总是显得特别。由于从未和安第斯群岛的海格立斯打过交道，我一直对它那可怕的工具的作用存有疑问。

3

母牛嗡蜣螂

如果我的大笼子里的实验对象持之以恒，也许会长出类似的粗野的装饰物来。母牛嗡蜣螂的蛹，额头上有一个粗粗的角，那是唯一一根向后弯的角，前胸也有一个角，但方向前倾，两只角角尖相互靠近，看起来像把钳子。母牛嗡蜣螂是因为缺少什么，而没有从小就长出像安第斯独角仙佩带的那种奇特的装饰物呢？它缺少的是持之以恒的精神。它使额头上的附器成熟起来，而使前胸的附器因贫血而萎缩；

它试图在背上长一根尖头木桩，也和公牛嗡蜣螂一样没能成功；它丧失了在婚礼上显示自己的美貌和威胁敌人的绝好机会。

其他的昆虫也没有获得成功。我饲养了多种不同的嗡蜣螂，它们化蛹时，胸部都长着角，腹部呈冠冕状分布着8根尖刺；但谁也没有利用这些优势，当它们脱掉旧衣服羽化为成虫时，这些附器也随之全部消失了。在我家附近的小范围内有6种嗡蜣螂，在世界范围内有几百种。土著的或富有异国情调的全都有同样的结构，很可能它们年轻时背部都长着附器，尽管气候条件不同，有的地方炎热，有的地方温和，但没有一种能够使那个角变硬，成为一个稳定的角。

未来难道不能使那个轮廓清晰的附器完善吗？表象越是肯定，我越是要自觉地向自己提出问题。我用放大镜来观察嗡蜣螂的蛹额头上长的角，然后再细心地观察它前胸的长矛。起初除了外部轮廓之外，两者之间没有差别，彼此看上去都是透明的，里面都充满透明液，显然都是正在形成中的器官，正在形成的腿，看上去也不见得比前胸和额头正在形成的角更明显。

是不是因时间不够，胸部那个附器才没能变成坚硬的角，永久地长在昆虫身上呢？蛹生长得很快，不到一周就成熟了。如果额头上的角能在这么短的时间成熟，为什么胸部的角成熟需要更多的时间呢？或许我们可以用人工的方法延缓蛹的蜕变，给那个萌芽多一点生长的时间。我觉得降低温度，保持几周，如有必要，保持数月低温，从而减缓蛹的生长速度，就能够得到这样的结果。

这个实验应该能成功，但我没能做成，因为我没有办法降低温度，并在较长的时间内保持恒温。若不是条件缺乏使我放弃了实验，我会看到什么呢？我只能减慢昆虫蜕变的进程，不会有别的结果，前胸的角一直处于不发育状态，迟早总会消失。

我的自信是有道理的。嗡蜣螂变态时的隐居所不深，很容易受温度变化的影响；再说，四季变化无常，尤其是春天，在普罗旺斯，五六月如果刮起北风来，气温会骤然下降，仿佛冬天就要来临。

除了季节变化还有北方气候的影响，嗡蜣螂生长在很宽的纬度范围内。北方的嗡蜣螂比南方的较少得到太阳的恩惠，如果当羽化时天气多变，它们能够忍受持续几周的降温天气，降温会推迟羽化，那么它们也应该会利用这难得的机会，使胸部的自卫武器变成硬角。在蛹蜕变的时期，某个地方的气候是温和抑或寒冷，并不是人为的。

蜕变期延长会给器官的形成带来什么影响呢？原生态的角会成熟吗？根本不会，在灿烂阳光刺激下，那个角会萎缩，现在也照样不能幸免。昆虫的档案中从未提到过前胸长角的嗡蜣螂，如果不是我把蛹身上这个奇怪的角公之于众，根本不会有人想到嗡蜣螂的蛹佩带着防身武器，天气的影响没有任何作用。

再追究下去，问题可复杂了。嗡蜣螂、粪蜣螂、蒂菲粪金龟等昆虫的角是雄性的专利，雌性没有角或者只有变得很小的角。我们应该把这些角看成是装饰物，而不是劳动工具，雄性为了交配而装饰自己。除了蒂菲粪金龟在捣碎干粪球时，用三叉戟来固定粪球以外，我还没有见过别的昆虫用角做工具呢。额头上的角和长柄叉，前胸上的突脊和星月形角，是雄性爱俏而佩带的珠宝，仅此而已。雌性不需要用类似的方法去吸引追求者，是雌性就足够了，珠宝完全可以被忽略。

这个问题引起了我的深思。雌嗡蜣螂的蛹额头上无刺，胸部有一个透明的角，和雄性的角一样长，一样有指望。如果雄性的角是个尚未完成的装饰物，那么雌性的角也应如此，因此两种性别的嗡蜣螂都想美化自己，都同样热衷于使胸部长出角来。

　　我看见的可能是一类动物的起源，涉及的可能不是一种嗡蜣螂的起源，而是一组嗡蜣螂的派生。我看到的可能是到目前为止，被食粪虫摒弃的怪异特点的开始，不管是雄性还是雌性，都不想在自己的背上插一根尖头桩。更特别的是，在整个嗡蜣螂家族中显得比较寒酸的雌性，总是和雄性一样有种怪癖，爱把自己装扮得怪里怪气。这样的愿望不禁让我产生怀疑。

　　由此可见，如果将来永远不可能造就出一个前胸带角的食粪虫，那么这位对现有习惯进行挑战的革命者，将不是那个无法使蛹的胸部附器成熟的嗡蜣螂，而是一种新型的昆虫。创造力使旧的模式报废，代之以根据变化无穷的图纸重新塑造出来的新模型。那个作坊并不是活人穿死人旧衣般吝啬的旧货商店，而是一个生产奖章的车间，在那里每一个奖章上都烙着一个特殊的记号，在那里有丰富的造型，有无限的财富，无需吝啬地把旧货修修补补变成新的；在那里所有的旧模子统统被打碎、报废，而不是做些无意义的修修补补。

　　这些装模作样的、总是在长成之前就萎缩的角意味着什么？我并不为自己的无知而感到羞愧，我承认自己完全一无所知。如果说我的回答没有艰深的用词，至少有一个优点，那就是充满了真诚和直率。

第九章 松树鳃金龟

在开始写松树鳃金龟[①]之前，我有心要发表异端邪说；这种昆虫的学名是富云鳃金龟。对于术语分类法不应过分苛求，我很清楚。随便发出一种什么声音，把它配上拉丁词词尾，你将会得到一个与昆虫学家的标本盒上贴的许多标签相似的词。如果这个野蛮的词指的确实是那个昆虫而非别的昆虫，听起来不悦耳倒还情有可原，但是往往这个从希腊语或其他语言的词根中找出的词都有别的意义。

新手总希望从中得到一些启示，结果他倒了大霉。那个词汇告诉他的尽是些难以捉摸又无关紧要的意义，因而往往使他陷入迷茫，将他引向一些和我们观察到的事实没什么关联的现象，有时有的词会给人一些荒诞离奇的暗示，甚至造成明显的理解错误。如果只要名称听起来顺耳就行，那么用一些从词源学的角度无法分析的词语岂不是更好！

如果说有的词不会一下子就让人想到它的本意，"缩绒"就应该属于这样的词，这个拉丁语词的意思是缩绒工，指把呢绒浸湿，使呢绒变得柔软，并对呢绒进行整理的人。这一章的研究对象松树鳃金龟和缩绒工有什么关系呢？我枉然地绞尽脑汁，也想不出一个能够接受的答案。

普林尼在他的著作中用"缩绒"命名一种昆虫。在某一章里，

---

① 松树鳃金龟，学名为富云鳃金龟，为云鳃金龟属。拉丁语名称为"缩绒鳃金龟"。——校注

这位伟大的博物学家谈到了一些治黄疸病、发烧、水肿的药物。这部药典包罗万象，里面有黑狗的长牙，红布包扎的鼠嘴，从活动物身上取出后放在羊皮袋中的绿色蜥蜴的右眼，用左手掏出的蛇心，用黑布扎起来的包括毒针在内的蝎子尾骨；三天中病人不能看见药物也不能看见制药的人；此外还有许多其他的荒谬行为。我合上书本，为人们采用如此愚蠢荒谬的治疗方法感到惊骇。在这些打着医学幌子的荒诞不经的医方中，也有"缩绒"一词。文中写道，将缩绒鳃金龟一分为二，一半贴于左臂，另一半贴于右臂可退高热。

古代的博物学家所说的缩绒鳃金龟究竟为何物呢？我并不十分明白。"白点"这个修饰语，倒是比较符合身上带白点的松树鳃金龟的特征，但还是不太确定。在普林尼生活的那个时代，人们的眼睛还不会观察到这种昆虫，它太小了，只配让小孩子用一根长线拴着抡圆圈玩，不配得到文明人的关注。

这个词看样子是来自爱用怪词的乡下观察者，那位学者接受了乡村中的说法，说不定还是富有童真的想象之作，他本人并未经过认真的考证，就这么将就着用了。当这个古色古香的词出现在我们的面前时，现代的博物学家接受了它，这就是我们最美丽的昆虫成了缩绒工的由来。经过几个世纪，这个奇怪的名称就成了约定俗成的用法。

尽管我尊重古老的语言，这个词还是令我不悦，它用在这里显得荒谬可笑。按常理我应该纠正分类名词目录中的谬误，为什么不把这种昆虫叫松树鳃金龟，以纪念它喜欢的那种树，那个它要度过两三周空中生活的天堂呢？这很简单，而且是很自然的事。为了寻找真理，需要在荒谬的黑夜里长久徘徊，科学为此提供了证明，即使用数字科学也能证明。如果请你试着用罗马数字把一串数字相加，你会被复杂的符号搞得思路不清而放弃计算，你会发现零的发明在计算方法上是多么了不起的革命。这也像哥伦布的蛋①一样，实际上简单得很，但是贵在能想到它。

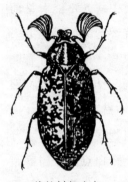

雄松树鳃金龟

在人们还未将这个不合时宜的"缩绒"抛至九霄云外之前，我们还是用松树鳃金龟这个名称吧。用这个名称没有人会弄错，我们的昆虫只出现在松树上。它仪表堂堂，可与葡萄蛀犀金龟媲美。就其装束而言，如果说它不像金步甲、吉丁和花金龟那样穿着贵重豪华的金属外衣，至少也具有不多见的高雅风度。在黑色或栗色的底色上散布着厚厚的丝绒状的散花白点，既朴素又大方。

雄性的短触角上有7片重叠在一起的大叶片作为头饰，有时打开呈扇形，有时合拢，打开或合拢由松树鳃金龟的情绪决定。人们可能会把这个漂亮的叶饰看成是一个高度完善的感觉器官，能嗅到微弱的气味，感知人几乎听不见的声波，以及其他一些连人类的感官也无法感知的东西。雌性提醒我们，不要在这条道上走得太远，母亲的职责要求它必须非常敏感，至少也应该和雄性一样敏感，然而，它的头饰却很小，只有6个小叶片。

雄性那巨大的扇子有什么用呢？松树鳃金龟那个7片叶组成的器官，作用就像大孔雀蛾晃动的长触角、公牛嗡蜣螂额上的全副甲胄和鹿角锹甲大颚上的叉枝。到了谈婚论嫁的年龄，它们便以各自的方式想出五花八门的点子来打扮自己。

① 哥伦布的蛋：意指事情虽简单，但要动脑想才知道。——校注

　　美丽的松树鳃金龟出现在夏至前后，和第一批蝉出现的时间差不多。由于它总是出现得很准时，被列入了昆虫历，昆虫历的准确性不见得比四季年历差。当夏至日到来时，太阳迟迟不落山，把麦子都烤黄了，这时，松树鳃金龟会准时爬到松树上。即使是在像圣约翰节①这个承袭自太阳节庆的日子里，孩子们在村巷里点亮火把，也不会比松树鳃金龟出现的日子更准。这个时节的每天傍晚，如果风平浪静，松树鳃金龟都会来访问荒石园里的松树。我静静地观察它们，雄性默不作声地飞起来，但不乏激情，它们转啊转，把触角上的翎饰张得大大的。它们向树杈飞去，雌性正在那里等待它们。它们一批批飞过，天空的最后一点亮光正在消失，它们在白苍苍的天空中画出一条条黑线。歇了一会儿，它们又飞起来，重新开始繁忙的巡查。在持续了15天的狂欢节夜晚，它们在树上做什么？

　　事情是明摆着的，向姑娘们求爱，不断地向姑娘表达自己的敬意，直至夜幕完全降临。第二天早晨，雄性和雌性通常都待在低处的枝杈上，一动不动，对周围发生的事也漠不关心，有人用手来抓它们，它们也不飞走。大部分鳃金龟的后足吊在树上，慢悠悠地啃着松针，或者嘴里含着松针，静静地打瞌睡。黄昏来临时，它们又开始嬉戏。

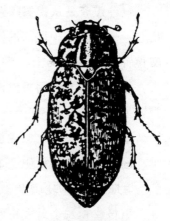

雌松树鳃金龟

　　要观看它们在高高的树上嬉戏几乎是不可能的，我只能试着观察被囚禁的鳃金龟如何嬉戏。早晨我抓

① 圣约翰节：6月24日，此时会施放烟火、点燃营火。——校注

了4对松树鳃金龟放在一个大笼子里，里面放一根松枝。我没能见到我期望看到的情景，因为它们被剥夺了飞翔的自由，最多有时可以看到一只雄性靠近它觊觎的对象。它打开触角上的扇叶，轻轻地抖动，也许是想知道自己是否讨得了对方的欢喜，它做出潇洒的样子，炫耀自己的触角。这番展示毫无用处，雌性无动于衷，仿佛对此毫无兴趣，囚禁生活的愁闷难以排解。我没有看到更多的情况，交配看来应该是在深夜进行的，我错过了良机。

有一个细节特别引起了我的兴趣，雄性松树鳃金龟会发出一种音乐，雌性也一样。求婚者是用这种方法吸引和召唤对方吗？另一方听到恋曲是否也用同样的恋曲来答复呢？正常情况下，这样的事在树冠里很有可能会发生，但是我不能肯定，因为我从没听到过这样的音乐，不论在松树林里还是在大笼子里。

这种声音是从松树鳃金龟的腹部发出的，腹部轻轻晃动，一下抬起，一下降落，尾部的体节依次摩擦保持静止的鞘翅后边缘。在摩擦面和被摩擦面上都没有特别的发音器，我用放大镜寻找了半天，也没发现专门用来发声的细小条纹。两个摩擦面都是光滑的，声音是怎么发出来的呢？

湿手指在玻璃片，或是玻璃窗上划过时，我们可以听到一种较洪亮的声音，和松树鳃金龟发出的声音不乏相似之处。我还有更好的方法，为了在玻璃上产生摩擦，用一块橡皮在玻璃上摩擦的声音，更像松树鳃金龟发出的声音。如果我注意音乐的节拍，人们一定会误以为那就是昆虫发出的声音，因为模仿得太像了。

松树鳃金龟发音时，运动的柔软腹部就相当于手指尖和橡皮，光滑的鞘翅就相当于玻璃板，这块板又薄又挺，极易震颤，松树鳃金龟的发声方法其实十分简单。

其他的鞘翅目昆虫中，有少数也具有同样的特长。像西班牙粪蜣螂和食块菰的盔球角粪金龟，这两种昆虫的腹部轻微晃动，轻轻摩擦鞘翅后边缘时都会发出声音来。

神天牛却用另一种方法发音，但同样是运用摩擦。神天牛头胸部的连接处，有一个突出的圆柱形，紧紧地套在前胸里，形成一个牢固而又可活动的关节。在突出的圆柱上有一个小盾片形的突面，非常光滑，绝对没有任何纹路。这就是一个小发音器。

天牛的前胸也很光滑，边缘在小突面上摩擦，有节奏地摆动，前进、后退，就发出了一种和湿手指摩擦玻璃相似的声音。但是，我自己移动死天牛的前胸，却无法使它发出声音。即使我听不到任何声音，但至少能感觉到手指下被摩擦的一面在强烈地颤抖。差一点声音就要出来了，还差什么呢？拉动琴弓，只有活昆虫才能办到。

小个子的栎黑天牛和柳树宿主柳麝香颈天牛的发音原理都是一样的。然而，薄翅天牛和大薄翅天牛这些长角昆虫，没有嵌入前胸的突出关节，只有一个最起码的连接各部位的关节，因此这两种夜间活动的大天牛都不会发声。如果说我们已经了解了松树鳃金龟简单的发音原理，那么它们发出的声音的用途仍是个谜。雄松树鳃金龟是否用声音作为求婚的信号呢？有可能。然而在松树上，尽管我利用有利的时机进行了非常认真的观察，却从未听到过它们发出声音，我也没听到笼子里的松树鳃金龟发出声音，那么近的距离不可能妨碍听觉。

要想让松树鳃金龟发出声响，只需用手指将它捏住，并且轻轻撩拨一下就能达到目的。它的发声器会突然发出声音，直到你把它放开，才会停止。这时它可不是在歌唱，而是发出一种哀怨声，是对不幸命运的抗争。在这个奇特的世界里，歌曲表达的是痛苦，而沉默表达的是欢乐。

其他用腹部或前胸演奏音乐的昆虫也是如此，在洞底的粪团上，雌蜣螂被逮住时会呻吟，哀号；被抓在手心里的盔球角粪金龟，以单调忧郁的歌曲来表示反抗；被抓住的天牛会发出狂叫，当危险过后它们全都不再作声。在安静的时候，它们总是保持沉默。除了被我惹得冲动起来时叫几声之外，我还从没听到它们中有谁的发音器发出声音来。

其他一些具有完善的乐器的昆虫，唱歌是为了解闷，给交配增加些气氛，欢庆快乐的生活和太阳节。在危险时刻，大部分昆虫都会停止奏抒情曲，白额螽斯受到一点点惊扰就会关闭八音盒①，把用发声器弹奏的扬琴罩起来；蟋蟀则把抬起的翅膀放下，停止发出震波。

相反，蝉在我们的指间绝望地叫，短翅距螽用小调奏出哀鸣曲。哀伤和喜悦的表达方式是相同的，我很难说出发音器官确切的作用是什么。平安时昆虫会表达自己的快乐心情吗？遇到烦恼时它会哀叹自己的不幸吗？它用叫声来威慑敌人吗？昆虫的发音器会在必要时发出声音，以此进行自卫和发出威胁吗？如果天牛和蝉遇到危险时会发出叫声，为什么白额螽斯和蟋蟀都不叫呢？

总之，昆虫发音的真正原因远未被人们了解。同样，对昆虫感知声音的能力，我们也并没有更多的了解。昆虫能听见人们听到的声音吗？它对我们所说的音乐是否特别敏感？别指望有任何人能解决这个难题。我做过一个值得详述的实验。我的一位读者对我讲述

---

① 八音盒：乐器名，多为方匣，内具发条，能重复奏出固定的曲调。——校注

的昆虫的故事非常感兴趣，给我寄来了一个八音盒，希望能有助于我的声学研究，八音盒的确发挥了作用。我现在就来讲述那次实验，并借此机会感谢给我寄来漂亮礼物的那位慷慨的读者。

这个小八音盒的节目比较丰富，奏出的音乐总是清脆悦耳，依我看它也会引起昆虫听众的注意的。最符合我的计划要求的曲目之一是《科纳维尔的钟声》[①]。我是否能以这个曲子作诱饵，吸引鳃金龟、天牛和蟋蟀的注意力呢？

我从天牛开始，挑选了一只小栎黑天牛，趁它向远处的女伴献殷勤时播放音乐。它细细的触角朝着前方，一动不动，好像是在询问。就在这时响起了悠扬的《科纳维尔的钟声》的乐曲，叮叮咚咚，那只天牛一动不动，做出一副沉思的样子，它的听觉器官触角没有一丝颤动，也一点没有弯曲。我又在不同的时间不同的日子试过几次，这些尝试没有丝毫作用，它没有晃动触角表示赞赏，也根本没注意我的音乐。

我用松树鳃金龟实验，得到的结果也一样，它触角的扇叶完全保持在安静状态下的姿势。蟋蟀也不例外，按说它那柔软的细丝在声波冲击下应该很容易晃动的。这三个测试对象对我的刺激方法完全无动于衷，丝毫看不出它们有什么感觉。

从前，一门大炮在法国梧桐树下轰鸣，一刻也没使树上的蝉演奏的交响音乐会停顿下来；后来，欢庆节日的人群的叽叽喳喳声，旁边放焰火的噼噼啪啪声，也未妨碍正在织网的圆网蛛织出几何图形；[②]如今清脆的《科纳维尔的钟声》的乐曲，也未能打动无动于衷

---

① 科纳维尔的钟声：法国作曲家普朗凯特（1848—1903）1877年创作的喜歌剧作品。——校注
② 见卷五第十六章，卷五第七章。——校注

的松树鳃金龟。按说我可以由此做出判断了，可是我们真的能够下定论了吗？恐怕走得太远了吧。

这些实验只能让我推论，昆虫的听觉与人类的听觉不同，就如同它们复眼的视觉和人眼的视觉不相同。物理器械麦克风听得见，如果可以这么说的话，它听得见我们听不到的声音，但是，它可能听不到很强的嘈杂声，在隆隆的雷声下它会出毛病，变得效果很差。那么昆虫这种更加脆弱的玩意又将会怎样呢？昆虫对我们的音乐声和嘈杂的喧哗声一点没有感觉，它有属于它们那个微小世界的声音，除了那些声响之外，其他声音都没有意义。

7月上中旬，笼子里的雄性松树鳃金龟蜷缩在角落里，有时把自己埋进土里，它们因衰老而平静地死去了。而此时，雌性正忙于产卵，或者换一种更形象的说法，它们在忙于播种。它们用钝犁铧形的腹部末端挖土，有时整个钻进土里，有时把洞挖到齐肩深，20枚卵一枚一枚分别被放进豌豆大的小圆洞里，好像在用挖洞的小铲播种。除此之外，它们没有给予卵更多的关照。

这时，我想到了非洲的豆科植物花生，为了使带有榛子味的含油种子发芽，它将花柄弯曲，伸进土里。我还想到了生长在我家乡的一种叫双果野豌豆的植物，它能结出两种荚果。一种是朝天荚果，里面结有大量的种子，另一种荚果长在地下，种子颗粒较大，荚果里常常只有两粒种子。其实两类种子是一样的，它们长出的植物和结的果都一样。

土壤湿润就是种子发芽的全部条件，播种已经由野豌豆和花生自己完成。就母亲对幼儿的呵护来说，植物能和动物媲美，松树鳃金龟并不比那两种巢菜属植物更强。松树鳃金龟把种子播在土里，就是它所做的一切，它确确实实只做了这些。比起对孩子们关怀备至的蒂菲粪金龟，它可差得太远了。

两头圆的椭圆形卵长4.5毫米，呈不透明的白色，好像裹着一层坚硬的、酷似鸡蛋壳的白垩外壳；然而，这是一种假象，卵孵化后留下的是一层透明的、又薄又软的膜，表面看到的白垩色是透过透明膜显现出来的内部的颜色。8月中旬，卵产下一个月后，开始孵化。

我该如何喂养幼虫并看到它们第一次进食呢？我根据幼虫经常光顾的地方分析，将新鲜的沙和随便什么树叶的腐烂碎渣搅拌在一起就行了。新生儿在这样的环境中茁壮成长，我看见它们东挖一条短廊，西挖一条窄巷，抓起小片的腐叶吃得津津有味，一副心满意足的样子。如果我有时间继续饲养它们三四年，肯定可以获得老熟的幼虫。

但是把时间花在这样的饲养上是没有意义的，到田野里去挖掘几次，我就得到了肥胖的大幼虫。它们胖乎乎的，形如弯钩，前部呈乳白色，尾部的肠道里积着"宝物"，因而外表看起来呈土褐色，肠道储藏的粪便不久后将用来涂抹墙壁、拌砂浆建造蛹室。这些大腹便便、形如弯钩的带角金龟，同花金龟、松树鳃金龟以及绒毛害鳃金龟的幼虫一样惜粪如金，把粪便储藏在棕色的腹腔内，到时候用来建造蛹室。

我是在沙土地里抓到这些大幼虫的，那里生长着稀稀疏疏的禾本科植物，远离除柏树之外成虫从来不碰的含树脂的树木。照规矩它们在松树上玩耍之后，从远道来此产卵。成虫很节俭，只吃些松针，而它们的孩子需要泥土里沤烂了的各种腐叶，因此它们决定放弃新婚的乐园。

普通鳃金龟的蛴螬，贪吃植物的幼根，是农作物的大敌。松树鳃金龟的幼虫几乎不危害树木，一些腐烂的侧根和正在腐烂的植物碎渣，就能满足它的需要。至于成虫，它们吃树上的绿松针，但不是滥吃。如果我是松树的主人，是不大会在意这点损失的。那么多的叶子吃掉几口，拔掉几根算不得什么严重的事，还是别去打扰它们吧。它们是夏季黄昏时的点缀，是夏至日的美丽珍珠。

第十章 沼泽鸢尾象

结果的植物曾经是、现在也仍然是人类的主要食物。东方神话中描述的天堂里没有别的食物，在那个幸福的乐园里，有清澈的溪流和各类水果，其中有被视作不祥之物的苹果。穷苦的人很早就会利用草药的功效来解除痛苦，有的有确实的药效，而有的大部分药效是人们想象出来的。对植物的认识与人类的疾病的产生以及对食物的需求，具有同样古老的历史。

而人类对昆虫的了解却是全新的，古人不了解小动物，根本不屑看它们一眼。直到现在，这种蔑视并未结束。我们模模糊糊地知道一些蜜蜂和蚕的工作，也听说过蚂蚁的本领；我们知道蝉会唱歌，但是对这位歌唱家却没有明确的认识，而将它和别的昆虫混淆；我们也许会漫不经心地看一眼美丽的蝴蝶，我们对昆虫的了解也就仅限于此。我们之中，如果不是干这一行的，有谁敢冒险说出一种昆虫的名字，即使是最为知名的昆虫的名字呢？

对田间的昆虫观察较多的普罗旺斯农民，充其量也只能叫出大千昆虫世界中十几种昆虫的名字。他们掌握了极为丰富的植物词汇，某些在人们想象中只有植物学家才认识的草，他们却很熟悉而且能说出准确的名称。

素食昆虫通常固守着养育它们的植物，因此将植物学和昆虫学知识结合在一起，就能消除新手的许多顾虑。昆虫开发的植物将标识出开发它的昆虫的名字，比如说，谁不知道沼泽地里的鸢尾呢？它的绿色刀叶和一束束黄花倒映在溪水中，漂亮的绿蛙、雨蛙，把喉部鼓成像风笛似的袋子，在下雨前呱呱地叫。

我们靠近些，在鸢尾被6月的热气蒸得开始成熟的蒴果上，将看到奇怪的一幕。一群身材矮胖结实的红棕色象虫抱在一起，分开，又抱在一起，它们是在接吻，正忙着交配。它就是我们今天研究的对象。

它没有通俗的名称，但是历史却强加给它一个奇怪的名字，假菖蒲鸢尾象，按字面意思解释就是"盲人草上唯一的指甲"。对单词进行剖析的语法学家，它的解剖刀就像生理解剖刀一样经常有特殊的发现。我来解释一下这个莫名其妙，根本没有任何意义的词汇。

那种有助于失明者，有助于眼疾的植物是菖蒲属植物，古时候医生用这种植物治疗某些眼疾。它的叶子像利刃，

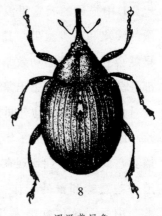

8

沼泽鸢尾象

和沼泽地的鸢尾有些相似。鸢尾是假的盲人草，外表颇似那种有名的药用植物。

至于说唯一的指甲，鸢尾象的6只跗节能做出解释，它的6个跗节上都只有一个小爪，而通常一般应该有两个爪。这个奇怪的例外的确值得说明，但不管怎样谁都喜欢用"沼泽鸢尾象"这个名字，而不是"盲人草上唯一的指甲"。不求华丽的俗称不会使人茫然，而且直截了当地指明了那种昆虫。

6月，我采了一些沼泽鸢尾的茎，上面结着一束束已经长大了的蒴果，一直保持着鲜绿的色泽。鸢尾上有开发者象虫，被囚禁在钟形网罩里的象虫和在溪边时一样继续工作，它们或独处或成群

结伙，都占据着有利的位置。它们把喙伸进绿色的果皮下不停地吮吸，慢慢地喝，当它们喝够了把喙取出时，井眼里就会冒出一层黏液，不久就会凝固，给那个被吸干了的地方做上记号。

又来了一批象虫，它们吃着鲜嫩的蒴果并将蒴果层层剥开，直至露出种子。别看它们那么小，却是些贪婪的食客；如果好几只在一起聚餐，能吃掉一大片蒴果，但是它们不伤及种子，这是留给幼虫的食物。许多象虫在散步，它们不思饮食。它们相聚在一起，互相调戏一会儿，便进行交配。

我没有见到它们产卵，再说它们的产卵方式想必和别的象虫没有什么不同。看来雌象虫是用喙挖一口井，然后转过身，插入产卵管，把卵产在里面。我看到过一些刚孵化的幼虫，生活在一粒颗粒饱满已开始变硬的种子内。

7月底，我打开当天从溪边摘来的蒴果。大部分蒴果里都有3种形态的象虫：幼虫、蛹和成虫。蒴果的3个果室中各有15粒种子，形状扁平，一粒挨着一粒，每条幼虫的配额是3粒相邻的种子。除了壳太硬吃不动以外，中间的部分全部被吃光了，种子的两头只受到轻微的损害，因此相邻的3颗种子形成了一个三居室，中间是一个圆环，两头像小酒盅。每个果室里有15粒种子，顶多可以接待5只幼虫。足够的食物和独立的小间，幼虫住在里面才可能避免相互干扰。但是据统计，在蒴果的每一个果室外面都有大约20个洞眼，每个洞上都有一个小瘤，要么是胶质的，要么是棕色物质构成的，这些洞代表被象虫的喙钻探过的次数。

有些洞是象虫取食时留下的，这里是殖民者摄取食物的小酒店；另一些洞眼则是用于产卵的，卵从这些洞眼被一枚一枚放进食物中间，在内部根本分不出哪儿是酒店，哪儿是婴儿室。因此光凭那些洞眼的数量，很难准确地说出莺尾果里有多少卵。假定两种洞眼各占一半，在果室上的20个洞眼中，有10个是用于产卵的，那么里面的幼虫就比莺尾果能够养活的数量多出了1倍。多出来的那些怎么办？

我想起了豆象，它在豆荚上播撒的卵太多，和豆荚里储存的粮食数量根本不成比例。①同样，在莺尾上，产卵者也不考虑食物的定量，使莺尾果里本来已经很稠密的居民变得更稠密，使本来就已经够拥挤的果室变得更加拥挤，这个狂热的生育者不考虑将来，尽其所能拼命生育。

毒鱼草只要有一颗种子发芽就能传宗接代，竟结出8万多粒种子，人们对此表示理解，因为它的茎叶是一个足够一大群消费者享用的食物宝库。可是人们却不能理解豆象、莺尾象和其他某些昆虫，它们没有面临严重的减员，却过度生育，而不管是否有必需的生活来源。

由于莺尾果中没有足够的地方，果室中的10位宾客，最多只有四五个能幸存下来。至于其他宾客的消失，千万别从同类相残上去找原因，尽管以这种毒辣的手段进行生死较量的例子数不胜数。象虫的幼虫太谦和，不可能拧断捣蛋者的脖子，我宁愿接受关于豌豆象的解释，后来者发现好位置已被占领，宁可自己死去也不会为了把别人赶走而斗殴。富裕的粮食和生存的希望，属于先安顿下来的豆象，饥饿和死亡属于后来者。

8月，莺尾的果室外面开始出现成虫了。莺尾象幼虫不像豌豆象幼虫那么有能耐，尽管它们有坚韧的大颚，却不能为迁徙做任何

---

① 见卷八第二章。——校注

准备，必须由成虫为它们开通一条出路，钻一个穿过坚硬的种子外壳和厚厚的蒴果壁的圆洞。9月，蒴果的壳终于变成了栗色，裂成3瓣，蒴果小屋摇摇欲坠。在它倒塌之前，最后的占领者们急着搬家，一个个从小圆天窗撤走，它们将在附近随便找个隐蔽所越冬。当春天再度来临，开黄花的鸢尾又重新开始结果。

离鸢尾象活动地点不远处的植物中，除了沼泽鸢尾之外，还有3种鸢尾。在附近山上的岩蔷薇和迷迭香中有许多矮鸢尾，开着各色的花，有紫色的、黄色的或白色的，也有的开着三色混杂的花，矮鸢尾只有一掌宽的高度，但是它的花朵丝毫不比别的植物的小。

在这个山坡上，雨水充足、土壤潮湿的地方，鸢尾长得密密匝匝，像漂亮的地毯。杂鸢尾瘦长，叶子纤细，开出的花特别漂亮。在我观察象虫的小溪附近长着火腿鸢尾，皱巴巴的叶子呈波浪形，散发出一股大蒜火腿的气味。它的种子呈美丽的橘黄色，这是它不同于其他鸢尾的特点。

总之，不算那些可能已经移植到附近花园里的外来品种，仅这里就有4种土生土长的鸢尾供象虫享用。不管是哪一种鸢尾结的果实都相同，它们一样硕大，并富含种子，储存的粮食该不会有很大的差别。而且这些植物都在同一个时期开花，数量之多足可以大面积地繁殖。象虫总是选择沼泽鸢尾，我从来没有在其他三种鸢尾的蒴果中发现过它们的幼虫。为什么放着那么多的品种不享用，偏偏认准一种呢？这种选择可能是由成虫和幼虫的口味决定的。成虫吃的是肉质果壳，而幼虫吃的只是尚未变硬、多汁的种子。是否任何一种鸢尾的蒴果都符合成虫的口味呢？这有待考证。

我把从不同的鸢尾上采来的蒴果放在钟形罩下，有沼泽鸢尾蒴果、矮鸢尾蒴果、火腿鸢尾蒴果和杂鸢尾蒴果，它们全被混在一起。我还加进了两种外来的蒴果，白鸢尾蒴果和剑形鸢尾的蒴果。与其他品种很不同的是，它们的茎是鳞茎，而一般的鸢尾的茎是根茎。

所有这些蒴果都和沼泽鸢尾蒴果一样大受欢迎，象虫在它们的壳上穿孔，剥掉外壳，在上面开了许多天窗。按照惯例，我选的那些果子和长在溪边那种相近，消费者根本看不出任何差别。它们毫不犹豫地从一个果子吃到另一个果子，满怀热情地美餐，新菜肴的味道丝毫没有破坏它们的味觉，不管来自哪一种鸢尾的蒴果都很可口。千万别以为这种偏离常规的行为，是因囚禁的苦闷引起的，在荒石园里高高的白鸢尾茎上，我发现一群象虫在吃绿色的蒴果，这些第一次出现在荒石园里的象虫，是从何处长途跋涉来到这里的？潮湿岸边的殖民者是如何得知，在我这块干燥多石子的地方，有一种正开着花的漂亮鸢尾可以开发呢？即使是新长出的蒴果，它们也不肯放过，食物太合口味了。因此，我无法利用这个意外的收获了解到什么，是否这种奇特的植物适合于产卵呢？

除了鸢尾以外，有没有其他相近的植物的蒴果是它们所喜爱的呢？我试过三角形的菖兰果和两种阿福花的圆形蒴果，都徒劳无获。象虫不喜欢它们，顶多也只是把喙插进俗称"雅格布棍子"的黄色阿福花的绿色小球里，尝一下味道，就抽出来。那种菜不对它的口味，而且饥饿也无法战胜本能的厌恶感，它们宁可饿死也不去碰非传统的食物。

当然在菖兰和两种阿福花上，我也没有了解到任何关于象虫产卵的情况。成虫更有理由拒绝把自己认为难吃的食物作为孩子的食物。我用好几种鸢尾做实验，除了沼泽鸢尾以外，情况也并不见得更乐观。难道应该把这种拒食行为归咎于囚禁生活吗？不，在钟形罩里的沼泽鸢尾的蒴果里，照样有许多幼虫。在筑巢产卵的时期绝对要戒除任何非传统的饮食，这是对古老习俗不可动摇的遵守。的确，我从没见过象虫在除了沼泽鸢尾蒴果以外的其他地方安过家，不管别的鸢尾外表多么诱人，特别像矮鸢尾，多肉，而且到了春天特别多。

第十一章 🐜 食素昆虫

只有人，特别是文明人才懂得吃的学问。只有人才讲究饮食的排场。他们讲究烹调，有精湛的厨艺；他们借助高级餐具衬托出用餐的庄重气氛，在餐桌上摆出一副权威的架子，还讲究一些规矩和礼仪；他们在宴席上一边嚼着肉，一边还要听音乐，赏鲜花，让用餐成为一项高雅的活动。昆虫没有这些怪癖，它们吃东西就是吃东西，不管怎么说，这也许才是不损害自己的最正确的方法。它只管吃它的食物，这就够了。它为了生存而进食，而我们中的一些人也一样，活着首先是为了吃。

人的胃是个无底洞，什么能吃的东西都能吞下去。素食昆虫的胃是一个精细的作坊，它只接受精心选定的食物。每一位光临素食宴会的宾客都只吃它爱吃的植物、水果或者蒴果，根本不屑其他的，即使那些食物有同样的价值。

食肉昆虫则超越了对食品狭窄专一的限制，什么肉食都吃。金步甲觉得幼虫、螳螂、鳃金龟、蚯蚓、蛞蝓等猎物都合它的口味；节腹泥蜂为它们的幼虫抓各类象虫和吉丁，不论类别。而豆象只认豌豆和蚕豆；黑刺李象只吃黑刺李；色斑菊花象只吃蓟草的天蓝色球果；榛子象只吃榛子；刚才提到的鸢尾象只吃沼泽鸢尾蒴果，其他一些昆虫也是这样。食素者是视野狭窄的专家，而食肉者则不加约束，兼收并蓄。

过去，我曾经变换过食肉昆虫幼虫的饮食并获得了成功，使我感到很快乐。我给以象虫维生的昆虫提供蝗虫；给吃蝗虫的昆虫提供双翅目昆虫。这些幼虫在它们没见过的食物面前毫不犹豫，也没感到有什么不适，但是我可不会用随便什么树叶去喂它们，它们宁可饿死也不会去碰一下。比植物更精细的动物类食品，使食用者的肠胃可以接受一种食物后再接受另一种，无需循序渐进的适应过程；而要接受相对较粗糙的植物，则需要食用者逐步养成习惯。从食羊肉改为食狼肉是容易做到的事，只要加以一些次要的改变就行了。但是从食羊肉改为食植物，则需要有强大的消化能力，对于这项工作来说，一个由四部分组成的、可反刍的胃并不是多余的。如果昆虫是食肉的，它就能够变换饮食，任何猎物对它而言都一样。

植物还附带着其他的条件。由于植物中含淀粉油、浓汁、香味，经常还带有毒性，品尝每一种植物都是一次冒险，昆虫不敢这么做，从一开始就坚决拒绝其他种类的植物。选择亘古不变的饮食，比冒险去尝那些危险的陌生食物安全多了。也许这就是食素昆虫认定一种植物的原因。

地球上的财富是怎样在消费者之间进行分配的呢？我并不奢望获得答案，这个问题大大超出了我们研究方法允许的范围，实验充其量也只能帮助我在这个未知领域里进行一些探索，研究昆虫的饮食固定到什么程度，如果有变化，就记录下变化情况，以便将来利用这些材料进行更深入的研究。

秋末，我把两对粪堆粪金龟养在大笼子里，里面有大量的骡粪。我养它们并没有什么计划，只是出于职业习惯，不想失去一次机会。一个偶然的机会，我得到了它们，以后的事也将顺其自然。拥有我赏赐给它们的丰盛食品，粪金龟足以用来筑巢和养家糊口。我没有再去管它们，整个冬季它们都被遗忘了。

春天来临时，趁着闲暇，我忽然心血来潮去探望它们。先前这里也和街上一样下了雨，雨水从金属网纱的侧面打进去，轻易地穿过网纱渗到地上，大笼子里的泥土变成了泥浆。

尽管如此，那些父母们加工好了的粪香肠数量还是很多，但是境况糟透了！被不断渗透到内部的雨水浸泡着的粪香肠，如果被挪动一下，就会散架。在每一根粪香肠底端的陋室里，都有一枚秋末产下的卵。冬天受到冻土保护的卵，长得又圆又胖，非常健康，显然孵化在即。

给这些即将出壳的幼虫吃什么呢？我不敢指望那些按惯例做成的粪香肠变成的废渣。怎么办呢？我采用荒唐的人工方法，供应给它们一道我发明的菜肴，这种菜肴粪金龟绝对没见识过。我用在泥土中沤湿了的榛子树叶、樱桃树叶、栗子树叶、榆树叶等，为幼虫制作了一种酱。我将树叶在水中浸软，切得像烟丝那么细。我将卵放在试管的底部，上面盖上一层树叶末；作为对照，其他的卵也被放入试管，但上面铺的是被雨水浸泡得面目全非的一般食物。

3月的第一周，幼虫孵化出来了。自它们出壳后，我就密切监视它们。好多年前，当我第一次见到这种幼虫时，曾惊讶不已，这次我又认出了它那残缺的身体。因为还将会谈到这种奇怪的变异，在此我只想说说它的头部。它的头部特大，圆弧形的大颚像剪刀一般锋利。大颚的运动肌圆鼓鼓的，大颚尖有小圆齿状叶缘，底部有硬硬的尖刺。从它的咀嚼器就能知道，这是一个不嫌弃木质纤维的食客。有这样的粉碎机，想必能把一根草秸变成奶油蛋糕。

我看着它们吃第一口食物，原以为它们会犹豫不决，会在粪金龟家族从未吃过的不寻常食物中，不安地试探一番。然而，情况并非如此。食粪肠的食客完全接受了腐叶制作的香肠，它们第一次进食时表现出的那股热情，使我相信我的奇怪做法获得了成功。

起初幼虫在身边找到一根小条棍，将它抓住，用触角和前足翻来翻去，慢慢地咬开一头细细咀嚼，吃了一根又一根，大小都无所谓，它们不挑不拣，凡是大颚碰到的棒形食物都被吃了下去。它们就这么不停地吃，食欲经久不衰，毫无困难地长大至老熟。当它们的背部变成煤玉似的黑色，肚皮变成紫晶色时，我把这些粪金龟给放了。它们刚才提供的材料令我惊叹。

我必须做一个相反的实验，粪金龟吃腐叶能长大，我如果给食树叶碎片的昆虫吃粪，会不会获得同样的成功呢？我从堆在角落里准备做堆肥的枯叶中，抓到12只半大的花金龟幼虫，把它们放在一个广口瓶中，里面不放别的食物，只放在路上吹了几天已经变得相当干的骡粪。也许粪便做的食物很受未来的蔷薇宿主的欢迎，我没有发现它们有丝毫的犹豫和厌恶的表情，被吹得半干的多纤维骡粪吃起来，并不比因腐烂而变成棕色的树叶差。第二个广口瓶里装的是正常喂养的幼虫，两种幼虫的食欲和身体状况都没有差别，最终都按常规化为了蛹。

这两次成功引起了我的思考。显然，花金龟如果毫无顾忌地放弃腐叶，到大路上去开发骡子的粪便，肯定要吃亏。让它放弃用之不尽的财富、温湿的环境、安全的住所，去寻找低劣的、危险的、被路人践踏的食物，它才不会干这种傻事呢，尽管这种新菜肴看上去多么诱人。

对粪金龟来说情况就不同了。在乡间牲畜的粪便虽然不少见，但远未达到随处可见的地步。牲畜的粪便常常沾在车轮上，外面还沾着一层碎石，成了食粪虫挖洞穴时无法克服的障碍。半腐烂的树叶，却堆得到处都是，多得用也用不完，而且在土质松软便于挖掘的地方树叶很多，如果树叶太干也丝毫没有妨碍，可将它们放到地下深处，让它们在潮湿的土壤变得柔软适度。粪金龟可是名副其实的挖掘者，它挖的地窖比普通的洞穴深一拃，应该是最理想的浸渍作坊。

既然像我的实验证明的那样，粪金龟吃腐叶做的香肠能长大；那么，它如果稍微改变一下自己的工艺，用腐叶代替粪便是非常有利的，这个种族会从中得到好处，会变得更加兴旺；因为它们的食物会变得非常丰盛，而且是在极其安全的地方。

如果说除了我人工饲养的粪金龟之外，其他食粪虫没利用过腐叶，甚至不曾有过用腐叶做香肠的想法，那是因为饮食习惯不单单是由取食者的胃口决定的。为了让有机物质宝库里的物质各尽其用，经济法则规定了饮食习惯，每一类动物都有属于自己的份额。

我举几个例子说明。鬼脸天蛾这种奇怪的蛾，背上有一个模模糊糊的骷髅头图案，它的幼虫命里注定就是吃马铃薯叶的。鬼脸天蛾是个外来者，好像来自美国，是随着它吃的植物一起被引进的。我试过用好几种和马铃薯一样属于茄科属的植物饲养它的幼虫，尽管它们食用马铃薯叶时显出极度饥饿的样子，还是断然拒绝了天仙子、曼陀罗和烟叶。

鬼脸天蛾

　　这些植物中饱含强烈的生物碱，也许这就是遭到拒绝的原因。我用真正的茄科属植物，用毒性较小的来代替毒性较大的，番茄叶、茄子叶，结黑色果实的黑茄，以及结橘黄色果实的毛茄，都遭到了拒绝。而原产新西兰的条裂茄和普通的欧白英，却和马铃薯一样能引起它们的食欲。

　　这些相互矛盾的结果使我茫然。既然鬼脸天蛾的幼虫应该吃带茄味的食物，为什么同属于茄科的植物，有的被贪婪地吃光了，有的却遭到了拒绝呢？是不是因为所含的茄素剂量不同，有的含量微弱，有的含量比较多呢？我百思不得其解。

　　被雷沃米尔称作拉贝尔的大戟天蛾的美丽幼虫，没有这些无法解释的癖好，任何类别的植物都是好的，不管从植物的伤口里流出

鬼脸天蛾幼虫

的是大戟的汁液，还是乳白色的带火辣滋味的汁液。我经常在各种大戟上见到它。

　　养在网罩里的天蛾幼虫长大了，它们随便吃什么样的大戟都行；除了这些苦性食物之外它们什么也不吃，任何别的植物都让它们讨厌。它们对菜园里无味的莴苣、辛辣的薄荷、富含浓硫黄汁的十字花、苦性毛茛和其他或多或少有些辣味的植物很厌恶，掉转头去，看都不看一眼。它们绝对只吃大戟，也只有它们才能咽下大戟的乳液，如果换了别的昆虫，喉咙早被这种

乳汁腐蚀了。这么辛辣的植物，它们却吃得津津有味，显然，这肯定是长期养成的习惯。

喜欢吃辛辣刺激食物的食客还不少呢，如蒜象的幼虫，它和普罗旺斯的农民一样喜欢蒜泥蛋黄酱，它们在蒜珠芽里长得胖乎乎的，不需要别的食物。更有甚者，我曾经在马钱子里发现过一些不知是什么昆虫的幼虫。马钱子是一种含剧毒的植物，市政部门把这种毒药涂在香肠上用来毒杀野狗和狼。这些吃马钱子碱的幼虫，肯定不是靠逐渐去适应这道可怕的菜而慢慢养成习惯的，如果它们没有一个特殊的胃，只要吃一口就会丧命。

素食昆虫对某种或温和或有毒性的植物有专一的爱好，但也有许多例外。有些昆虫杂食素菜，不幸的红股秃蝗吃各种绿色植物，普通的蝗虫不加区别地瞄准任何草束，被关在笼子里给孩子们玩的蟋蟀也吃莴苣和苦苣，这些新的菜肴让它忘记了草地上难嚼的禾本科植物。

4月，在路边长着青草植物的陡坡上，有一群群丑陋的胖乎乎的铜黑色虫子。当它们受到惊扰时，便扭动身子，蜷缩成一个小球。它们靠6条小细腿拖着笨重的身子行走，这时它肛门上的囊泡成了一条辅助腿，起着杠杆的作用，将它向前推。这是一种大黑叶甲的幼虫，一种很普通的虫子，它们在自卫时会吐出一种橘黄色的唾液。

今年春天，我饶有兴致地在牧场上追踪一群叶甲幼虫。它们喜欢长得像小拇指似的茜草科植物真拉拉藤。途中我见到其他植物也有被啃咬过的痕迹，特别是菊科植物如粉苞菊，还有豆科植物如苜蓿、匍匐车轴草。羊群从不吃这类辛辣调味品，有一株大戟被糟蹋了，花序散在地上，一些幼虫在此停下脚步，啃咬鲜嫩的茎梢，像吃三叶草那么津津有味。总之，这些腿脚不灵、大腹便便的幼虫，日常的饮食品种很丰富。

像这样吃杂七杂八植物的幼虫有的是，没有必要在这个问题上过多地纠缠，我现在来研究开发木质纤维的昆虫。大薄翅天牛的幼虫专门生活在腐烂的松木中，被毫无道理地称作木蠹，还有薄翅天牛幼虫专门开发老柳树，它们都是专家。

个子娇小的栎黑天牛把幼虫交给山楂树、黑刺李树、杏树、桂樱等所有属于蔷薇科的树木和灌木，它在忠实于带有氢氰酸怪味的木质植物的同时，也稍稍变换一下饮食的范围。

白底蓝点美丽的豹蠹蛾，饮食的品种更广泛。它是荒石园里大多数乔木和灌木的灾星。我发现它的幼虫最喜欢丁香树，其次是榆树、法国梧桐、绣球花、梨树和栗子树。它在树上钻洞，笔直地挖出一些瓶颈粗的隧洞，把树干变成脆弱不堪的空壳，遇到强劲的北风时树干便会断裂。

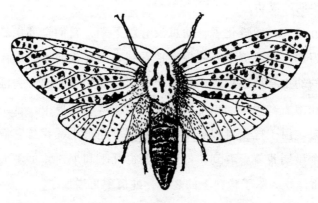

豹蠹蛾

我还是言归正传来说说那些专家的情况吧。山杨楔天牛专吃黑杨不吃别的，色斑楔天牛的产业是榆树，天使鱼楔天牛始终守着死樱桃树，神天牛把幼虫安顿在橡树中，它有时选择英国栎，有时选择圣栎。神天牛很容易饲养，只要有原木做窝就行。它比较适合于做一项具有一定意义的实验。

我收集到了被雌天牛摸索着用尖尖的产卵管送进树皮凹缝里的卵，我可以利用这个收获做不同的实验。刚出生的幼虫是不是会接受任何一种木头呢？这就是我要研究的问题。我选了一些刚锯下来的直径二三指宽的木段，有绿橡木、榆木、椴木、刺槐、樱桃木、柳木、接骨木、丁香木、无花果木、桂木、松木。新生幼虫为寻找地方挖洞而游移不定，为防止它们跌落和受惊，我尽力仿造出它们的生活环境。天牛把它的卵产在树皮的凹缝里，用薄薄的树胶把卵固定在那里，而我却无法用同样的方法把卵粘在木头上。我的涂料也许会危及胚胎的生命，但我可以利用一些褶皱将它们固定住。我用小刀尖在树皮上刻出褶皱，将卵半嵌在一条条细缝里。这个办法取得了预期的成功。

没过几天，卵孵化了，幼虫没有跌下来，它们全都稳稳地待在我用小刀刻出的细缝里。我惊喜地看到它们臀部的第一次摇动，看到弱小的幼虫身后还拖着白色卵壳，第一次用它的刨刀去刨那讨厌的树皮和木头。很快幼虫都消失在一层薄薄的蛀屑中，这是它们劳动的结果。由于挖掘者很弱小，小蛀屑堆还很小，我让它们去干，不出两个星期我就会看到，蛀屑堆变得几乎和烟斗差不多大，然后一切都将停止，除了橡树上的之外，蛀屑不再增加了。

开始一段时间的活动情况在哪里看到的都一样，幼虫蛀蚀的木头味道和口感很不相同，会让人以为天牛幼虫有一个非常通融的胃，能吃淌出苦涩乳液的无花果木、带浓香味的桂木、充满树脂的松木以及含丹宁酸的橡木，然而思考使我扭转了错误的想法。现在小幼虫还没开始吃食，它们忙着挖一个深深的洞穴，以便在那里安安心心地用餐。

放大镜下的蛀屑证明，蛀屑不是来自消化道，幼虫根本没有享用食物，它是大颚的切割器削下的粉末，不是别的。

等它们胃口开了的时候，洞穴也达到了要求的深度，幼虫终于开始吃东西了。如果它们口里嚼的是传统食物，含有收敛药味的橡树碎屑，它们就会没命地吃，并将食物消化掉；如果没有这样的食物，它们就会节食。这肯定就是橡木段上蛀屑堆不断扩大，而在别的木段上蛀屑堆却一直不见变化的原因。

因得不到喜欢的食物而严格绝食的幼虫，在小洞穴的底部做什么呢？3月，孵化6个月后，我对此有了了解。我劈开原木，待在里面的幼虫没有长大，但始终很活跃，如果碰碰它们，它们就会轻轻摆动。这么幼弱的虫子在没有食物的情况下，竟有这么顽强的生命力，的确令人吃惊。它使我想起了栎卷象的幼虫，它们在橡树叶卷成的小筒里经受夏季干旱的煎熬，它们停止进食，进入休眠状态，濒临死亡的边缘，它们就这样坚持了四五个月，直至秋雨到来使它们的食物变软。

如果我来为它们实施人工降雨，尽我所能去满足幼虫的生活需要，如果我把坚硬的小酒桶放在水里稍微浸一下，使其变软，可食，隐居者就会活跃起来。它们会进食，并能毫无困难地继续生长。同样，如果我给它们搬家，并在它们面前放一段刚锯下的橡木，在不能接受的木段里饿了6个月的天牛幼虫，也会重新活跃起来。但是我没有这么做，因为我觉得实验肯定能成功。

我另有打算，我想知道它们的生命到底能维持多久。天牛幼虫孵化一年以后，我又去观察它们。这一次，我拖的时间太长，别的幼虫都死了，缩成一个褐色的小细粒；只有橡木上的幼虫还活着，并且已经长大。这次实验证明，神天牛的财富是橡树，任何别的树都会给它的幼虫带来厄运。

现在，我来归纳一下这些很容易无限增加的细节。在素食昆虫中，有一些是杂食昆虫，杂食的意思是说它们能吃不同品种的植物，但不是所有种类的植物，不限食物品种的昆虫是很少的。另一些昆虫专吃一种植物，有的比较明显，有的不太明显。出席昆虫盛大宴会的宾客中，有的需要的是一类植物、一组或是一种加了生物碱的品种；有的需要的是一种固定不变的植物，有可能是无味的，也有可能具有浓烈的气味；还有一类宾客需要的是种子，除此之外什么对它们都没有价值；其余的宾客有的需要蒴果、花芽和花，有的需要皮、根和枝梢。有多少种宾客就有多少种需要，每一位都有特别的口味，它们适应的范围很窄，甚至拒绝接受相近的东西。

为了避免迷失在错综复杂的昆虫宴席中，我将单独观察两种天牛：神天牛和栎黑天牛。再也找不出比这两个长角昆虫更相像的，小的和大的完全是一个模样。我还将观察上面提到过的3种天牛。它们外貌相同，就像一个模子里铸出来的，如果不是身材大小不同，特别是身上的花纹表明它们品种不同，人们多半会把它们相混淆。

进化论告诉我们：这两种天牛和它们的同属衍生于同一个家族，经历几个世纪的变化后，该家族产生了几个分支。那三种楔天牛和其他天牛，也是从同一个原始家族衍生出的不同品种。神天牛、楔天牛等天牛的祖先，都是遥远的先驱繁衍下来的后代，先驱自己也是更早的祖先的后代，一代一代推衍过去……我们又一次坠入了过去的迷茫中，我们触及了物种起源这个问题。谁是始祖？是原生动物。它由什么组成的？蛋白质。一系列的生物逐渐地从最初的凝结物中产生了。

作为想象这是美妙的，但是唯一可观察的事实，可被严格的科学档案馆收藏的材料和实验证明了的事实，并不像原生物进展得那么快。被证明的事实告诉我们：进食是动物最原始的本能，是代代相传的胃的功能。这种遗传特点比昆虫的长触角和色彩，以及其他一些次要的细节的遗传更明显。那些先祖什么东西都吃一些，事情才会发展到现在这个样子，才会有如此不同的饮食习惯。想必它们已经把杂食的习惯遗传给了后代，这是繁荣的主要原因。

同一起源的种族应该具有同样的饮食习惯，若非如此，我们会看到什么呢？每种昆虫都有严格限制的饮食范围，具有和相邻种类的昆虫不同的口味。我们绝对无法理解，为什么有血缘关系的两种天牛，一种注定吃橡树，另一种注定吃山楂树和桂樱。为什么三种楔天牛，第一种需要黑杨，第二种需要榆树，第三种需要樱桃树？这种胃口的独特性充分证明，它们各自的起源不同。这虽然是简单的常识，但并不总是能被喜欢冒险的理论所接受。

第十二章 侏儒

普 罗旺斯的一则谚语说:

什么壶配什么盖,

特殊的人有特殊的配偶。

这话说得极有道理。驼背、独眼、罗圈腿、畸形、不同的道德观,在某些人眼中被看成是具有吸引力的东西,从而使它们被人接受。

岂止人和壶是这样,昆虫也总能得到互补。正常的和不正常的搭配在一起,蒂菲粪金龟为我提供了一个很好的例子。一个偶然的机会,我挖到了一对正在洞底忙家务的夫妻,好一对奇怪的夫妻。那位主妇没什么可说的,它是位漂亮的主妇;可它的丈夫真是小家子气,个子那么矮小,三叉戟中间的那根叉小极了,旁边的两根正好挡在眼前,而正常情况下应该是弯向头顶的。我估计这个矮小瘦弱的雄性身高为12毫米,而不是通常的18毫米,这个矮子的体积几乎只有普通雄性的四分之一。在本卷的第三章,我曾提到过一个长得很漂亮的雄性蒂菲粪金龟,被我为它配的伴侣固执地拒绝了,那美丽的带角者不肯离开洞穴,而另一方虽经我多次调解撮合,仍然每晚都离家出走,我不得不为它另配助手。身高正常、三叉戟健全的雄性尚且会被拒绝,眼下这个小矮子是怎么吸引那位比它优秀的雌性的呢?这种不太般配的结合也许在食粪虫和人类那里都能得到解释：爱是盲目的。

不般配的夫妻会不会遗传，这个家庭的孩子会不会一部分继承母亲长成高个，而另一些像父亲一样矮小呢？由于现在没有合适的容器，没有一个用4块木板钉成的很高的盛满土的空心木柱，我把这对蒂菲粪金龟放在做昆虫实验用的一个深试管里，里面装上新鲜的沙土和必要的食物。

事情一开始进行得正常，妻子挖掘，丈夫清理土屑。后来，一些粪球已经储备好了，可是这对去到试管底部的夫妻由于思乡而死去了。沙土层不够厚，在卵上面垒起一根粪肠之前，母亲至少应该先挖1米深的井，可是试管里的土只有两拃深。

这次失败并未使问题就此了结，这个侏儒是哪里来的？这种特点是否遗传而来，它是不是侏儒的后代，它的后代是否也会成为矮子？这难道与血缘无关，是意外事故造成的吗？父亲矮小不会遗传给儿子吗？我倾向于认为是意外，但是什么样的事故呢？我认为只有一个原因会使身高不足而无损长相，那就是缺乏足够的食物。

我认为，昆虫的形体就像一个潜在的有伸缩性的模子，铸出的模型大小依注入的溶液多少而不同。如果模子里注入的物质量不足，结果就会产生一个矮子；注入的物质低于最低限度，昆虫就会饿死；在最低限度之上继续增加注入量，但很快加以限制，得到的就是一个旺盛的生命，它的身高正常或者偏高一些。食物注入的多少决定了体积的大小。

如果这个逻辑不是虚幻的圈套，那么我就可以随意制造矮子，只要把食物的摄入量减少到仅够维持生命的限度就行；但如果我想通过强迫进食来制造巨人，结果只会是徒劳，胃总会有拒绝接纳过多食物的时候。需求就像一系列等级，最高一级是不可能超越的，

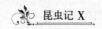

而只能定位在最高级和最低级之间或高或低的位置上。

首先我必须弄清楚幼虫正常的定量是多少。大部分昆虫没有正常定量，幼虫在用之不竭的食物中成长，只要它想吃就可以随便吃，除了胃口控制它以外没有别的限制。其他一些最富育儿经验的食粪虫和膜翅目昆虫，能为每枚卵准备一定数量的食品，既不太铺张，也不太小气。蜜蜂类把足够维持富裕生活的蜂蜜，积攒在由黏土、干打垒、树脂、棉织品、树叶构筑的容器里。由于它知道将出壳的幼虫的性别，将要成为雌虫的幼虫，个子略大点，便多分一点食物，而雄性则少分一点。鞘翅目昆虫也是根据幼虫的性别，预先分配好食物。

很久以前，我竭力想打乱那位母亲精心分配的食物，从富有的幼虫那里取走一些食物接济贫穷的幼虫。我用这种方式使它们的身高有了一些改变，但是还谈不上制造巨人和矮子，更别说改变它们的性别了，因为这些不是由食量来决定的。[①]如今膜翅目昆虫，不论是采蜜的还是捕猎的，都不适合充当我的实验对象，它们的幼虫太娇弱。我需要找胃口特好，能经得起艰苦考验的昆虫。我在食粪虫中找到了，圣甲虫尤其合适，从它们的外表很容易看出体积的变化。

这位大个子滚粪球工精确地给它的幼虫分配食物，每条幼虫都有一份揉成梨形的面包，面包并不都一样大，有的大一些，有的小一些，但是差别不大。这微小的差别也许是因为幼虫性别不同的缘故，就像膜翅目昆虫一样，大块的归雌性，小块的归雄性。我没有做任何实验去验证这个猜测。不过没关系，尽管那位母亲认为这样

---

① 见卷三第十六章。——校注

分配梨形面包合情合理，我却很随意地去拨弄那些面包，随心所欲地在这一份上减掉一点，在那一份上增加一点。我首先做了一项削减食物的实验。

5月，我找到了4个粪梨，在梨颈里面有卵。我把小梨横着从中间剖开，再把呈球冠形的梨腹切开。我保留了梨颈，将4个小梨装有卵的梨颈分别放在4个小广口瓶里。在那里既不必担心干燥，也不必考虑太潮湿。

靠这些被减去一半的食物，幼虫完成了生长过程。之后有两条幼虫死了，看样子是卫生条件不完善造成的，这些容器不如那些温湿的洞穴。另外两条幼虫保持着良好的状态，为了便于观察，我在它们小室的墙上挖了一个天窗，它们一直想用粪把天窗堵上。在幼虫期结束时，我发现它们比那些得到了整只粪梨的同行长得小，食物不足的结果已经表现出来了。当它们变成成虫时会是什么样呢？

9月，从蛹羽化出的成虫是前所未有的，我在野外从没抓到过这样的圣甲虫，它们太矮小了，几乎还没有拇指指甲盖大；除此之外它们的体形完全正常。

我用一些数据来说明，从头顶到腹部末端，它们的长度是19毫米。我的标本盒里，那些在野外自由生长的圣甲虫，最小的长度为26毫米；我生产出来的产品，那些只得到一半口粮的实验对象，体积只有正常情况下最小那只圣甲虫的一半大。这个结果与完整的食物和减少的食物的比例近似，又一次印证，身体这个可伸缩的模子，是与生长所需的必要物质成比例的。

我刚刚用诡计制造出一些矮子，用饥饿实验得到了小矮子，我并没有为此感到特别骄傲。尽管我通过实验了解到，至少在昆虫界，矮小不是素质和遗传的问题，不过是食物不足造成的意外结果。

那么，启发我进行饥饿研究的蒂菲粪金龟，究竟出了什么问题呢？肯定是食物短缺。尽管那位母亲是分配食物的行家，它也不能做到尽善尽美地把香肠堆放在每一枚卵的上面；也许是因为食物缺乏，或者是一些麻烦事中断了它的工作；而那条缺乏食物的幼虫虽然还算健康，经得起不太严重的饥荒，却因为必需的营养物质摄入总量不足，而无法达到正常的体高。看来那只矮小的蒂菲粪金龟的全部秘密就在于此，它是个营养不良的孩子。

如果说减少饮食能降低身高，并不意味着放开饮食限制，就能明显增加身高。我徒劳地给圣甲虫提供多于它们的母亲分配的定量两倍的食物，寄宿者们并没有明显地长大。它们离开出生时住的粪梨时有多大，离开我用刮刀制作的粪团时还是多大。想必胃的容器是有极限的，一旦达到极限，食客就会对餐桌上奢华的菜肴兴味索然。用喂大量食物的方法来制造巨人，不是我们能办到的，当幼虫吃得过饱时就会停止进食。

但是圣甲虫中仍然有巨人，我拥有一些来自阿雅克修和阿尔及利亚的巨大圣甲虫，它们体长34毫米。与前面提到的几只比较，我发现，如果用一来代表用节食法得到的矮子的体积，塞里昂乡间的圣甲虫的体积是矮子的两倍，科西嘉和非洲圣甲虫的体积是矮子的五倍。

显然，为了培养出巨人，必须有更可口的饮食。超大的胃口从何而来呢？我们人类用辛辣调味品来刺激食欲，昆虫也应该有它们的调味品，例如，圣甲虫有如同辣椒一般刺激的大海，如芥末一般的阳光，我看这就是非洲圣甲虫生长亢奋，而它的塞里昂同类体积适中的原因。由于我不具备大海和阳光这两种开胃酒，便放弃了用大量食物制造巨人的计划。

现在我用那些母亲没有为它们分配口粮，食物丰裕得无限制的幼虫来做实验。腐叶堆的宿主花金龟的幼虫就是其中的成员，我永远不可能用人工提供丰盛饮食的方法使它们中出现巨人。在荒石园的角落里，花金龟幼虫缩在一堆腐叶中，吃得饱饱的，不再奢求别的东西，而我从未见过它们中有体积稍微偏大的。要让它们的身材超过正常值，也许就像圣甲虫那样需要较好的气候条件，我既不知道是什么条件，而且我也不见得有能力去创造这些条件。我唯一能做的就是饥饿实验。

4月初，我选了3组花金龟的幼虫，它们都是发育最好的、能够在今年夏天化蛹的幼虫。4月，幼虫开始大量进食，体积增加了一倍，为向成虫转变积蓄了必要的营养。我把3组幼虫放在一些封闭得严严实实的大白铁皮罐里，不用担心水分蒸发得太快。

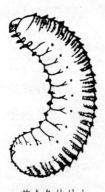

花金龟的幼虫

第一组有12只幼虫，它们得到了丰富的食物，并且还随时都可得到需要的食物。我的隐修士们在它们喜欢的松软的沃土堆里时，也不见得比现在更舒服。

在这个可尽情吃喝的天堂旁边，我又放了另一个罐子，那是饿鬼的地狱，里面也有12只幼虫，它们完全被剥夺了食物。这个罐子里面铺了一层粪，饥饿的幼虫可以在上面散步或者隐藏在里面，随它们的便。

第三组也同样是12只幼虫，它们隔很长时间才能得到一小撮腐叶，这点东西只能用来磨磨牙解解闷。

三四个月过后，7月的暑热降临，第一个罐里的幼虫发育很正常，12只幼虫变成了12只美丽的花金龟，和春天在蔷薇上吮着汁液、打着瞌睡的花金龟一模一样。这个结果证明，在这个容器中不存在营养不良的问题。

在严格禁食的第二个罐子里，我只找到两个蛹，偏小的尺寸表明，将要羽化的成虫是侏儒。我等到9月中旬才打开蛹壳，此时它们已经封闭两个月了，而第一个罐子里的蛹壳早已裂开了。这些蛹壳迟迟不开，是因为里面的幼虫已经死了。彻底的禁食已超出了幼虫的承受极限，12只得不到食物的幼虫中有10只萎缩，最终死亡；只有两只能够依照惯例，把周围的粪黏合起来给自己裹上一层外壳，这是它们做出的最后努力。这两只幼虫无法进一步蜕变，也死了。

在只得到少得可怜的食物供应的第三个罐子里，12只幼虫中有11只因饥饿死亡，只有1只蜷缩在蛹壳里。蛹的结构正常，但是比正常的小得多。如果里面的昆虫还活着，也只能是个侏儒。9月中旬，我打开了那个蛹壳，因为已经这么迟，它还没有一点自动开裂的迹象。

里面的昆虫使我欣喜万分，我看到了一只漂亮的、活得好好的花金龟，身上有金属一般的光泽，带有一些白色的条纹，像自由生长在大片松软沃土中的同类一样。它的外形和服饰没有任何改变，至于身材，则另当别论。我看到的是一个侏儒，一个小宝贝，我在鲜花盛开的山楂树上还从来没捉到过这么小的花金龟，我的创造物从头顶到鞘翅末端的长度为13毫米，如果幼虫得到了适当的饮食而不是在罐子里挨饿，成虫应该有20毫米长。我推测，这个侏儒的体积和在正常条件下长成的花金龟相比，大约只有后者的四分之一。

24只幼虫有的绝对禁食，有的很久才得到一点点食物，过了三四个月，只有1只幼虫最终变成了成虫。禁食造成的影响是深刻的，侏儒至今仍能感受到其后果。尽管蛹壳开裂的时期早过了，成虫还没准备出壳。也许它没有破壳而出的力气，我不得不亲自为它打开囚室。尽管成虫获得了自由，见到了光明，也能活动，只要我拨弄它一下，它就会走，但是它更愿意休息，好像已经虚弱不堪。据我所知，炎热的季节，正是花金龟狼吞虎咽地吃水果、吞食甜甜的蓣果的时候。我给了侏儒一块熟透的无花果，可它碰也没碰一下，它宁可睡觉。难道被强行解放出来的它，还没到进食的时候吗？这位隐居者在出来过好日子和冒险之前，是否注定该在蛹壳里度过冬天呢？很有可能。

我这只奇怪的、只有正常大小的四分之一的小花金龟，完全重复了不久前从圣甲虫那里得到的不太具有说服力的结论：在昆虫界，很可能别的动物也一样，身材矮小是饮食不足的结果，根本与先天无关。

料想不可能的事，或者至少是很困难的事，就算我已经用饥饿的方法得到了几对花金龟，并能在很好的条件下饲养它们，它们会传宗接代吗？它们的子孙会是什么样子？即使我持之以恒地研究，也无法从昆虫那里得到的答案，我却能轻而易举地从植物那里得到。

在多石子的小径上，有些长期保持潮湿的地方，4月会长出一种普通的植物春葶苈。这块贫瘠的土地，被人踩踏，坚硬，多石子，缺乏养分。生长在这块土地上的春葶苈，就像那些挨饿的花金龟一样，瘦弱的莲花座形的叶瓣中抽出一根单茎，细细的像根头发，大约只有1法寸长，很少分杈或是不分杈，它结的果实照样能成熟，但常常只结一个果。我有个汇集矮小植物的小花园，它们都是因为土壤贫瘠造成的。我用圣甲虫和花金龟做的饥饿实验与此相比差远了。我尽力收集那些最弱小的种子，然后把它们撒在肥沃的土地上。第二年春天，矮小症一下子就不见了，侏儒的直系后代又长出了宽大的莲花座叶簇和好多根高达1米多的茎，多杈而且结满了果，植物恢复了正常的状态。

如果由于人为因素或是意外不测造成的侏儒昆虫有足够的生育能力，它们也会生出正常的后代。它们会再次证明春莩莂已经证明的事实，即使有同样的血缘，也不会遗传驼背、肋缘外翻和上肢残缺。

第十三章 🐝 论反常

规则是根据总体的一致性制定的，在规则之外的东西就属反常。昆虫有6只足，每只足都有一个跗节，这就是规则。为什么是6，而不是别的数字？为什么是一个跗节而不是几个？这样的问题我甚至想都没想过，因为这种问题显然是无意义的。就因为事实如此，才成了规则，并得到了人们的确认。正因为规则有其存在的理由，我们才会心安理得，不去探究它的原委。

相反，反常却使我们不安，使我们思绪纷乱。为什么会出现例外、不规则和违背规则的现象？反秩序的魔爪是否会在某处留下印迹？疯狂的不协和音怎么会掺杂在协和音中？这是个值得探讨的严肃问题，但是千万别对解决这样的问题抱多大希望。

我先举几个反常的例子。粪金龟的幼虫属于我观察过的最奇怪的昆虫之一，当我第一次认识它的时候，这条看上去活像残废的幼虫，差不多已经老熟。我当时心想：它的一生中是不是遭受了某种灾难，才渐渐地造成了衰弱和后足畸形呢？在食物仓库中狭窄的过道里，正常的活动受到束缚，不就可以解释这种奇怪的变形吗？

今天我已经完全明白，粪金龟不是因为扭伤而渐渐成为瘸子的，它确实是生来就是残废的①，我看着它出壳，并用放大镜观察了刚出壳的新生儿。等到羽化为成虫时，它的后足将被当作压榨机，

---

① 在金龟子类幼虫的行进运动中，主要依靠腹末臀节作为支点，向前推进，足的行动功能已十分减弱。而粪金龟幼虫的第二、第三对足已特化，成为发声器的刮、擦部件。这是进化适应的结果，而不是残废。——校注

用来装压收获的粮食，把粮食压成粪肠，而现在后足却小得像个畸形的附器，毫无用处。它们蜷缩起来，贴在背上弯成秤钩，细细的末端离开了地面，弯向背部，没有为身体提供任何支撑。这不是腿，而是像犹犹豫豫要投掷出去的东西，幼虫像个拙劣的投手在试投。

它的一对前足倒是很正常，但比较短小，小家伙把前足缩在身体的前部，前足的工作是夹住啃咬过的食物；中足长而有力，十分显眼，像坚实的柱子似的竖立，以支撑鼓突的腹部。胖乎乎的肚子呈弧形，经常会翻倒，从背部看，让人觉得它是个世上不存在的怪物，一个踩着一对高跷的大肚子。

为什么它的结构这么奇怪呢？我们知道粪金龟的幼虫有个夸张的驼背，那个糖面包状的褡裢是个储存建蛹室的砂浆仓库，重得总是让试图移动的小虫子摔倒。可是我无法理解粪金龟幼虫那两条畸形的后足，如果后足变成爪钩，看来会非常有用。幼虫在长长的食物柱里上上下下，来回寻找中意的食物，那两条被忽略了的后足如果是健康的就会方便爬行。

躲在小洞里的圣甲虫幼虫几乎不需要运动，只要用臀部轻轻一推，就把一片食物送到了嘴边。残疾者必须行走，健康者却待着不动；瘸子必须远足，腿脚灵便的却不运动。任何理由也解释不清这种有悖常理的现象。

我只知道圣甲虫和它的同属半刻金龟、阔背金龟、麻点金龟，在成虫形态时后足都萎缩了，它们的前足没有跗节。目前我只了解这四种金龟子，它们证明这种特殊的残疾是整个家族的共同特征。

在一本内容很肤浅的专业分类词典中，编者竟怪癖地用"阿德舒斯"这个名称，取代古老而又可敬的"金龟子"，"阿德舒斯"

这个拉丁词意思是无兵器者。想出这名称的并不是一位特有灵感的人，因为许多别的食粪虫也都不带护身武器，例如与圣甲虫极相似的侧裸蜣螂。既然他想根据这类昆虫的特征来命名，他就应该造出一个能表明前足无跗节这个特征的词来。在整个昆虫界中，只有圣甲虫和它的同属们才配用这个称谓，然而人们却没有想到，似乎对这个重要的特点并不了解。只见沙粒不见山，这是造词者常有的怪毛病。

由5个小节组合而成的跗节，是昆虫身上唯一可以算作手的部分。为什么金龟子的前足上，连这个唯一的跗节也不见了呢？为什么它们不像其他昆虫那样，按照惯例长上指形爪尖，却只剩一双爪端平截的残肢呢？有一种解释乍听起来还挺有道理：这些狂热的滚粪球者是头朝下，尾朝上，倒着走的，它们靠前足的端部支撑，承载的重量全都压在这两条与坚硬的地面接触的杠杆头上。

在这种会造成伤害的艰苦劳动条件下，纤细的跗节反而会成为累赘；就算滚球者有意想舍去这个跗节，那么截肢术是何时进行的，又是如何完成的呢？是不是像现在常见的一样，是在作坊里干活时被意外的事故截去了跗节呢？不可能；因为人们从未见过金龟子的前足有跗节，即使是刚从事滚粪球的新手也没有跗节。它们没有发生意外，因为，还在蛹壳里的蛹就已经像成虫一样拥有无跗节的前足。

断指一事可追溯得更远。假定在很久以前，由于一次意外事故，一只金龟子失去了这两个不实用的、几乎是无用的跗节，失去跗节以后它反而感觉挺好，于是便将这巧妙的平切前足遗传给后代。从此金龟子便打破惯例，不像别的昆虫那样长出指状前足。

若不是冒出了诸多重大疑点，这个解释颇具诱惑力。但人们不禁要问，从前昆虫怎么会心血来潮地在身体的构造上，加上一些注定会因为太不实用而被淘汰的附器呢？难道动物的骨骼构造是没有逻辑，没有预见性的吗？它们的结构是在事物的矛盾冲突中盲目地形成的吗？

打消这个愚蠢的念头吧，没有这么回事。圣甲虫现在没有跗节，以前也不曾有过，它们根本没有在运粪球时摔断跗节，它们一开始就是现在这个样子。是谁说的？是侧裸蜣螂和赛西蜣螂说的，这两位不容置疑的证人也是滚粪球狂。它们也像圣甲虫一样头朝下倒着滚粪球，像圣甲虫一样用后足尖支撑整个重负。它们的前足尽管在地上受到严重摩擦，却和别的昆虫一样有跗节，拥有圣甲虫不想要的纤细跗节。为什么只有圣甲虫特殊，而别的昆虫却依然遵守规则呢？哪个智者能回答我这个平庸的问题，我多么愿意接受他的高论啊！

若能了解为什么沼泽鸢尾象的跗节末端只有一个爪钩，而其他昆虫却有一个并排的、秤钩状的爪钩，我会一样感到满足。为什么沼泽鸢尾象会少一个爪钩，是因为没有用吗？看来不是。残留的小爪钩是攀缘器，有了它象虫可以攀上鸢尾光滑的细枝，还可以探察花朵；有了它象虫既能在花瓣的正面行走，也能在反面行走；它可以倒挂在光滑的蒴果上行走，多一个爪钩走起来就会更稳当。本来按规矩它可以有两个爪钩，这是惯例，甚至在它那长喙部落里也是如此，而这个冒失鬼却放弃了一个爪钩。鸢尾上的这个小残疾缺少一个爪钩，秘密究竟何在？从原则上说少一个爪钩是件严重的事，然而实际上，这不过是一个并不重要的细节，要用放大镜才能捕捉到这种异常，但是现在不用放大镜也能发现这种异常。

红股秃蝗是阿尔卑斯草地上的一种蝗虫，也是万杜地区最高的

红股秃蝗

小山丘的宿主，它放弃了飞行器官。它羽化为成虫后仍保留着若虫的外貌，临近交配期时会变得漂亮些，腿节上出现珊瑚红色，胫节上出现蓝色；但是它的变化也就到此为止，进入了交配期和产卵期的成虫，除了能蹦跳以外，还是没获得其他蝗虫所具有的飞行本领。

跳跃类昆虫都有前后翅，而它却是个笨拙的步行者，就像它的拉丁语名称"步行者"①所表示的那样。这个残疾者的肩上仍然有两个小小的未长大的鞘，里面隐藏着飞行器官。这只长着蓝腿的漂亮蝗虫在发育过程中，怎么会随随便便地就把已经在小鞘里萌芽了的前后翅放弃了呢？它本应该有翅膀的，却没有得到。这部动物机器没有明显的理由，就停止了它的齿轮。

蓑蛾（雄）

更奇怪的是蓑蛾，雌虫起初看上去应该能变成蛾的，可它却没有变成，一直是蠕虫，更确切地说是变成了蓄满了卵的袋子。长满鳞片的翅膀，对鳞翅目昆虫而言是至高无上的，却不肯长在它的身上。只有雄性长成了预期的样子，它们变成了戴满华丽羽饰、穿着黑丝绒

---

① 红股秃蝗的拉丁语名称为"步行蝗"。——校注

服的美男子，并且能翩翩起舞。为什么两性中最重要的一方，一直保持着难看的小肥肠形，而另一方经过蜕变却成了令人赞美的彩蛾？

对于短翅天牛我们又能说什么呢？它的幼虫期是在杨树和柳树上度过的，它是一种长着长角的昆虫，体形健美，可与山楂树上的栎黑天牛媲美。只要是属于鞘翅目的昆虫，好歹都会长出鞘翅来把身体包住，保护脆弱的后翅和易受伤害的柔弱腹部。可是，短翅天牛却无视常规，它的肩上长着两片短短的鞘翅，只能作为小马甲，好像是由于布料不够无法把上衣加长做成燕尾服，把该遮盖起来的部分包住。

它那宽大的后翅超出了鞘翅一直伸到腹部末端，失去了鞘翅的保护。乍一看，人们会以为看到的是一种奇怪的大胡蜂。既然是真正的鞘翅目昆虫，在鞘翅上偷工减料有什么好处呢？它是因为缺少材料吗？难道把这个从肩膀开始的护套加长会很昂贵吗？它如此吝啬真让人吃惊。

那么对于真蜻，我们又能说什么呢？它的幼虫不知为什么会在斑纹隧蜂的蜂房里安家，并吃掉蛹室里的隧蜂蛹。夏天成虫常常出现在刺芹带刺的蓟果上，乍一看，人们会把它当成双翅目昆虫，以为它是苍蝇。它那两个宽大的后翅上没有鞘翅的保护，仔细看时，发现它的肩上有两个小鳞片，是被废弃了的鞘翅原基。它又是一个不会长鞘翅的，更确切地说，它没能使这两个微不足道的小鳞片长成完美的鞘翅。

在鞘翅目昆虫中属于大家族的隐翅虫，整个家族成员都把鞘翅削减到正常尺寸的三分之一或四分之一。由于过分的节约，个个都露出不停地扭动的长肚子，衣不蔽体的它看起来很不雅观。

如果我再继续列举残疾、反常、例外的事例，还会出现无数个问题；然而答案却依然遍寻不得。动物很难与人交流，植物则随时准备回答我们的问题，只要我们方法巧妙。我向植物请教反常的情况，或许它们能告诉我们是怎么回事。有首拉丁诗这样写道：

> 这只是一个关于玫瑰的谜语：
> 我们兄弟五个，两个长胡子，
> 两个没胡子，一个半边长胡子。

五兄弟指什么？不是别的，正是玫瑰花萼的5个萼片。我一片一片地观察它们，发现其中两个萼片向两侧延伸，好似长了胡须，有时又像叶片一样伸展开来。这两个萼片确实是从叶子变来的，就是所谓的长着胡子的两兄弟。我还看到另外两个萼片，两侧都没有毛；而剩下的那个萼片，一侧是光秃秃的，另一侧却有胡须，就是那个半边长胡须的兄弟。

这不是偶然的意外现象，花与花之间，没有差别。所有的玫瑰都生着同样的萼片，每朵玫瑰的萼片都分为3种，这是规则，是决定花的结构的法则作用的结果，就像维特鲁威艺术统治着我们的建筑风格一样。这个简洁典雅的法则在植物那里是这样表现的：植物世界中最重要的五个一组的排列序列中，花朵以螺旋层叠的方式将5个花瓣依次转圈排列，每转一圈都形成一个近似的圆周，5个花瓣正好排列在两个螺旋层上。

那么，玫瑰的花萼排列问题就不难解释了。我把一个圆周分成五等分，在第一个分割点放第一个萼片，第二个萼片放在哪里呢？不能把它放在第二个分割点上，否则，圆周上的5个萼片只能组成一个圆圈而不是两个圆圈。我将把第二个萼片放在第三个分割点上，然后继续以这种方法排列，每隔一个分割点放一个萼片，这是唯一能从出发点开始绕圆周两圈后回到出发点的行进方法。

现在我让萼片的基部加宽，使它们围成一个不留空的圆圈。我看到在一和三两个分割点上，萼片完全被排在轮圈之外；在二和四两个分割点上，萼片的两侧都压在相邻的萼片下；在第五个分割点上，萼片一边压在旁边的萼片下，一边露在外面。被遮盖住的那一侧，由于有别的花瓣压在上面，妨碍了它将细小的毛刺向外伸展，结果在一和三两点的位置上形成了两个带胡须的萼片；在二和四两点上的萼片没有胡须；在第五点上的萼片一边有胡须，一边没有胡须。

这就是玫瑰谜语的谜底。5个萼片的差异，从表面上看似乎是结构不合理，是违反常规的，而实际上这种差异正是数学定理的必然结果。它印证了潜在的代数原理，无序代表着有序，不规则证明了规则。

我继续在植物界中浏览。以5为单位的序列规则，使花瓣以5为单位严格按序位螺旋排列。但是有许多种花冠的组合方式偏离了正轨，比如唇形科和面具科的花冠。唇形花的5个萼片在花柄的顶端组成了绽开的萼，并勾画出5个规则的花瓣，组成张得很大的两片唇，一片在上，一片在下，上唇有两个花瓣，下唇有3个花瓣。

像唇形花一样，面具形花也分成两片唇，上唇有两个花瓣，下唇有3个花瓣，只是下唇的3个花瓣隆起呈拱形，形成花冠的入口，用手指压在花瓣边缘，两片唇会张开，松开手指唇就闭合起来，看上去像一张兽脸，或者说像兽的吻端。根据这个特征人们把这种形象生动的植物叫"龙头花"，或是"金鱼草"。我还想从龙头花的大唇和古装戏演员套在头上的夸张面具之间，找到一些相似之处，面具花这个词就是这样来的。

双唇形花的反常结构引起了雄蕊的变化，雄蕊的位置变化必须要有利于授粉，在某个位置上排列得密集一些，在另一个位置排列得松散一些。5根雄蕊中有1根消失了，在基部留下一点痕迹，作为它消失的证明，另外4根雄蕊组成高度不等的两对，高的一对似乎想将短的一对排挤掉。

鼠尾草完成了这项删除工作，它只有两根较长的雄蕊，而且，每一根雄蕊丝上只保留了半个花药。一个花药一般有两个囊，中间隔着一层膜叫作药隔。鼠尾草的药隔太夸张，它像一根天平梁横亘在花丝上，在天平梁的一端有半个花药，也就是花粉囊，另一端什么也没有。雄蕊的环生结构除了最必不可少的部分得以保留之外，其余部分都因花冠追求怪异的风雅而牺牲掉了。

但是为什么在唇形花、面具花等植物那里，反常会引起花的基本结构发生变化呢？请允许我打一个建筑学的比方，那些首先敢于用光秃秃的大块石材使桥体保持平衡的人，获得了大师或造桥名匠的光荣称号。他们以圆弧形作为石材堆积体的标准造型，这种圆弧形也称作半圆周，后来又称作半圆拱。整齐划一的石材拼成的拱能承受负载，这种造型看上去结实、雄伟，但是显得有些单调，不够精巧。

后来出现了两个圆心不同的拱相交而成的尖拱，用这种新的标准，能够增加拱的高度，尖拱显得秀丽挺拔，还可以加上漂亮的顶饰。无穷的变化和精巧的组合代替了单调。

那么，合乎常规的花冠就相当于花朵建筑的半圆拱，不论造型像钟还是像壶，呈轮形还是星形，甚至其他的形状，合乎规则的花冠都是由相似的材料，依着圆周排列组合而成的；不合乎规则的花冠则相当于富有大胆创意的尖拱，它把诗的无序之美融入了花的诗篇。龙头花那大嘴面具、鼠尾草那张开的大口，可以与山楂树和黑刺李的玫瑰形花相媲美。它们多么像加入音阶的半音，多么像伴随着高亢的主旋律而出现的优美变奏，又多么像衬托出和谐音的游离音调。百花交响乐中不时有意想不到的独奏穿插进来，使交响乐变得更加美妙。

用同样的理由可以解释，为什么红股秃蝗不长翅膀，而在高山上的虎耳草里蹦蹦跳跳；为什么隐翅虫穿的是短上衣，短翅天牛穿的是短上装，真蟏拥有双翅目昆虫的外表。它们都以自己的方式为单调重复的主旋律增添一些新意，每种昆虫都是合乐中的一个特殊的音符。不过，我还是不太明白，为什么粪金龟的前足没有跗节，为什么沼泽鸢尾象的跗节只有一个爪钩，为什么粪金龟生来就是残疾。为什么会有这些细微的反常现象？在回答问题之前，我还是再一次听听植物的教诲。

我在温室里种了原产于秘鲁的印卡百合，这种奇怪的植物给我出了个难题。初看起来它的叶子的轮廓和柳叶差不多，不值得细细观察；但是仔细看一下，就会发现它那扁扁的像丝带似的叶柄，扭曲得很厉害，每片叶子都是扭曲的，无一例外，整株植物看上去像一个非常明显的歪脖子病患者。

用手指轻轻地帮它恢复原状，一切都恢复了常态，扭曲的带状叶柄平平地展开。可是，令人惊奇的事还在后头呢，展开恢复常态的叶子翻了个面，原先朝下的一面，浅色的有许多气孔和叶脉的一面现在朝上了；原来朝上的，绿色而光滑的一面变成朝下了，而按照常规植物的叶子都是光面朝上，粗面朝下的。

　　总之，恢复常态后的印卡百合的叶子翻了个面，背光的一面转向了光亮，趋光的一面成了背光面。叶子的方向改变了，叶子应有的功能便无法发挥；因此，为了纠正错误，植物使叶柄扭转成螺旋形，从而使所有的叶子都扭转了脖子。

　　这种扭转是阳光引起的。如果我进行人为的干预，它们可能会把先前拧成螺旋形的叶柄伸直。我找了一根小棍和一些细绳，把百合的茎压弯，把它头朝下绑在小棍上，在日照作用下，叶柄很快就伸展开来，重新变成了带状，光滑的绿色的那面朝着阳光，浅色而又多叶脉的一面背向阳光。斜颈不见了，叶子又恢复了正常的朝向，但是这株植物却首尾倒置了。

　　就凭这叶子倒长在茎上的百合，我是否就可以认为植物不慎出了差错，正在阳光的帮助下尽量地扭转叶柄，改正所犯的错误呢？它是因机制紊乱而出现错误，还是反秩序的魔爪在捣鬼？或者，难道不会是因为我们不了解事情的原委，无知地把很正常的事情看得很糟糕吗？

　　我们如果早知道不美的音色也能带来和谐美就好了！最明智的做法往往却成了令人怀疑的东西。

　　在所有的书写符号中，最符合其表示的意义的是问号。下面是一个圆点，这是地球；上面站着一个大大的弯钩，像古罗马占卜用的曲棍，占卜棍询问着未知的事物。我愿把这个符号看成是永远探究如何和为什么的科学象征。

　　然而，尽管这根探询未来的曲棍为了看得更清而站得那么高，却是处在混沌、狭窄的视野的正中，对未来的探索将会使人们超越这晦暗的视野，但取而代之的将是一连串更为遥远、同样晦暗的视野。随着人类知识的进步，一层层奥秘被艰难地揭开，在这些奥秘之外还有什么呢？也许是无限的光明，是为什么中的为什么，是原因之原因，最后是世界方程式中的大X。永不满足、穷追不舍的好问者的本能是这样告诉我们的，这种本能在动物研究方面是可靠的，在思想领域也是可靠的。

我已尽我所能研究了昆虫发生反常的基本原因，然而，令人信服的答案还未找到，因此在结束这一章时，有许多发现仍然存在疑点，我在本页最醒目的位置上竖起那根作占卜用的曲棍——

?

第十四章 🐜 金步甲的食物

开始写这章时，我想到了芝加哥的屠宰场，那些可怕的肉类加工厂，一年要宰杀108万头牛、175万头猪。牛和猪活生生地被送入机器，从另一头出来时已被变成了肉罐头、猪油、香肠、火腿卷。我之所以想到这些，是因为金步甲将向我们展示，它如何像机器一般迅捷地进行屠宰。

我在一个大玻璃钟形罩里养了25只金步甲。现在它们在我提供给它们做屋顶的那块木板底下一动不动，肚子埋在潮湿的沙土里，背靠着被阳光晒得热乎乎的木板，边打瞌睡，边消化食物。

一个偶然的机会，我找到了一大串松毛虫，它们从树上下来，正在寻找适合的藏身处，准备在地下做茧。把这群毛虫交给金步甲去屠宰，那是再好不过的。

金步甲

我把毛虫收集起来，放到钟形罩里，它们很快排成一串，大约有150条。它们连续涌动着向前爬行，鱼贯地爬到了木板的尽头，就像芝加哥屠宰场的猪。这是最佳时机，此时我放出了我的猛兽。我把盖着的木板掀开，底下的金步甲立即醒来，它们闻到了在身边鱼贯行进的猎物的气味。一只金步甲冲了过去，另外三四只金步甲跟随其后，全体金步甲都兴奋起来了，埋在土里的也钻了出来，刽子手们一齐向路过的猎物拥去。

多么难忘的一幕啊！不时有毛虫被咬住，

屠夫们前后夹击，中心开花，有的毛虫被咬住背部，有的被咬住肚子。松毛虫长着乱蓬蓬的毛的皮肤被撕裂了，内脏流了出来，由于松毛虫吃的是松针，流出的都是绿色的物质。毛虫们痉挛着，挣扎着，肛门突然一张一合，并用足奋力抓，它们吐唾沫，用嘴轻轻地咬，未受伤害的毛虫绝望地挖着土，想躲到地下。但是谁也没能逃脱，它们刚刚把半截身子钻到地下，金步甲就跑来将它们抓了出来，并开膛剖腹。

假如这场杀戮不是在无声的世界中完成，我们准能听到像芝加哥屠宰场里被宰杀的牲畜发出的恐怖的嚎叫声；但现在我凭着想象力才能听到被剖腹者凄惨的叫声。我具有这种假想的听觉，并为自己制造的惨案而感到愧疚。

在奄奄一息的松毛虫中，到处都可见到金步甲又是拽，又是撕，抢到一块肉就避开贪婪的同伴，到一旁去独吞。一块肉吃完以后，又赶紧去再撕一块，只要还有被剖了腹的尸体，它们就一块接一块地吃。不过几分钟的工夫，那群毛虫就被吃得只剩下些杂碎。

松毛虫共计有150条，刽子手有25名，平均每只金步甲杀死6条毛虫，如果金步甲像肉类加工厂的工人那样不停地屠宰牲口，如果屠夫是100名，这个数字与做火腿卷的工人数相比算是很少了，那么在一天6个小时的工作时间里，受害者的总数应该是36000名。芝加哥的屠宰场可从来没有达到过这么高的产量。

如果考虑到攻击的难度，这么迅捷的杀戮速度更是令人惊骇。屠夫屠宰牲口时用铁钩钩住猪腿，将猪提起来用滑轮送到屠刀下，待宰的牛被用活动板送到屠夫的棒槌下。而金步甲没有这些工具，它必须追击毛虫将毛虫制服，还必须躲开毛虫的利爪和齿钩；它必须一边杀，一边就地把毛虫吃掉。如果金步甲只是杀死毛虫，在这场屠杀中，将会有多少毛虫惨遭毒手啊！

芝加哥的屠宰场和金步甲的盛宴告诉了我们些什么呢？它告诉我们，目前有高尚道德的人格外少，在文明的外表下几乎总是存在着蛮荒时代穴居的野蛮人的野性，真正的人类文明尚未实现；人类文明的进步是循序渐进的，要通过几个世纪的酝酿；它需要意识的觉醒，正以令人失望的缓慢步伐向完善的方向发展。

我们这个时代已经最终消灭了古代社会的奴隶制，人们已经认识到，人，即使是黑人，作为真正意义上的人，也应该得到人的尊严。

从前，妇女被当成了什么？在东方，妇女仍然被看成是没有灵魂的温顺的牲口，教会的教士们对此展开了长期的争论。17世纪的大主教伯叙艾①把妇女看成是男人的附属物。夏娃的诞生证明女人是那根多余的肋骨，是那根最初长在亚当身上的第十三根肋骨。现在人们终于认识到，妇女拥有和男人一样的灵魂，甚至在温柔和忠诚方面优于男人。人们允许她们受教育，她们和男人一样至少有同样的热情去接受教育。然而仍然充斥着许多野蛮规定的法典，继续把妇女看成是无能的低下的人。法典最终也将会顺应真理。

奴隶制的废除，妇女获得受教育的权利，这是人类在发展道路上迈出的两大步。我们的子孙后代将会走得更远，他们将会用明智的眼光看问题，能够克服任何障碍，认识到战争是最荒谬的行为；认识到策划战争的征服者和掠夺别的民族的掠夺者是可恨的灾星，用匕首还击也比开枪好；认识到最幸福的民族不是拥有最多大炮的民族，而是和平地劳动和努力创造财富的民族；他们将明白生存的

---

① 伯叙艾（1627—1704）：法国天主教教士和演说家，宣扬天主教义，反对基督教新教。——校注

安宁不一定非要国界来保证，跨越国界也不必遭到搜口袋、洗劫行李的海关人员的欺压。

我们的子子孙孙将会看到这一切，以及我们今天所憧憬的美好东西。通向理想蓝天的道路究竟有多么高远？然而，令人担心的并不是那条路的高不可及。如果人们可以把不受意志控制的事称作罪恶，那么我们已经蒙上了无法消除的污点，一种原生的罪孽。我们已经被造就成了这个样子，我们什么也无法改变。这个罪恶就是贪婪，这是无尽的兽性的根源。

肠胃统治着世界。我们面临的所有问题中最关键的就是饮食问题。只要有专管消化的胃的存在，就必须有东西去填满它，弱肉强食，生命是个无底洞，唯有死亡能将它填平。因此，人类、金步甲和其他动物便无休止地杀戮，把地球变成了一个屠宰场，与之相比，芝加哥的屠宰场已经算不了什么。

食客成群结队地不断拥来，而食物的数量与之不成比例，得不到食物者嫉妒食物的占有者，饿汉向饱食者张牙舞爪，必须靠打仗来决定食物的归属。于是人类拿起武器保卫他们的收成，保卫他们的地窖和阁楼，这就是战争。我们能看到战争结束吗？哎，真是万分的遗憾！只要世界上有狼存在，就需要有牧羊犬来保护羊群。

万千思绪使我不能自控，不知不觉竟远离了金步甲，还是赶快回到这个主题上来吧。我把毛虫放在屠杀者面前时，它们正安安静静地准备把自己埋到土里。我为什么要制造这场对毛虫的大屠杀？是为了让它们为我表演一场疯狂的屠杀吗？当然不是。我历来对动物的痛苦寄予同情，再小的生命也值得尊重。只有科学研究的需要才会使我铁下心肠，有时这种需要是残酷的。我以前自认了解金步甲的习俗，它们是花园里的护园者，我把它们叫作园丁。它们凭哪一点能配得上这个美称？金步甲捕捉什么害虫？它们驱除花坛里的什么虫子？我最初用成串爬行的松毛虫做的实验前景看好，我将继续沿着这条路走下去。

4月底，我好几次在荒石园里找到了成串的松毛虫，有时多一些，有时少一些。我把它们收集起来，放在一个玻璃罩里。宴席备好了，盛宴随即开始。松毛虫被开膛破肚，每一条松毛虫归一位食客享用，或几个食客一起分享。不到一刻钟，松毛虫全被消灭了，只剩下几段变了形的虫子散落在地上，被金步甲拖到木板下独自享用。那些富有者嘴里叼着战利品溜到别处，想安安逸逸地吃个痛快。一些同僚遇到了它们，被它们嘴上叼的那块肉所引诱，竟当起了大胆的抢劫者。它们三三两两地结伙抢劫合法的物主，大家都咬住那块肉不放，拉来扯去，将那块肉撕烂了，然后狼吞虎咽地吃下去，没有发生严重的争执。说真的这里没有战斗，也没有像看家犬那样为争抢一块骨头互相殴打，它们仅仅是企图抢劫。如果物主咬住那块肉不放，大家就和它一起分享，大颚靠着大颚，直至那块肉被撕裂，才各自叼着一小片肉走开。

能引起瘙痒症的松毛虫想必是一道很刺激的菜肴，在以前的研究中，我的皮肤曾受到了瘙痒症的严重侵害[1]，金步甲却把它当作佳肴，给它们多少串毛虫，它们就能吃多少，这道菜很受欢迎。然而，在松毛虫蛾的丝囊中，据我所知，没有人见到过金步甲和它的幼虫，我也压根不希望自己有一天会在那里碰上它们。松毛虫蛾的丝囊里只有在冬天才有居民，那时金步甲已经对食物不感兴趣，它们变得麻木并蛰居在地下。但是到了4月，当松毛虫结队行进去寻找

---

[1]　见卷六第二十三章。——校注

合适的地方，把自己埋起来变态时，如果金步甲有幸遇上它们，一定会利用这意外的收获。

猎物身上的毛一点也没让它扫兴，尽管如此，毛虫中毛长得最密的刺毛虫那身半黑半红的纤毛，还是让贪食者感到敬畏。刺毛虫在玻璃罩里那些屠夫中间整整闲逛了几天，金步甲却显出不认识它的样子。不时有几只金步甲停下来，围着这个浑身长刺的虫子转，打量它，然后试探这个可怕的毛扎扎的东西。但是当它们遭到又厚又长的尖刺抵挡时便离开了，没有咬下去。那条刺毛虫得意洋洋，背部一拱一拱安然地径直爬了过去。

刺毛虫

不能再这样继续下去，现在金步甲已经饿得发慌，再加上同伙的助威，胆小鬼决心发起攻击。4只金步甲非常忙碌地围着刺毛虫转，将它团团围住，刺毛虫两头受敌，最后被征服了。它被掏去内脏，三两下就被嚼碎吃掉了，就好像它是一条毫无抵抗能力的幼虫。

我能抓到什么样的幼虫，全凭运气。我给金步甲提供各类幼虫，有不带刺毛的，也有毛很密的，所有的幼虫都受到了热烈欢迎，唯一的条件是幼虫的个头不能太大，要与刽子手的身材相称。太小的它们看不上眼，那还不够塞牙缝呢，太大了又难以制服。大戟天蛾和大孔雀蛾的幼虫也许适合金步甲，但是被围困者刚被咬了一口，就扭动有力的尾部把进攻者抛得老远。金步甲几番发起进攻，都被幼虫甩得远远的，金步甲由于不够强大，悻悻地放弃了进攻，那猎物太难对付了。由于我的疏忽，这两条凶猛的幼虫在此待了15天，什么麻烦也没碰上；它们那突然甩动的尾部如此迅猛，凶恶的刽子手不敢将大颚凑近。

金步甲只有在屠杀比它弱小的幼虫时才占上风。然而它不善攀缘，只在地面捕食，不会上树，明显地失去了优势。我从没见过它爬上树冠捕食，哪怕是最小的灌木。它根本不去注意那些待在一拃高的百里香树枝上令人垂涎的猎物，这是很大的遗憾。如果金步甲能爬高，能离开地面去远足，三四只金步甲组成的小分队，将会以怎样迅猛的速度歼灭甘蓝上的害虫菜青虫啊！最好的东西往往也有这样那样的毛病。

金步甲的另一个优势是吃蛞蝓。金步甲什么都吃，甚至还吃比较胖的带棕色斑点的灰色蛞蝓。在三四个肢解者的进攻下，肥胖的蛞蝓很快就被制服了。金步甲最爱吃蛞蝓背部有一层内壳保护的部位，内壳像一个珍珠层盖在蛞蝓心脏和肺的位置上。那个部位比别的部位更香，有许多组成硬壳的硬颗粒物，这种含矿物质的佐料好像很合金步甲的口味。金步甲吃蜗牛时，最抢手的地方也是那层带钙质的斑纹外套，因为那里容易下手而且味美。常在夜里爬行、偷吃嫩生菜的蛞蝓，应该是金步甲经常吃的一种食物。还有毛虫，它也应该是金步甲的家常便饭。

除此之外，金步甲还吃生活在地下的蚯蚓。一到下雨天，蚯蚓就爬出洞穴。再大的蚯蚓也吓不倒侵略者金步甲。我供应给它们一条两拃长、手指般粗的蚯蚓。它们一发现这个大环节动物就将它包围起来，6只金步甲一哄而上。这个受刑者的全部自卫手段也不过是扭动身体，前进，后退，屈体，把身体盘起来。巨蟒拖着勇猛的屠杀者走，时而把它们压在身下，时而自己被压在底下。屠杀者紧紧抓住它不放，轮番向它发起进攻。它们有时保持着正常的体位，有时肚子朝天。蚯蚓不停地滚动，往沙土里钻，一会儿又重新出现，不管怎样它都没能削弱金步甲的士气。战斗的激烈程度是少有的，金步甲一旦咬住了蚯蚓，就一直不松口，任凭绝望者挣扎。蚯蚓那层坚硬的皮终于被撕裂，血糊糊的内脏流了出来。贪食的金步甲一头扎进血泊中，其他的金步甲也跑来分享，不一会儿那强壮的环节动物已经成了一摊惨不忍睹的残渣。这时我终止了金步甲的盛宴，生怕这些狼吞虎咽的家伙吃得太撑，会长久地拒绝我想做的实验。它们那副贪吃的样子足以表明，如果我不进行干预，它们要把那根大肥肠消灭干净。

作为补偿，我扔给它们一条小蚯蚓。那条蚯蚓多处被切开，被扯来扯去，撕成了好几段，金步甲各咬住一节到一旁吞食。只要那块肉还没有分解开，共餐的金步甲就会非常和平地一起吞食那块肉。它们额头对额头，把大颚伸进同一个伤口里；但是一旦得到一块合适的肉，它们就会迅速地带着战利品溜之大吉，远离嫉妒的同伴。大块的肉属于大家，无需争斗，但是撕下的小块肉归个人所有，必须赶紧避开强盗的抢劫。

只要有货源，我就尽量变换食谱。一些花金龟与金步甲共处了两个星期，谁都不敢粗暴地对待对方，金步甲从花金龟身边经过时连看都没看一眼。它们是对这种猎物不感兴趣，还是觉得太难对付了呢？我们来看看吧，我摘除花金龟的鞘翅和后翅。发现残疾者的信息很快传开了，金步甲蜂拥而至，急切地将它们开膛破肚，不多会儿，那些花金龟就彻底被掏空了，这道菜肴的味道一定不错。原来是花金龟紧闭的鞘翅护甲令食肉的金步甲畏惧，使它们一开始不敢放肆。

我用大个子黑叶甲做的实验结果也相同，完好无损的黑叶甲遭到了金步甲的蔑视。金步甲在玻璃罩里经常与黑叶甲擦肩而过，但总是只管往前走，并未试图打开这个神秘的食物罐头。但是一旦我摘掉叶甲的鞘翅，金步甲很快就把它吃掉了，尽管叶甲会分泌出一种橘黄色的唾液。皮肤细腻、光滑肥胖的叶甲幼虫也是金步甲的佳肴，贪吃鬼们看见这条铜黑色的虫子没有半点犹豫，一旦发现了美味佳肴，它们就毫不客气地上去撕咬，将它开膛剖腹，然后吞进肚里。这种铜色小肉球可谓是珍馐美味，我提供多少，它们就能吃多少。

在严密牢固的鞘翅庇护下，花金龟和黑叶甲逃脱了金步甲的伤害，金步甲无法打开它们藏在护甲下的柔软腹腔。但是，如果护甲关得不严，食肉者会很清楚该如何掀开它，直达目的地。金步甲经过几次尝试后，终于从背后掀起了鳃金龟、天牛等昆虫的鞘翅，剥开了它们的牡蛎壳，将里面鲜美多汁的肉吸得一干二净。不管是什么样的鞘翅目昆虫，只要有办法掀去它们的鞘翅，金步甲都乐于接收。

前一天我逮了一只大孔雀蛾，放在金步甲面前。金步甲对这富丽堂皇的猎物并未表现出狂热，而是谨慎小心，时不时靠上去，试图咬它的肚子；可是，刚用大颚稍微碰一下，受难者就扇动宽大的翅膀拍打地面，然后猛力一扇就把来犯者抛出老远。猎物不停地抖动，猛烈惊跳，使金步甲无从下口。于是我切除大蛾子的翅膀，攻击者马上围了上来。7只金步甲同时拉扯，咬住肥胖的独臂残疾者。从大孔雀蛾身上撕下的毛像雪片似的纷飞，它的皮被撕裂了。7只金步甲顽强地争夺猎物，一头扎进猎物的腹中，就像一群狼在吞食一匹马，一会儿工夫，大孔雀蛾就被吃得精光。

金步甲从不吃完好的蜗牛。我把两只蜗牛放在金步甲中间，这些金步甲已经饿了两天，想必会更加勇猛。软体动物躲在硬壳里，嵌在沙土里的这些蜗牛，硬壳的开口是朝上的。不时地有金步甲来到洞口边，待上一小会儿，咽着口水，然后扫兴地离开，它们没有做更多的努力。蜗牛只要被轻轻咬一下，就会将胸泡的空气挤压成泡沫吐出来，这种泡沫是它的自卫武器，喝到泡沫的过路客赶快放弃了钻探。

泡沫极其有效，那两只蜗牛在饥饿的金步甲面前放了一整天，也没遇到什么麻烦，第二天我发现它们还像前一天一样精神饱满。为了帮金步甲消除这讨厌的泡沫，我把软体动物的外壳剥掉了指甲那么大一块，掀掉了它肺部的一块硬壳，现在金步甲开始了迅猛而又持久的进攻。

五六只金步甲一起围着缺口，大吃大嚼那块裸露且不带唾液的肉。如果有更大的地方接待更多的食客，共享美餐者会更多，许多新来者迫不及待地想挤进来抢占一席之地。在缺口处聚集了一大群蠢动的金步甲，在里圈的那些挖呀拽呀，而在外圈的只有看的份，有时它们也能从同伴的嘴下抢到一块肉。一个下午的工夫，蜗牛已被掏空，螺塔被挖了个底朝天。

第二天，正当金步甲在疯狂地屠杀时，我夺去它们的猎物，代之以一个完好的嵌在沙里、开口朝上的蜗牛。我往蜗牛壳上浇了些冷水，受了刺激的蜗牛从壳里钻出来，伸长的脖子活像天鹅颈，久久地展示着管子似的眼睛。面对食肉者可怕的喧哗，它显得非常平静，哪怕即将被开膛破肚，也不能阻止它充分展现自己柔嫩的肉体。那些被夺去肉食的恶魔们，将会很容易地扑到这个猎物身上，继续刚才被打断的欢宴。到底是不是这样呢？

没有一只金步甲注意这个大半截身子露在堡垒外面，轻轻波动的猎物。如果有一只比同伙更勇敢、更饥饿的金步甲，敢于咬那只蜗牛，蜗牛就会收缩，躲进壳里，并开始吐泡沫，足以击退进攻者。整个下午和晚上，蜗牛一直那么待着，它虽然面对着25个屠夫，却什么危险也没发生。

多次实验情况都相同，因此我肯定，金步甲不攻击完好的蜗牛，甚至在一阵骤雨后蜗牛把上身伸出壳，在湿草地上爬时，它们也不去攻击它。金步甲需要的是残疾者，是被敲破了螺壳的伤残者，它们需要猎物身上有一个缺口，便于一口咬住，又不会冒出泡沫。那么，这位园丁在抑制蜗牛的危害方面所起的作用是渺小的。如果那个专门糟蹋菜园的害虫遭到意外，被或多或少砸破了螺壳，无需金步甲动手也会在很短的时间内死去。

为了变换食谱，隔一段时间我就给金步甲供应一块鲜肉。它们会主动过来，很认真地在那里找好位置，将肉切成小块然后吃下去。我给它们一块鼹鼠肉，它们可能根本就没吃过。若不是这只鼹鼠被农民的锄头挖开了肚皮而成为它们的食物，它们是不会吃到这道菜的，否则这道菜也会像毛虫一样早就受到喜爱了。除了鱼肉以外，什么肉它们都爱吃，有一天的主菜是一条沙丁鱼，贪吃的金步甲跑过来，先尝了几口，然后就再也不去碰它了，它们纷纷离去，这种东西实在太陌生。

玻璃罩里有个水槽，一个盛满水的小碗，金步甲常常在饭后来到这里饮水。因为吃了热食感到口渴，也由于吃完蜗牛肉，嘴巴都被粘住了；于是，它们去那里降降火，洗洗嘴唇，洗掉像高帮靴一样黏附在跗节上的黏液，黏液把沙粒粘在跗节上变得很沉重。沐浴之后，它们便回到木板下的小屋，静静地睡大觉。

第十五章 🦗 金步甲的婚俗

众所周知，作为灭杀幼虫和蛞蝓的勇士，金步甲确实无愧于园丁这个光荣称号；它是菜地和花圃的警惕守卫者。如果说我的研究没有什么独到的发现，不能为金步甲那由来已久的美名增添新的光彩，至少我将在以下的研究中，向人们揭示金步甲出乎人们想象的一面。这个凶残的恶魔能把所有不及自己强壮的猎物吞食，而自己也会被吃掉。会被谁吃掉呢？被它的同类和别的昆虫。

我先说说它的两位敌人。狐狸和癞蛤蟆在食物匮乏、找不到可口的食物时，也能将就着吃那些瘦得皮包骨、有怪味的猎物。在专吃垃圾的皮金龟的故事中，我曾经说过狐狸粪便的主要成分是兔毛，以及为什么有时狐狸粪便里会有金步甲的鞘翅。[①]粪便上镶嵌着金色的鳞片，就足以证明狐狸吃了金步甲；尽管这道菜没什么营养，分量也很少，味道怪怪的，但是吃上几只金步甲总还是可以抵抵饥饿。

关于癞蛤蟆，我也有类似的证据。夏天，在荒石园的小径上，我时常会发现一些奇怪的东西。起初我想来想去也想不明白，它们是从哪里来的，这些细细的小黑肠，有小指那么粗，被太阳晒干后很容易碎。我从中发现了一堆蚂蚁头，除了一些细细的爪之外，再没别的东西。这用成千上万个头压成颗粒状的奇怪混合物到底是什么呢？

---

① 见卷八第十七章。——校注

166

我想到了猫头鹰在胃里将营养物质提取之后吐出的一团残渣，但是经过思考我又排除了这个想法；猫头鹰是在夜间活动的，尽管它爱吃昆虫，也不会吃这么小的猎物。吃蚂蚁必须有充裕的时间和耐心，用舌头把蚂蚁一只一只粘起来送入口中。谁是那位食客呢？是不是癞蛤蟆？我想在荒石园里没有别的动物会和这堆蚂蚁有关。实验将会告诉我们谜底。我有一位老相识，可我不知道它住在何处。夜晚巡察时，我们曾好几次相遇，它用金黄色的眼睛看着我，神情严肃地从我身边走过去，忙它自己的事去了。这只癞蛤蟆有一个茶杯垫那么大，它是受到我们全家人尊敬的智者，我们管它叫哲学家。我去问问它知不知道那堆蚂蚁头是哪里来的。

　　我把那只癞蛤蟆关在一个没有食物的钟形罩里，等待它把胖胖的肚子里的食物消化掉。食物消化的时间并不算太长，几天后，囚犯排出了黑色的粪便，是圆柱形的，和我在荒石园里的小径上发现的粪便一模一样，里面也有一堆蚂蚁头。我恢复了哲学家的自由。多亏了它，那个使我困惑的问题才得以解决。我总算弄明白了，癞蛤蟆会捕食大量的蚂蚁，蚂蚁很小，这是事实，但是其优点是容易捕捉到，而且取之不尽。

　　然而，蚂蚁并非癞蛤蟆的首选食品，若能找到更大的猎物，那可是它求之不得的。但它主要靠蚂蚁维生，因为在荒石园里蚂蚁特别多，其他的爬行昆虫却很少。对癞蛤蟆来说，偶然能吃到大一点的猎物就算是美味佳肴了。

　　我在荒石园里拾到的一些粪便，完全可以证明它有时也能吃到美餐。有些粪便里几乎全是金步甲的金色鞘翅，其余那些呈糊状粘着几片金色鞘翅，而主要成分是蚂蚁头的粪便，才是癞蛤蟆的真正标志。可见癞蛤蟆在有机会的时候，也吃金步甲。癞蛤蟆作为守护菜地的卫士，却消灭了另一位和它一样可贵的菜园园丁金步甲。一样对我们有用的东西，却被另一样有用的东西给毁了。这个小小的教训有益于我们克服天真的想法，可别以为它们所做的一切都是为了我们。

更糟糕的是，金步甲这位守护着我们的花园和菜地，密切监视幼虫和蛞蝓犯罪活动的警察，竟然有同类相残的怪癖。一天，在我家门前的梧桐树荫下，一只金步甲匆匆地经过，这位朝圣者是受欢迎的，它将壮大钟形罩里的居民的力量。

我把它拿在手上时才发现，它的鞘翅末端有轻微的损伤。是不是情敌之间争斗的结果？对此我没发现任何线索。它身上可别有严重的损伤，经检查确认它没有受伤可以为我效力后，我才把它放进玻璃屋里，与那25只金步甲做伴。

第二天，我去探望新来的寄宿者，它已经死了。夜晚，那些同监犯向它发起了攻击。由于鞘翅有个缺口没能很好地保护它，它被掏空了肚子。手术做得干净利落，没有支离破碎的痕迹，足、头、前胸全都好好地留在那里，只有肚皮裂了一个大口，内脏被从那里拉出来。我看到的是一个两瓣合抱的鞘翅组成的金色贝壳，就算被掏空了软体组织的牡蛎壳也没有那么干净。

这样的结果令我吃惊，因为我向来十分注意，从不让钟形罩里缺少食物。我将蜗牛、鳃金龟、螳螂、蚯蚓、幼虫，以及其他一些受欢迎的菜肴，换着花样送进食堂，而且供应的数量绰绰有余。我的金步甲们把一位鞘翅受损、易于攻击的同胞给吃了，它们总不能以饥饿作为开脱的理由吧。

在它们那里是否有结果受伤者的生命，掏空即将变质的腹中内脏的习惯呢？昆虫不懂得怜悯，当它们见到一个绝望挣扎的伤残者时，没有一个同类会停下来，没有谁试图去帮助它。在食肉动物那里，情况可能会变得更加可悲。有时过路者会跑向残疾者，是为了安慰它吗？才不是呢，它们不过是想吃掉它。似乎它们认为这样做有道理，吞食它是为了彻底解除残疾给它带来的痛苦。

也有可能是那个鞘翅带缺口的金步甲，用它那部分裸露的臀部去引诱了同伴，同伴们发现这个受伤的同胞身上有块地方可以解剖。但是，如果那只金步甲未受伤，它们之间会相互尊重吗？从种种表现来看，它们之间起初关系和睦，在一起用餐的金步甲从没干过仗，只不过会发生一些从别人嘴上抢食的情况。在木板下长时间的午休期间，它们也从没打过架。25只金步甲半个身子埋在凉爽的土里，安静地消化食物和打瞌睡，彼此相距不远，各自待在自己的浅土窝里。如果我掀开上面的遮板，它们就会醒来，溜出去，就算它们在跑动中相遇也没有相互打斗。

玻璃罩里的气氛一片和平祥和，似乎应该会永远维持下去。当6月天气开始热起来时，我发现一只金步甲死了。它没有被肢解，身体缩成金贝壳状，像掏空的牡蛎壳，和不久前那残疾者被吞食的情景完全一样。我仔细检查了那具残骸，除了肚皮上有个大口子以外，其他地方都保持着原状。那只金步甲被它的同类掏空时是很健康的。

几天后，又有一只金步甲被杀死，同前面那些金步甲的死状一样，护甲毫发无伤。把死者腹部朝下放着，看上去完好无损；把它仰面放着，看起来是个空壳，在那个壳里一点肉质也不剩了。不久后，玻璃罩里又出现了一具被掏空的尸体，以后又接二连三地出现；越来越多的金步甲死去，玻璃罩里的金步甲迅速在减少。如果疯狂的屠杀继续下去，玻璃罩里很快就会什么也没有了。

　　是幸存者在瓜分那些因衰老而死亡的金步甲的尸体呢，还是它们靠牺牲好歹活着的同伴来达到减员的目的呢？要使真相大白并不容易，因为开膛的事情主要发生在夜间。凭着警觉，我终于两次在大白天撞见了解剖过程。

　　6月中旬，一只雌金步甲在摆弄一只雄金步甲；我能根据它微小的体形辨认出雄性。手术开始了，进攻者掀开对方的鞘翅顶角，从背后咬住受害者的腹部末端，它拼死地拉扯，用大颚咬，被咬住的金步甲虽然充满了活力，可它既不自卫，也不还击，只是拼命朝反方向拉。为了挣脱可怕的齿钩，随着拉来拉去的动作，它一会儿前进，一会儿后退，这就是它所做的全部反抗。搏斗持续了一刻钟，突然来了一些过路客，它们停下脚步仿佛自言自语地说："该看我的了！"最后，那只雄金步甲使足力气，挣脱出来逃走了。显然，如果它无法挣脱，就会被凶狠的雌虫剖腹了。

　　几天后，我目睹了相似的场面，而且完满地看到了结局。这次仍然是一只雌虫从背后咬住雄虫，雄虫除了徒劳地试图挣脱之外，没有做任何反抗，任凭雌虫发落。最后它的皮肤撕裂开了，口子越来越大，内脏被拉出来，被那胖妇吞进了肚里。胖妇把头埋在同伴的腹腔里，把腹腔掏得只剩下一个空壳。可怜的受害者足一阵颤抖，表明它的生命已经结束。食尸胖妇并不因此而动情，它继续沿着胸腔尽可能往里挖。那具尸体仅剩下合抱成小吊篮形的鞘翅和没有肢解的身体前部，被挖干了的空壳被丢在了现场。

　　那些金步甲就这样死去，死的总是雄性。我不时地在玻璃罩里发现它们的尸骸，幸存者迟早也一定会这样死去。从6月中旬到8月初，金步甲的总数从最初的25只，减少到只剩下5只雌虫，20只雄虫全部都死了，它们先被开膛，然后彻底被掏空。是谁干的？看样子是雌金步甲。

首先，我有幸看到的两次进攻行动可以证实。两次攻击都是发生在光天化日之下，我看见雌虫钻进雄虫的鞘翅下，剖开雄虫的肚皮，将它吃掉，或者至少想这么干。至于其他的屠杀，即使我没有亲眼看见，但我却有非常有力的证据。我刚才看见了被抓住的金步甲既不反抗也不自卫，它只是竭力想挣脱出来逃走。

如果这仅仅是日常所见的你死我活的打架斗殴，被攻击者显然会转过身来，因为它有能力做到。对于敌人的挑战，它会一把抓住对方，给予回敬，以牙还牙。凭它的力气有可能在搏斗中扭转局势占上风，然而这个愚蠢的家伙却让对方有恃无恐地咬自己的屁股。似乎有一种不可遏制的厌恶感，阻止它反抗，并用大颚去撕咬对方。

这种宽容又使我想到了朗格多克雄蝎子，当婚礼结束时，它任凭自己被新娘咬死，也不使用能够伤害那泼妇的自卫武器毒针。它还使我想到了新婚的雄螳螂，有的已经被咬得只剩下半截身子，还不顾一切地继续自己未完成的工作，任凭自己被一点一点地吃掉也不做任何反抗。这是它们的婚俗，雄性对此无可反抗。

我的金步甲园里的雄虫，从第一个到最后一个全被剖了腹。它们向我们讲述的是同一种习俗，一旦满足了伴侣交配的需要，雄虫就将成为新娘的牺牲品。从4月到8月，每天都有一对对配偶组成，有时只是尝试着在一起，更多的时候是有效的结合。对于这些性欲旺盛的配偶来说，这还远远不够。

金步甲处理爱情的方式可谓快捷。在众目睽睽之下，无需酝酿感情，一只过路的雄虫就扑向它遇到的第一只雌虫，被抱住的一方微微抬了一下头表示同意，于是骑在上面的雄虫开始用触角抽打对方的脖子，交配结束了。刚一完事，双方马上就分手，去吃我为它们供应的蜗牛。然后双方又各自嫁娶，另结良缘。只要有闲着的雄虫，新结成的夫妻照样也将另寻新欢。狂饮之后，便是粗暴地做爱，做爱之后，又是一顿猛吃；对于金步甲而言，这就是生活的全部。

我的动物园中女眷的数量和求爱者的数量不成比例，5只雌性配20只雄性。不过没关系，这里没有争风吃醋的殴斗，大家心平气和地占有，过分地滥用过往的雌性。大家宽宏大量，经过几次尝试也靠碰运气，每一位都能使自己的欲望得到满足。

我那群金步甲的性别比例如果更为合理一些就好了，可是出现这样的情形纯属偶然，我捉到的就是这样一些虫子，根本不由我挑选。我收罗了在附近的石头下找到的所有金步甲，也顾不上是什么性别，因为仅从外表是很难区分的。在玻璃罩里饲养一段后，我知道了腰围粗一些的是雌性。我的昆虫园里性别比例如此不协调，完全是偶然的结果，在自然环境下雄性并不是那么多。

在自由的田野里，同一块石头下面绝不会聚集这么大一群金步甲。金步甲几乎是离群索居，很少见到两三只住在一起，像我玻璃罩里那样的群体实属罕见。这里倒没有出现骚乱，在玻璃屋里有足够的地方让它们散步和进行日常的嬉戏，想独自待着就独自待着，想找个伴就马上能找到。

监禁的生活似乎并没有使它们感到烦闷，频繁地大吃大喝和每天都在反复进行的交配似乎能够证明。自由地生活在野外时，它们也不见得比现在更精神，说不定还不如现在呢，起码食物就没有玻璃罩里这么丰盛。至于舒适的程度，囚犯们生活在正常状态下，完全可以保持它们的习俗。

　　只不过，同类相遇的机会在这里比在野外多得多。也许正因为如此，对雌性来说这是虐待那些自己不再想要的雄性，咬住它们的屁股，掏空它们的内脏的最好机会。由于住得近，捕杀昔日情人的现象变得更为严重。但这并不是新花样，这种习俗不是临时兴起的。

　　交配结束后，一只雌虫在野外与雄性相遇时，会把它当成猎物对待，将它嚼碎以结束婚姻。每次翻开石头我都无缘见到这种场面，不过没关系，在玻璃罩里所看到的景象已经足以使我坚信。金步甲的世界是多么残忍啊！当已婚的胖婆卵巢里受了孕，不再需要助手时，竟把丈夫吞进肚里。它们的生殖法规如此不尊重雄性，竟然这样任意地宰割它们。

　　爱过之后，接着便是同类相食，这种现象是否很普遍？目前，我知道3个最为典型的例子：修女螳螂、朗格多克蝎子和金步甲。将爱人当作猎物的可怕行径，在螽斯家族中没有那么残酷；因为被吞食的是尸体，而不是活生生的螽斯，雌白额螽斯专爱吃死去的丈夫的大腿，绿色蝈蝈儿也有同样的习惯。

　　这种饮食习惯是有原因的，白额螽斯和蝈蝈儿是食肉昆虫，雌性遇上雄性的尸体多多少少都要吃一些，不论它是不是自己从前的情人。猎物就是猎物，情人也不例外。

　　那么对素食昆虫的行为又该如何解释呢？临近产卵期时，雌短翅距螽竟把它的配偶活活咬死，剖开它的肚皮，大吃一顿，直至肠满肚圆。温存的雌蟋蟀突然性情变得乖戾，竟打那位昔日充满激情地为它奏小夜曲的恋人，还将它的翅膀撕破，砸烂它的小提琴，甚至咬了音乐家好几口。由此看来，交配期后雌性对雄性的极度厌恶，也许有一定的普遍性，尤其是在食肉昆虫中。为什么会有这种凶残的习俗？如果我有条件，一定会不失时机地进行一番研究。

8月初，玻璃罩里饲养的金步甲只剩下5只雌虫。自从开始吞食雄性以来，雌金步甲的举止有了极大的改变，食物已引不起它们的食欲，它们不再拥向我供应给它们的剥掉了一半壳的蜗牛，以及它们以前喜爱的胖螳螂和幼虫，而是躲在木板下打瞌睡，很少露面。它们是不是在准备产卵？我每天都去探望，很想看到在简陋的条件下出生的、没有任何呵护的新生幼虫，因为雌金步甲不擅长护理婴儿，这样的情形是可以预见的。

我的期待是徒劳的，那里没有幼虫。10月，天已开始转凉，4只雌金步甲死了，它们是自然死亡。活着的那只金步甲对此并不关心，它拒绝将它们埋葬在它的胃里，这种埋葬方式是专为被活剖了的雄性准备的。它在泥土里蜷缩成一团，尽可能地钻进玻璃罩里贫瘠的泥土深处。当11月来临，万杜山被第一场白雪覆盖时，它在洞穴深处冬眠。从此它可以得到安宁了，它将能够度过冬天，一切似乎都很乐观，要到来年春天它才会产卵。

第十六章 🐝 反吐丽蝇产卵

为了把死尸的污染物清除干净，并让其中的动物质回归生命的宝库，有一大批肉品承包者投入了工作，其中有我们地区常见的反吐丽蝇和灰蝇。谁都熟悉反吐丽蝇，它是一种深蓝色的大苍蝇。它飞到没有封闭严密的碗橱里干坏事，停在我们的玻璃窗上嗡嗡叫，到太阳下取暖让另一批卵成熟。偷吃我们的猎物或从肉店买来的肉食的蛆虫，它的卵是如何产下的？反吐丽蝇有哪些伎俩，我们如何才能防范它？这正是我打算研究的问题。秋天直至严冬到来前的大部分时间里，反吐丽蝇经常飞到我们的家里。但是它在田间

反吐丽蝇

出现得更早，从早春二月开始，我们便能看见非常怕冷的反吐丽蝇贴在朝阳的墙壁上取暖。4月，我看见许多反吐丽蝇在月桂树的花果上，它们在那里交配，吮吸白色小花的甜汁。整个春季它们都在外面度过，在相距不远的泉眼间飞来飞去。当秋季来临，追逐的对象出现时，它便闯入我们的家中，直到天寒地冻时才离开。

这倒正好合我的意，我上了年纪，腿也不灵活了，习惯待在家里；现在我不必跟着我的研究对象东奔西跑了，它们自己会找上门来。此外，我还有一些机警的助手，我的家人都有捉苍蝇的经验。每个人都把刚从玻璃窗上逮到的不安分的来访者苍蝇，用小纸筒装着送给我。

　　我的笼子里反吐丽蝇越来越多。我用一个大金属网罩罩在一个装满沙的罐子上，一个装有蜜的小碗就是它们的食堂，囚犯们休闲时就到这里来用餐。我用儿子从荒石园里打来的小鸟，如燕雀、朱顶雀、麻雀，为它们创造产卵的条件。

　　我刚把一只前天被射杀的朱顶雀端上桌。为了避免混乱，网罩里只放了一只反吐丽蝇。这只反吐丽蝇大腹便便，就要产卵了。果然，一小时后，囚犯被囚禁的冲动情绪平息了下来，它正在繁殖后代。它艰难地迈着蹒跚的步子过来探察那小猎物，从猎物的头部移向尾部，然后又从尾部移向头部。巡回几次之后，它来到小鸟的一只眼睛附近停下来。那只眼眶里的眼球已经凹陷，完全萎缩了。

　　反吐丽蝇的产卵管弯成直角插进鸟喙窝，直插到底部，产卵持续了约半小时，反吐丽蝇一动不动地专注于它的产卵大业。我用放大镜监视正在产卵的丽蝇母亲，我稍微动一下就会惊动它，但我悄悄地待在那里没有引起它的不安，对它来说我算不了什么。

　　反吐丽蝇不是连续不断地一下子把卵产完，而是间隔一段时间产下几袋卵。它几次离开鸟儿来到网纱上休息，两只后足互相搓来搓去，再次产卵之前，它得把产卵管擦干净，磨光。不久它感到腹部胀满了，于是又回到鸟喙窝上的老地方，继续产卵。它断断续续地一会儿到鸟的眼睛附近产卵，一会儿来到网纱上休息，就这样过了两个小时。

　　最后产卵结束了，那只反吐丽蝇没有再回到小鸟身上，说明它已经产完卵了。第二天反吐丽蝇死了。它产下的卵在鸟的喉咙口、舌头底下和软腭上，密密麻麻地贴了一层，数量相当可观，鸟的整个喉咙里都是白白的。我把一根小木棍卡在鸟的两片大颚之间，使鸟喙一直大大张开，方便我看到将要发生的一切。

丽蝇卵孵化需要两天时间。刚诞生的小蛆虫成群地涌动着离开了出生的地方，消失在喉咙的深处。现在想更进一步了解它们的情况也是枉然，不过稍后等到观察条件较为有利时我将会了解到。

　　被侵占的鸟喙开始是关闭着的，自然合拢的大颚就像个酒桶，底部有一个窄槽，最多也只够伸进一根马鬃，卵就是通过这个窄槽输送进去的，反吐丽蝇母亲伸长它那根小型望远镜似的产卵管，将较硬的角质尖端插进槽里，那细细的探针和窄小的入口正好相称。可是，如果鸟喙紧紧地关闭，反吐丽蝇能把卵产在哪里呢？

　　我用一根线把鸟嘴紧紧地捆上，再把另一只反吐丽蝇放在那只口腔里已存放了卵的朱顶雀面前。这一次卵产在了鸟的一只眼睛里，产在眼皮与眼球之间。又过了两天，刚孵化的蛆虫钻进了眼窝深处的肉里。眼睛和喙显然是钻进这只禽鸟身体的主要通道。

　　丽蝇母亲还有其他的产卵通道，那就是伤口。我给一只朱顶雀戴上纸套以阻止喙和眼睛被侵入，然后将这只鸟放进网罩，供给第三只反吐丽蝇产卵。鸟的胸部被铅弹击中过，但是伤口没有流血，外面没有血污，根本就看不出那个致命的伤口。尽管如此，我还是把鸟的羽毛重新整理好，用镊子把毛理顺，从外表看那只鸟是完好无损的。

　　那只反吐丽蝇很快就凑过来。它仔细地从头到尾察看那只鸟儿，用前足的跗节拍拍鸟的胸脯和腹部。这是一种触摸诊断法，根据羽毛的反应，反吐丽蝇就能知道下面有什么。如果说嗅觉能帮上忙，恐怕也是很有限的，因为猎物还没有腐臭味。反吐丽蝇很快就找到了伤口，被铅弹射入的一团羽毛塞住了伤口，伤口上一滴血也没有。反吐丽蝇没有把羽毛扒开就在那里安顿下来，它一动不动地待在那里，肚皮隐在羽毛里，两个小时都没挪窝。我一直好奇地待在那里观看，也丝毫没有妨碍它的工作，使它分心。

当它产完卵后，我取走了它。在鸟的皮肤和伤口上什么也没有发现，我把那团羽毛拔掉，挖到一定的深度时，才看见了产在里面的卵。反吐丽蝇将可伸缩的产卵管伸长，穿过被射入伤口的那团羽毛产下了卵。卵裹在一个卵袋里，约有300枚。如果反吐丽蝇不能从鸟的眼睛进入，而且那只鸟也没有伤口，它还是会产卵，不过反吐丽蝇会犹豫不决，并且精打细算。我把鸟身上的羽毛全拔光，以便进一步弄清情况；我还用纸套把鸟头包起来，阻塞常用的通道。那只即将产卵的反吐丽蝇迈着蹒跚的步子，久久地探查鸟儿的身体。它更喜欢在鸟头上产卵，因而用前跗节在那里叩诊，它知道那里有它需要的洞穴；它同样知道蛆虫很脆弱，无法把那道阻止产卵管进入的奇怪屏障捅破并穿过去。那个纸套让它觉得很可疑，尽管被蒙着的头部很有诱惑力，它仍然没有在套子上产一枚卵，不管它有多么薄。

反吐丽蝇徒劳地绕着这道屏障转也无法找到突破口，它最后决定从别处下手，但不是在胸部、腹部和背部，似乎是因为这些地方的皮肤太硬，而且光线太强。它需要阴暗的藏身处，而且那里的皮肤必须特别细嫩。腋窝和大腿根比较合适，于是它在这两个地方产下了一些卵，可是数量很少，说明腹股沟和腋窝只是在没有更好的选择时，它才会勉强凑合着在那里产卵。

我用一只没有拔过毛而且头部套上纸套的鸟儿，做同样的实验，却没有成功，受到羽毛阻隔的反吐丽蝇无法进入那些隐秘的地带。总之，在去了皮毛的鸟儿身上，或者干脆在一块肉上，反吐丽蝇可以在任何一处产卵，只要是在阴暗处就行，越暗越好。

从以上不同的实验结果，我可以得出这样的结论：反吐丽蝇喜欢寻找露出肉的伤口，或者是口腔黏膜和眼内膜这些没有柔韧皮肤保护的地方产卵，而且它还喜欢黑暗。不久我们将会明白它为什么会有这些偏好。

纸套能够有效地阻止蛆虫侵入眼和口，促使我试着把鸟儿的全身包起来，用一种人造皮把那只鸟包起来，让它像天然皮肤那样打消反吐丽蝇在此产卵的念头。我用花匠用的那种不用胶水粘的小纸袋，把一些朱顶雀分别包起来，它们有的身上有伤，有的完好无损。做纸袋的纸很普通，没什么韧性，用一些普通的报纸就行了。

我把一大批用纸袋套起来的尸体放在实验室的桌上，没有遮掩。随着一天中日照角度的变化，它们时而背阴，时而在强烈的阳光下。那些肉散发的气味将反吐丽蝇吸引到了我那间窗户始终大开的实验室里，我每天都可以看到一些反吐丽蝇在腐臭味的指引下，降落在那些袋子上，它们非常忙碌地搜索，不停地来来往往，可见它们占有这堆尸体的欲望有多么强烈。然而没有一只反吐丽蝇决心在袋子上产卵，它们甚至没有尝试把产卵管插进纸袋的折缝里。产卵期过了，一枚卵也没在极富诱惑力的袋子上留下。考虑到那层薄薄的纸是蛆虫无法穿越的屏障，所有的雌反吐丽蝇都避免在此产卵。我对双翅目昆虫谨慎的做法一点也不感到吃惊，母爱在任何时候都会使母亲们表现出极度的明智。我感到吃惊的是：装着朱顶雀尸体的袋子在没有遮盖的沙地上，放了一年、两年、三年，竟然还在那里。有时我会打开袋子看看里面的情况，只见那些小鸟完好无损，羽毛很整齐、无臭，已经蒸干了水分，它们变得很轻，没有腐烂，成了木乃伊。

我原以为它们会腐烂，像我们在露天地里看到的尸体那样流出脓血。结果相反，那些尸体除了变干、变硬以外，没有别的变化。

是缺少什么条件才使它们没有腐烂呢？很简单，没有双翅目昆虫的干预，蛆虫是尸体腐烂的最主要原因，它们是最好的腐化剂。

从纸袋中我将得到一个有趣的不可忽视的结果。在集市上，尤其是在南方的集市上，野味被毫无遮掩地挂在摊位上，其中包括被一打一打地用绳子吊住鼻孔的云雀、斑鸫、鸫、凤头麦鸡、野鸡、小山鹑。这些秋天迁徙的候鸟被人猎获后拿到集市上兜售，它们日复一日，甚至连续几周暴露在可恶的双翅目昆虫面前。顾客被野味无懈可击的外表所吸引，于是买下它。等回到家，准备烹调时，才发现本来打算用来做美味烤肉的野味已经生了蛆，好可怕呀！赶快把这个可怕的蛆虫窝扔掉吧。

反吐丽蝇是罪魁祸首，谁都知道；但是，不论是零售商、批发商还是猎人，谁也没有认真考虑如何防范它们。为了防止生蛆应该做些什么呢？几乎不用花费什么，将野味分别装进一个纸袋即可。如果在双翅目昆虫到来之前就采取防范措施，任何野味都不会受侵蚀，那么美食家们想把野味存放多久都没问题。

肚子里塞上橄榄和香桃木的科西嘉乌鸫，是一种美味佳肴。在奥朗日的时候，我有时会收到一些用小纸袋包着，层叠摆放在通风的篮子里的乌鸫。这些乌鸫保存得很好，符合烹调的严格要求。我祝贺那位不知名的批发商，是他想到了用纸袋包乌鸫这种聪明的办法。那么，是否将会有人效仿他呢？我对此表示怀疑。

这样的防范措施会遭到严厉的指责，货物包在纸里就看不见了，还怎么招徕顾客，再说顾客也无法知道里面装的是什么商品，以及质量如何。我有一个办法可以让顾客看得见商品，给鸟戴上一顶纸帽。鸟的头部受威胁最严重，那里有喉咙和眼睛，一般只要把头部保护好，就可阻止双翅目昆虫在上面产卵。

我继续从不同的途径来研究反吐丽蝇。我在一个约1米高的白铁桶里装上一块鲜肉，盖子斜盖，留出一条窄缝，最多只能插进一根细针。当诱饵开始散发出气味时，产卵者来了，有时来一个，也有时一下来了好几个，它们是被从细缝里散发出的气味吸引来的，而我几乎没闻到什么气味。

　　它们在那个金属容器上探测了一阵，想寻找一个入口。由于没办法够着那块令人垂涎的肉，它们决定在白铁皮上产卵，就在那条缝的旁边。有时，当窄缝允许它们把产卵管插入时，它们就会将产卵管插入铁桶，将卵产在铁桶上那条窄缝里。不管是产在里面还是外面的卵，都较为规则地排列成一层，白色的卵很显眼。我用纸做的刮刀把卵从铁桶上铲下来。如果是在变质的肉上采集，不会留下任何无法避免的污痕。我就这样得到了用于研究所需要的卵。

　　我刚才看到反吐丽蝇拒绝在纸袋上产卵，尽管里面的朱顶雀散发着腐尸味；现在它却毫不犹豫地把卵产在铁皮上，这是否和支撑物的性质有一定关系呢？我把白铁皮盖拿掉，把一张纸绷紧粘在桶口上，然后用小刀尖在这个新盖子上割开一条缝。这样就行了，产卵者接受了纸盖。

　　使它拿定主意的不单单是它们喜欢的，甚至从没有裂缝的纸袋里也会散发出来的那股气味，而是那条缝，那条能使铁桶外面靠近缝隙处的蛆虫进入铁桶的缝。蛆虫母亲有它的逻辑和合理的预见，它预知自己那些柔弱的蛆虫无法穿过那层有一定阻力的屏障，为自己打开一条道路。因此，尽管有气味的诱惑，只要它没有发现能让新生儿自己钻入的裂口，它就会避免在那里产卵。

　　我想知道障碍物的颜色、亮泽、硬度等特点，是否也会对必须在一定条件下产卵的雌反吐丽蝇产生影响。为了搞清这个问题，我找来一些小的广口瓶，每个瓶子里放一块鲜肉，瓶盖要么是用各种颜色纸做的，要么用漆布，或者是烧酒商用来封酒瓶的德坦纸，那种纸镶着耀眼的金色或铜色花纹。

丽蝇母亲没有在任何一个瓶盖上停下来产卵的意思，但是当我用小刀把瓶盖割开一条细缝时，所有的瓶盖都陆续被反吐丽蝇光顾了，裂缝的附近还撒上了白色种子。障碍物的外观对产卵没什么影响，不管是色泽暗淡还是鲜亮，有亮光的还是彩色的都无所谓，这些细节不重要，重要的是有一条可以让蛆虫进入的通道。

在外面孵化的新生儿，离垂涎的那块肉有一段距离，它却知道怎么才能找到食物。一旦破壳而出，它们就能凭着准确的嗅觉，毫不迟疑地从没有盖严的盖子边上滑下去，或者是钻进用小刀割开的缝里。现在它们进入了它们的乐园，那恶臭的天堂。

它们这么迫不及待地赶来，会不会从墙上摔下来？不会。它们在广口瓶壁上慢慢地爬行，用尖尖的头作支撑，扒住瓶壁，试探着一直往前走。一旦够着那块肉，它们就马上安顿下来。

我更换容器，继续进行研究。我在一个一拃多高的大试管底部安放了一块鲜肉，上面盖着金属网，网眼大约只有两毫米宽，双翅目昆虫无法通过。反吐丽蝇在比视觉灵敏得多的嗅觉指引下，来到了我的容器边。它们热情地飞向罩着不透明套子的试管和裸露的试管，不可见的物质和可见的物质一样能吸引它们。

它们停在瓶口的网纱上，仔细地勘察，但是不知是我的运气不好，还是金属网纱引起了它们的怀疑，我从没见过它们在那里产卵。它们的举动使我心存疑问，我如果想得到答案，必须求助于麻蝇。

雌麻蝇做准备工作时没有那么细致，它们生下的是已经成形的健壮蛆虫，因此它们对蛆虫的体力充满信心，会让我轻易地看到我所希望看到的情景。麻蝇探察完网纱之后，选好一个网眼，将腹部末端插入，并没有因为我在场而感到局促不安，它一连产下了大约12只蛆虫。它们肯定还将多次光顾这里，以一种我不曾见过的规模扩大它们的家庭。

由于新生儿身上有黏液，它们一度黏附在金属网上；接着它们开始蠢动，挣扎着摆脱束缚，跳进一拃多深的深渊里。之后，母亲们便离去了，它们确信自己的孩子有能力克服困难。如果蛆虫掉在那块肉上，自然是再好不过，如果掉在别处，它们也会爬到那块肉上去。

它们单凭闻到的气味就这么自信地跳进不知深浅的深渊，这种自信值得我更进一步研究。雌麻蝇敢让它的孩子从多高的地方跌落下去？我在那个试管上再加一根和瓶颈一般粗的管子，口上没有罩金属网，而是罩着一张纸，纸上有小刀割出的一条窄缝。容器总的高度是65厘米。别担心，对柔软的小蛆虫来说摔下去并不要紧。没几天工夫，试管里就住满了蛆虫，从尾部那带流苏的、像小花瓣般张开闭拢的冠冕状门，我一眼就能认出它们是麻蝇的孩子。我没有看见产卵的母蝇，因为它下蛆时我不在；但是它肯定来过，并看着它的孩子从高处跳下去。试管里的蛆虫就是确凿的证据。

我欣赏蛆虫们的跟斗，为了得到更有说服力的证据，我用另一根管子替代原来那根管子，现在容器的高度为120厘米。管子竖在双翅目昆虫经常光顾且光线较柔和的地方，罩着金属网罩的管口和其他已有了居民或正在准备接待居民的容器，比如试管和广口瓶的开口位于同样的高度。因为担心来访者被那些更容易开发的地点吸引，当反吐丽蝇已经熟悉那个地方之后，我便让那根管子单独竖在那里，不时地有反吐丽蝇和麻蝇停在网纱上，它们试探一下就飞走了。整个春季那根管子一直竖在那里，3个月了还没一点结果，里面根本没有蛆虫。是什么原因？是因为那块肉在深处臭气散发不出来吗？不是，臭味散发出来了，我嗅觉那么迟钝都闻到了。我还把孩子们叫来闻，他们对臭味更敏感。

那么为什么刚才还让蛆虫从很高的地方跌落下去的麻蝇，现在拒绝把孩子从比先前高一倍的圆桶上放下去呢？它们是害怕蛆虫从太高的地方跳下去会摔死吗？没有什么能证明，是管子的高度引起了它们的担心。我从没见过它们考察那根管子，测量它的高度，它们只在罩着网纱的管口上停留过，仅此而已。难道它们能凭冒上来的臭味判断出深渊的深度吗？难道它们凭嗅觉就能判断高度能否接受吗？也许是吧。

然而，尽管有气味的诱惑，麻蝇也没有把蛆虫投入过深的管中。也许它更清楚从蛹壳里出来的成虫长着翅膀，一飞起来就会撞在长管道壁上，它是不是担心它们飞不出来呢？凡事都要考虑将来的需要，这很符合母性的本能。

但是如果深度不超过某个限度，麻蝇新生的蛆虫照样会被扔下去，就像我的实验所证明的那样。这个经验让我想到了一个节省家庭开支，且有实用价值的方法。昆虫的奇迹有时能引发出一些简单实用的方法，这倒是好事。

普通人家的食品柜都像一种大笼子，4个侧面安着铁纱网，上下两面是木头的，顶板上钉着钩子悬挂食物，以防苍蝇叮。为了充分地利用空间，食品往往是随意地搁在层板上。采取了这些措施，是否就能确保食物不被双翅目昆虫和它的蛆虫叮咬呢？根本不能。

人们也许能防范反吐丽蝇，因为它们很少在远离肉块的网纱上产卵，但是防不了麻蝇，它们更加胆大妄为，繁殖更迅速，能把蛆虫从网眼送入，让它们落到食品柜里去。由于它们的蛆虫身体灵活，善于爬行，一旦落入食品橱很容易就能够着放在层板上的食物；只有吊在顶上的食物它们够不着，因为食肉的蛆虫没有爬高的习惯，特别是爬绳索。

人们也常常使用金属纱罩，但罩在食物上的圆拱形纱罩的防蝇作用还不如食品柜，麻蝇不在乎这些，它可以通过网眼把蛆虫投放到它觊觎的肉上面。

那么我们该怎么办呢？很简单，只要把要保存的东西，如斑鸫、山鹑、山鹬等野味一一用纸袋装起来即可，这种方法甚至适用于鲜肉的保鲜。只要有纸袋这个使空气流通的保护层，即使没有网罩，没有食品橱，任何蛆虫都不可能侵入，倒不是纸张有特殊的保鲜作用，而仅仅是因为它形成了一道不可逾越的屏障。反吐丽蝇很谨慎，不会在纸袋上产卵，麻蝇也不会在那里生孩子。因为它们知道，初生的蛆虫无法钻过这层屏障。

用纸对付羊毛制品和皮货的害虫衣蛾幼虫也同样有效，为了驱走这些剪毛毯者和皮货脱毛师，人们通常使用樟脑、樟脑丸、烟叶、薰衣草等气味很浓的香精。不是我有意贬低这些预防措施，我承认，所有这些方法效果都很差，气味的挥发几乎不能阻止衣蛾幼虫的肆虐。

我建议家庭主妇们用规格适当的报纸来代替所有的药品，将要保存的衣物、皮货、法兰绒、毛衣等仔细地叠好，用报纸包起来，把边上折两折，用别针别好。如果包得严实，衣蛾幼虫绝不可能钻进纸套。自从我家里根据我的建议采用了这个方法后，再也没有蒙受以前常有的损失。

我们还是回到双翅目昆虫这个话题上来吧。我把一块肉埋在广口瓶的底部，一指宽厚度的干沙里，瓶口大大敞开，不受任何阻碍的苍蝇将会被臭味吸引来。

不久反吐丽蝇就来访问我的容器了；它进入广口瓶里，然后又走了，不久又回来，它就这么来来去去。它是根据气味在探测那个被埋藏起来看不见的东西。我密切地监视它们，只见它们很忙碌，它们探测沙层，用跗节轻轻地踏一踏，探探虚实。一连两三周，我让来访者自由出入，但是没有一只反吐丽蝇在此产卵。

这情形和我以前从装着鸟的那个袋子所看到的一样。那些反吐丽蝇拒绝在沙子上产卵，看来也是出于同样的原因。那层纸在它们看来是不可穿越的屏障，要穿过沙子就更困难了。粗糙的沙粒会磨破新生儿柔嫩的皮肤，干燥的沙子会吸干它们的水分，使它们无法爬行。以后到了蜕变期，已经老熟的蛆虫将完全有能力挖土，并能够钻进土里，但是刚出生时这样做是很危险的。考虑到种种不便，母亲们不管气味多么有诱惑力，也会克制自己不在那里产卵。经过长久的等待后，我担心它们在我不注意时产下了卵，于是将广口瓶翻了个底朝天，肉里和沙子里既没有蛆虫也没有蛹，绝对一无所有。由于沙子只有一指宽的厚度，我必须采取一些防范措施，变了质的肉可能会有所膨胀，只要那些小鸟露出一点腐肉，苍蝇就会前来繁殖。有时腐肉的渗出液还会浸透一小片沙地，将会满足蛆虫最初的安家需要。如果沙土有1法寸厚，就可以避免这些不利因素，反吐丽蝇、麻蝇等专营死尸的双翅目昆虫都会退避三舍。

为了渲染死亡的恐怖，讲坛上的演说家夸大了坟墓里的啃尸虫的作用，千万别信他们那些凄惨的言辞。化学分解雄辩地解释了我们苦恼的事情，没有必要把死亡想象得那么可怕，坟墓里的啃尸虫是那些思想忧郁苦闷、不敢直面现实的人的臆想。仅仅在几法寸深的地下，死人便可以安静地长眠，绝不会有双翅目昆虫去开发他们。

在地面上，在露天地，死尸被蛆虫啃咬的情况倒是有可能发生的，甚至是必然的。尸体毕竟是尸体，人类的尸体不会比劣等野兽更有价值。双翅目昆虫利用它们的权力，像对待普通的动物尸体那样对待我们。在它们的作坊里，大自然对我们极端无情。在熔炉里，野兽和人，乞丐和贵族，绝对是一回事。在蛆虫面前人人平等，这是真正的平等，也是世界上唯一的平等。

第十七章 🪰 反吐丽蝇的蛆虫

在炎热的季节蛆虫孵化需要两天，它们要么直接在我的容器中的肉上孵化，要么在允许它们进入的窄缝外面孵化。反吐丽蝇的蛆虫立刻开始了工作，从严格意义上说，它们不吃东西，它们不分割食物，不是用咀嚼的方式研磨食物，它们的口器不是派这种用场的。它们的嘴里有两根角质小棍，滑溜溜的平行并排，弯钩形的顶端不是相对着的，如此安排的两根小棍不可能具有抓和咬的功能，喉头的两个爪状钩称为口钩，主要是用于行走而不是用来摄取营养。蛆虫用这两根小棍依次支在路面上，尾部同时收缩便可前进。它那管状的喉头里相当于铁杖的口钩，为它提供支撑并使它可以行进。

蛆虫不仅可以利用喉头的两个口钩在地面爬行，还能轻易地钻进肉里；我看到它们钻进肉里就好像潜入黄油那么轻巧。它们在肉上打洞，但是在所经之处，它们只不过喝几口汤，其他什么也不要；它们不曾撕下过也不曾吞咽过一小块肉，那不是它们的饮食习惯。它们需要的是粥，是清炖肉汤，一种自制的李比希提取液。既然从总体上看消化不过是液化，人们完全有理由说，反吐丽蝇的蛆虫在吞食食物之前先用酶消化食物。

为了治疗胃功能衰弱，药剂师刮下猪和羊的胃黏膜，提取出胃蛋白酶，这是一种消化酶，具有溶化蛋白质特别是肌肉的特性。他们不能刮蛆虫的胃真是太可惜了，否则他们会得到一种疗效更高的药品。食肉的蛆虫也具有发挥特殊作用的蛋白酶，以下的实验将会证明。

我将在沸水中煮熟的蛋白切成小丁放在一个小试管里，在蛋白表面我撒了一些反吐丽蝇的卵，不带任何污秽的卵，它们是被没有盖严的白铁皮桶里的肉引诱来的反吐丽蝇产在铁桶外的卵。我在另一个试管里装进蛋白，但不放卵，用棉球把试管口塞住，两个试管被置于一个阴暗的角落里。

几天后，有新生蛆虫涌动的试管里，出现了一种像水一样透明的液体。如果把试管倒过来，里面什么也不会剩下，蛋白完全消失，变成了液体。而蛆虫已经开始长大，看起来它们在里面很不舒服。由于无法上岸呼吸空气，大部分蛆虫已淹在它们制作的汤液里；另一些比较壮实的爬上了玻璃管壁，一直爬到棉塞上，并终于穿过了棉塞。它们那尖尖的带有口钩的前部，像钉子一样扎在纤维块上。

另一个试管所处的环境条件一样，却没有发生什么明显的变化。煮熟的蛋白仍然保持着不透明的白色，并且还是硬的，放进去时什么样，现在仍然是什么样，最多也只在上面长出了一些霉点。这个初步实验的结果很明确：在反吐丽蝇蛆虫的作用下，煮熟的蛋白变成了液体。人们根据1克蛋白酶所能液化的熟蛋白数量来测定蛋白酶的药效，而且必须将熟蛋白置于60摄氏度的恒温箱中，经常摇动。我那个装着反吐丽蝇卵的试管既没有被晃动，也没有被放在恒温箱中，一切都在静止状态下，在温度变化的条件下发生的。然而，短短几天，煮熟的蛋白质就在蛆虫的作用下，变成了像水一样的液体。

我没观察到引起液化的反应剂，蛆虫吐出的液化剂的剂量应该是微量的，当它们的喉部那两根小棍不停地运动，从嘴里伸出来，收回去，一伸一缩时，蛆虫就一点点吐出了溶剂。伴随着这种活塞似的运动，和一下一下接吻似的动作，溶剂便释放了出来，至少我是这样想的。蛆虫往食物上吐口水，它把什么东西涂在食物上，使它变成粥。要计算出蛆虫吐出的液体的数量，我做不到；我看到了结果，却不知道引起结果的原因。

然而，当我们看到花费那么少却能取得这样的结果，着实令人吃惊。不论是猪的还是羊的蛋白酶，都比不上蛆虫的蛋白酶。我有一瓶蒙彼利埃药学院制作的蛋白酶，我把这种用科学方法提炼的药物撒在煮熟的蛋白上，就像以前我把卵撒在蛋白上那样。我没有按说明用恒温箱，也没加蒸馏水和盐酸这些添加剂，实验完全是按照用蛆虫做实验时那样进行的。

结果完全出乎我的预料，蛋白没有液化，只不过表面有些潮湿，而且潮湿可能是特别容易受潮的蛋白酶潮解的结果。是的，我从前没有说错，如果可行，从蛆虫的胃里提取消化剂对制药厂来说更合算，蛆虫远远胜过了猪和羊。

我还是采用同样的方法，继续实验。我把反吐丽蝇的卵放在实验物上孵化，任蛆虫自由工作。如果只选用羊肉、牛肉和猪肉的瘦肉，它们没有变成液体，而是变成了一种带酒味的棕色稀糊；而肝、肺和脾只能被充分腐蚀，变成半流质，能和水搅在一起，看上去甚至溶解在水中；谷物也不会液化，只能溶解成稀糊。

另外，用脂肪、牛脂、新鲜肥肉、黄油实验，则没有明显的变化，而且，用这些食物喂养的蛆虫很快就死了，根本无法长大，这样的食物不适合它们。为什么呢？看来是因为这些食物无法被蛆虫吐出的溶剂液化。同样普通的蛋白酶也不能腐蚀脂肪，必须靠胰酶才能将它们乳化。蛆虫的溶剂对蛋白质起作用，对脂肪却不起作用，蛆虫吐出的溶剂和高级动物所具有的蛋白酶相似，或者说是相同的。

我还有另一个证明，一般的蛋白酶不能溶解皮肤这种角质，双翅目昆虫的蛋白酶也不能溶解皮肤。我用开了膛的蟋蟀喂养反吐丽蝇的蛆虫就很容易，但如果蟋蟀是完好无损的则办不到，蛆虫不会在蟋蟀美味的肚子上钻洞。它们被皮肤所阻挡，它们的溶剂对皮肤不起作用。我也喂给它们剥了皮的青蛙腿，这个两栖类动物的肉变成了粥，并且消解得只剩下骨头。如果我不把皮剥掉，青蛙腿就会完好地存在于蛆虫之中，那层薄薄的皮就足以保护它们。

蛆虫的溶剂对皮肤不起作用的特点，揭示了为什么反吐丽蝇不能够不加选择地，在被开发的动物身上任何一个部位产卵。它必须选择鼻、眼、喉部的薄黏膜，或者是露出肉的伤口，其他部位即使味道极好，而且位于阴暗处也不适合产卵。如果我不插手，在找不到更合适的位置时，它们也最多决定把卵产在小鸟的腋窝下，或者是腹股沟这些皮肤特别细嫩的部位。凭着母性的预见力，雌反吐丽蝇很清楚唯有那些能变软、能被新生儿的唾液腐蚀的部位，才是最佳选择。未来的神秘变化对它来说已习以为常，尽管它自己以前没有经历过，母性这种来自本能的非凡灵感启迪了它们。

反吐丽蝇在选择产卵地时非常细致，可是它们为孩子们准备食物时，并不在意食物的品质，只要是尸体就行。意大利学者热蒂第一个推翻蛆虫只吃腐败物这个古老而迂腐的观点，他用各种来源不同的肉喂它养的蛆虫。为了使他的证据更有说服力，他扩大了取食的范围，老虎肉、狮子肉、熊肉、豹肉、狐狸肉、狼肉、羊肉、猪肉、马肉、驴肉，以及其他一些由佛罗伦萨那座大动物园提供的肉食。对没有饮食偏见的胃来说，狼和羊实质上是一回事。

作为热蒂这位蛆虫博物学家的远方信徒，我从他不曾考虑过的一个新角度重新研究了这个问题。任何一个高级动物的肉都适合双翅目昆虫家族，如果取低等一些的动物肉，比如鱼、两栖类动物、软体动物、昆虫、多足纲，蛆虫也会接受这些食物吗？特别是能将它们液化吗？我首先想研究这个问题。

我提供给蛆虫一块生鳕鱼的肉。鳕鱼肉是白色的，肉质细腻，半透明，容易被人的胃消化，也一样容易被蛆虫的溶剂所消化。它化成了一种乳白色溶液，像水一样会流动，几乎和煮熟的蛋白液化后差不多。在这种液体中还留有一些坚实的小岛，蛆虫先是长胖了，后来它们失去了依托，有被溶液淹死的危险，它们爬到玻璃管壁上，焦急不安，想离开此地。它们一直爬到塞在瓶口的棉塞上，想穿过棉花逃跑。凭着百折不挠的毅力，尽管有障碍，它们几乎全部都逃了出去。在装着蛋白的试管里，以前我也曾见识过同样的迁徙。尽管菜肴很合它们的口味，它们在长大就是证明；但是当眼看就要被淹死时，蛆虫不再进食，逃了出来。

用其他鱼肉，如鳐鱼和沙丁鱼，或者用雨鲑和青蛙的肌肉喂养时，这些肉只分解成了糊状。蛞蝓、蜈蚣、螳螂剁成的碎块也是如此。

在所有实验中，蛆虫溶剂起的作用和它对畜肉产生的作用一样明显。而且，蛆虫似乎对我异想天开地强加于它们的这些奇怪的食物感到满意；它们在食物中长大，在那里化成了蛹。

因此，这个结论比热蒂想象的更具有普遍意义。任何肉，不管是高等动物的还是低等动物的，都适合于反吐丽蝇安家。兽类和禽鸟的尸体最受欢迎，也许是因为它们的肉多，可以允许反吐丽蝇产大量的卵。也许当得不到更好的食物时，蛆虫也接受其他食物，并没有感到不适。任何动物的尸体，都可以纳入这些尸体开发者的开采范围。

一只雌蝇产多少卵？我曾经说过一窝可产300枚卵，那是一枚一枚累加起来的。一次偶然的机会，我对此有了更进一步的了解。1905年1月的第一周，我们地区骤然出现了短暂的寒潮，气温降至零下几摄氏度，凛冽的北风使橄榄树叶变得枯黄，有人给我送来一只仓鸮，也称钟楼猫头鹰。它被发现时已经死了，躺在地上，就在离我家不远的露天地里。因为我这个动物爱好者的名声在外，人家才把它当成礼物送给我，心想我会为此感到高兴的。

这礼物的确让我喜欢，但是送礼的人肯定猜不出我高兴的原因是什么。这只鸟完好无损，羽毛很整齐，看上去没有一点伤，也许它是冻死的。我非常感激地接受它的原因，也许正是别人拒绝它的原因。它那因死亡而变得暗淡的大眼睛，已经被一层圆圆的白色的卵覆盖住，我认出这是反吐丽蝇的卵；此外，它的鼻孔周围也有一团一团的卵。如果说我想得到一批苍蝇卵，我现在得到的卵之多是前所未有的。

我把鸟的尸体放在罐子里的沙土上，盖上金属网罩，任其自由发展。我放动物的实验室正是我的工作室，几乎和外面一样冷，我以前用来养石蛾幼虫的玻璃水槽里，水结成了一块冰坨。在这么低的气温下，猫头鹰眼睛上的那层卵依然保持着原样，没有变化，没有一点动静，也没有蛆虫蠢动。我等得不耐烦了，便不再去注意那具尸体，还是让未来去认定，寒流是否已灭绝了双翅目昆虫的家庭。

当年3月，那一包包卵消失了，我也不知道它们消失多久了，而且那只鸟似乎是完好的。在朝天的腹部那一面，羽毛仍然排列整齐，保持着新鲜的色泽，我把尸体拿起来，轻得很，干巴巴、硬邦邦的，像一只被夏天的太阳烤干了的旧鞋，没有一点气味，干燥遏制了发臭，再说在这个天寒地冻的季节它从未被动过。但是，猫头鹰与沙子接触的背部却腐烂发臭，一部分骨头裸露出来，肌肉脱落，露出白骨，皮肤已经变成了黑色的皮革，上面有一个个像筛子膜般的小圆孔，无比丑陋，发人深思。

那只背部破烂不堪可悲的猫头鹰首先告诉我们，零下几摄氏度的低温也不会伤害反吐丽蝇的蛆虫。蛆虫毫无困难地冒着凛冽的寒风诞生，它们美美地喝着肉汁，变得又大又肥。它们采用在鸟皮上钻圆孔的方法钻到了地下，它们的蛹现在应该在罐子里的沙土里。

果然不出我所料，蛹埋在沙里，而且不计其数，为了把它们拣出来我不得不使用筛子，如果用镊子夹恐怕永远也拣不完。沙子从筛子的眼里漏掉，蛹留在了上面。一个一个数我可没耐心，我用斗①来量，我用一个我知道容量的顶针来度量大约有多少蛹，我估算的结果大约是900只。

这一家子是一只反吐丽蝇的子孙吗？我乐意接受肯定的回答。严冬季节在我们的住宅里很少见到反吐丽蝇，而且外面寒风肆虐，它们经常外出拉帮结伙一起产卵的可能性极小。

想必是一只发育迟缓的反吐丽蝇，在北风的驱赶下，在猫头鹰的眼睛上，卸下了挤压着卵巢的重负，这次产下的900枚卵也许还不是全部，却证明了双翅目昆虫在使尸体液化中所发挥的作用。

在扔掉那只已经被蛆虫开发过的仓鸮之前，我克制住厌恶感，察看鸟儿的内部。那里简直是一个被面目全非的废墟所包围的坑洼

① 斗：古代容器名，1斗约合12.5升。——校注

地，肌肉和内脏都不见了，变成了糊状并渐渐地被蛆虫销蚀掉，水分蒸发之后到处都变得十分干燥，坚硬代替了泥泞。

我徒劳地用镊子在各个角落里搜寻，一只蛹也没发现。所有的蛆虫都转移了，绝对一个不剩。从第一个到最后一个，它们放弃了使它们柔嫩的皮肤得到温暖的尸体，它们离开了丝绒般柔软的地方，来到粗糙的地面。它们现在真的需要干燥吗？尸体已经够干燥了，那里的水分已完全被吸干。它们是为了御寒和避雨吗？没有一个庇护所能比厚厚的羽绒更适合它们，它们不会对肚皮、胸部以及其他不接触地面的部位造成任何伤害。可是它们却逃走了，看来这里只是越冬的好地方。当蛹期到来时，蛆虫全都离开猫头鹰的尸体这个极佳的居所，钻进了沙土。

它们在尸体的皮肤上钻出一个个小圆洞，然后从这些洞里爬出来。毋庸置疑，这些洞是蛆虫的作品。但是，我们刚才看到产卵者拒绝在任何受到柔韧的皮肤保护的地方产卵，原因是蛋白酶对皮肤不起作用，不能使食物液化，蛆虫也就喝不成肉粥。

而且蛆虫不能或者至少可以说不会，利用喉头的那两根小棍在鸟皮上打洞，然后把皮撕烂，进而得到可液化的瘦肉。这些新生儿力不从心，尤其是它们没有这种意向。但是当它们该钻入地下时，健壮的蛆虫却突然之间开了窍，精通了钻洞方法，它们深知只要持之以恒地破坏，通道就会打开。

它们用行走的口钩当镐头挖呀，抓呀，撕呀，是突然的灵感激发起了本能。它们无师自通，到了采用某种技巧时，自然而然就会做出以前从没有做过的事。成熟的蛆虫为了把自己埋起来，在障碍物上打了眼；以前忙于喝粥的蛆虫，何曾想过用它的蛋白酶和口钩来打洞呢！

　　为什么蛆虫要放弃这副骸骨，放弃这么好的藏身处？为什么要定居在泥土中？作为清理尸体的第一批清洁工，蛆虫以最快的速度将尸体吸干，但是留下了许多无法被化学溶剂腐蚀的残余物。这些残余物也应该清除掉，继双翅目昆虫之后来了一些解剖师，它们重新捡起那具干尸，将皮、肌腱蚕食掉，并把骨头剔得发白。

　　皮蠹是从事这项工作的高手，它们热衷于啃动物的尸骨，迟早都会出现在已经被双翅目昆虫开发过的尸体上。但是，如果苍蝇的蛹在那里，会有什么样的后果呢？爱吃硬物的皮蠹会用大颚去咬那些角质圆桶，轻轻咬上一口就会造成伤害。它不会动蛹壳里的活物，也许那东西让它讨厌。可它好像还是要尝尝那

4

皮蠹

个容器，那个无生命的物质，那么，未来的苍蝇将会因为它的外套破了而送命。同样，在纺织品商店里，皮蠹咬开蚕茧也是为吃那些长着角质硬壳的蛹。

　　蛆虫预料到了危险，在皮蠹到来之前就逃之夭夭。贫乏而没有头脑的蛆虫足智多谋，可是它把智慧藏在哪里呢？它那尖尖的前部称作头都有些勉强，它怎么知道为了保护蛹应该离开那具尸体，为了保护苍蝇不宜埋得太深呢？

　　破壳而出的反吐丽蝇为了从地下钻出来，把头分成活动的两半，鼓着两只大红眼，时而分开，时而靠近，在裂开的额头中间有一个巨大的透明的鼓泡，一鼓一瘪，一鼓一瘪。当额头分成两半时，一只眼被挤向右边，另一只眼被挤向左边，好像它要把颅骨劈开，让里面的东西喷出来似的。当鼓泡鼓起时，头部浑圆，鼓鼓的像个大头钉，然后额头重新合拢，鼓泡缩回去，只能看到一个模模糊糊的吻端。

总之，额头上那个搏动有力的、一次一次从深处跳出来的鼓泡，是反吐丽蝇破土而出的工具，是捣槌，刚出壳的反吐丽蝇用它撞击沙土，使土块崩坍。随着足不停地把土扒到身后，反吐丽蝇便逐渐地升上了地面。

　　采用这种使头部裂开，并一下一下鼓气的方法挖掘很艰苦，而且，这种耗费体力的活偏偏落在刚破壳而出还极度虚弱的反吐丽蝇身上。刚完成羽化的反吐丽蝇脸色苍白，站立不稳，衣冠不整，翅膀还没长好，上面有纵褶，折成一个曲曲拐拐的凹槽，短短的翅膀十分寒酸地盖在背部，灰色的纤毛乱蓬蓬的，看上去可怜巴巴的，一副胆怯的样子。能飞的大翅膀稍迟才能舒展开，目前在穿过障碍时翅膀也许是个累赘。不久反吐丽蝇将会换上庄重的黑底衬着深蓝色的闪光服。

　　反吐丽蝇额头上那个一跳一跳、能震塌土块的鼓泡，在破土而出后一段时期内还能发挥作用。我用镊子夹住刚破土而出的反吐丽蝇的后足，头部那个工具马上启动，它鼓起来，又瘪下去，和刚才在沙土里打洞时运行得一样正常。行动受到束缚的反吐丽蝇就像在地下时那样，用尽全力去与它遇到的唯一障碍做斗争，它用搏动的鼓泡在空气中乱撞，就像以前撞击阻碍它的泥土那样。每当遇到麻烦时，它的唯一对策就是让头部裂开，亮出额头上那个一鼓一瘪的鼓泡。那个搏动的机关在我的镊子尖上运行了约两个小时，中间因疲劳有过几次停顿。

　　慢慢地绝望者的皮肤开始变硬，它展开翅膀，穿上了夹杂着黑色和深蓝色的丧服。这时被挤向两侧的眼睛靠拢回到正常的位置，额头的裂缝闭合起来；额头上那个解救过它的鼓泡已经收缩回去，永远也不会再出现。但是在此之前它必须留心做一件事，用前跗节把那个将要消失的鼓泡精心地刷干净，以免两半头颅合起来时将沙砾永远留在颅内。

蛆虫知道当它变成苍蝇要钻出泥土时，等待它的是什么样的麻烦。它预计到凭借它所拥有的脆弱工具，要回到地面是何等困难，甚至路程稍微长一些都会要它的命，它必须迎接危险，同时又尽力小心地避免危险。凭借喉头那两根铁棒，它能轻松潜入它所需要的深度。要想最大限度地得到安宁，要想得到一个温度不至于太低的居所，就必须尽可能地把洞穴挖得深些，只要条件许可，埋藏得越深对蛆虫和蛹越有利。

蛆虫完全能够把这事干得漂漂亮亮，完全可以自由地凭着灵感行事，可是它却克制自己不那么做。我将蛆虫养在一个很深的罐子里，罐子里装满了又细又干的沙，很容易挖掘。但它们埋藏得总是很浅，大约一掌宽的深度，这已经够深了，大部分蛆虫甚至埋藏在靠近地面的地方。在一层薄薄的沙子下面，蛆虫的皮肤变硬了，活像一口棺材，一只正在蜕变的蛆虫在棺木盒里安眠。几周后，被埋藏的虫子苏醒了，它已改头换面，但很虚弱，只有裂开的额头上那个搏动的鼓泡能帮它钻出沙土。

如果我执意要了解双翅目昆虫能从多深的地下钻出来，我可以轻易地让蛆虫做它避而不做的事情。我把15只冬天找到的反吐丽蝇蛹，放在一个一头封闭的试管里，在蛹身上盖上又细又干的沙，每个试管中盖的沙厚度不同。4月到了，成虫开始羽化。

沙子最少的、只有6厘米厚的那个试管所提供的结果最佳，埋在里面的15只蛹，有14只变成了反吐丽蝇，并轻松地回到了地面，只死了1只，这一只根本没有打算钻出土来。沙厚12厘米的试管里，有4只反吐丽蝇钻出了沙土，沙厚20厘米的试管里，只出来了两只，其他的反吐丽蝇在中途终因精疲力竭而死去了。

最后一个试管中沙层有60厘米厚，我只得到了1只获得自由的反吐丽蝇。为了穿过这样的深度，这只勇敢的反吐丽蝇想必是竭尽了全力，其他14只反吐丽蝇甚至没能掀开它们的棺材盖。我猜想滚动的沙子以及由此产生的向四周类似于液体的压力，是反吐丽蝇挖掘时常遇到的困难。

我又准备了另外两个试管，但是这一次装的是潮湿的土，稍微压实，土就不会再滚动了，除去了压力带来的不利因素。土厚6厘米的试管里埋了15只蛹，结果出来了8只反吐丽蝇；土厚20厘米的试管里只出来了1只，成功率比装沙子的试管要低。我用人为的方法减小了压力，同时却增加了静止的阻力。沙子在额头的撞击下会自动坍塌；而在不会滚动的泥土里则需要挖出一条通道。在反吐丽蝇走过的路线上，我确实发现了一条向上的狭长通道，并无限地延续。反吐丽蝇是用两眼之间那个搏动的临时鼓泡打开的通道。

不论在什么样的土质中，沙子、腐殖土，或随便什么混合土，对反吐丽蝇来说要解脱出来都是很痛苦的事。因此，蛆虫要控制挖掘的深度，它这样做是为了增加安全系数。蛆虫做事谨慎，考虑到将来会遇到的困难，便放弃了挖深洞的打算，尽管在深洞里它能得到一时的享受，但是长远的利益使它不能只顾及当前的利益。

第十八章 🦗 以蛆虫为食的寄生虫

对反吐丽蝇来说，不仅仅在挖掘中会遇到危险，还有其他的危险在等待着它。生物界就像一个个肢解作坊，今天是食客，明天就会被吃掉，死尸的开发者也逃脱不了被开发的下场。我认识一位蛆虫的灭杀者，它就是腐阎虫。它在尸体潮解后形成的沼泽边垂钓小肥肠。绿蝇、灰蝇和反吐丽蝇的蛆虫一起在沼泽里蠢动，腐阎虫将它们拉上岸，不加区别地吞吃掉，对它来说所有的蛆虫都一样；而这样的猎物只有在野外，在强烈的阳光下才能见到。腐阎虫和绿蝇从来不会进入我们的住宅，灰蝇也只是非常谨慎地光顾我们的屋子，在屋里它感到不自在；只有反吐丽蝇来得最勤，它因此摆脱了成为食肥肠者供品的厄运。但是在野外，它乐意把卵产在它遇到的任何一具尸体上，它的蛆虫也和别的苍蝇蛆虫一样，大量地被腐阎虫这个恶魔消化掉了。

此外，我确信，如果发生在它的竞争对手灰蝇身上的不幸也会落在它身上，那会是造成反吐丽蝇家庭成员大批死亡最深重的灾难。至今我还没有机会在反吐丽蝇那里观察到，我将要谈到的发生在灰蝇那里的情况；没关系，关于前者我会毫不犹豫地重述从后者那里观察得到的结果，因为这两种双翅目昆虫的蛆虫非常相似。

现在我们就来看看实验的经过。我刚刚在一个养蛆虫的容器里收集了一大堆灰蝇的蛹，用来观察它那个像火山口一样凹陷、周围有一圈花饰的尾端。我打开一个小酒桶，用小刀尖挑掉尾部的体节，那个角质袋里没有我期望发现的东西，而是装满了层层相叠的蛆虫，像装在广口瓶里的腌鳀鱼那样，挤得紧紧的不留空隙。里面除了变成棕色硬壳的皮肤以外，原来居住于此的蛆虫不见了，我只看见一堆晃动的虫群。

里面有35个占领者，我把它们重新放进它们的箱子里。还有另外一些蛹，也同样被占领了。我将它们放在试管中进行观察，我想知道住在里面的是哪一种寄生虫的幼虫。当然不用等到成虫羽化，根据它们的生存方式，我就能够认出它们是谁。

它们属于小蜂科，是动物肠道的微型害虫。在本卷中我们已经看到过其中一种小侏儒，一小群正在吞食球象的蛹，这个奇怪的象虫为了蜕变，把自己裹在大肠膜似的薄膜气球中。

在不久前的冬季，我从一个大孔雀蛾的蛹壳里掏出3499条同一类寄生虫，未来的蛾已荡然无存，剩下的蛹壳完好无损，形同一个漂亮的俄罗斯皮袋。里面挤满了幼虫，一个个挨得紧紧的，几乎粘在一起。我用镊子把它们一坨一坨夹出来，要费点劲才能把它们一个个分开。整个蛹壳都被占得满满的，消失了的大孔雀蛾，恐怕也不会撑得比现在更满。死者的物质变成了等量的活性物质，不过被分得很细。正是依靠这只已经变成了尚不定型的乳制品的蛹，这群幼虫才得以成长，那巨大的乳房已被它们吸干。

当我们想到这些新生的肉体，一点一点地被四五百个就餐者蚕食时，感到不寒而栗，受刑者遭受的折磨恐怖得令人无法想象。是否真正存在着痛苦呢？我表示怀疑。痛苦是高贵的凭证，它让受难者的身份地位显得更高。在动物界的底层，痛苦应该是微不足道的，甚至可能根本不存在，特别是对于一个正处在变化之中尚未定型的生命。蛋清是有生命的物质，却能一点不带颤抖地忍受针刺。被几百个解剖师分解成一个个细胞的大孔雀蛾蛹不也是一样吗？丽蝇和象虫的蛹难道不是如此？这相当于把一些身体重新熔炼之后变成卵，从中诞生出一个新的生命。因此，有理由相信对它们来说，被分解成碎屑是宽容的做法。

临近8月底，灰蝇蛹壳里的寄生者羽化为成虫出来了。我猜得不错，它们正是小蜂科昆虫。它们从一两个用坚韧的大颚咬出的小圆洞里钻出来。我数了一下，每个蛹壳里大约有30只寄生虫，如果数量再多一些就住不下了。

这些小矮子姿态优美，苗条，可是多么小啊！几乎只有两毫米长。它们身着铜黑色服装，白爪，腹部呈心形，尖尖的，带一点小肉柄，从它们身上根本找不到能在卵体上接种的探针的痕迹。脑袋的宽度略大于长度。

雄虫只有雌虫一半大，而且数量也较少。也许交配是次要的事，稍加节制也不会影响种族的繁衍。然而，在我安顿那群昆虫的试管里，数量稀少的雄虫非常热情地向过往的雌虫献殷勤。只要灰蝇的季节还没结束，外面就有许多事要做；事情紧迫，矮子们急于尽快地充当灭绝者的角色。

寄生虫是怎么侵入灰蝇蛹壳的呢？阴霾总是掩盖着真相，关于侵略者所采用的计策，我有幸得到的那些被侵害的蛹，什么也没有告诉我。我从没有见过小蜂科昆虫开发容器里的蛹。我的注意力不在那里，我根本没有想过去观察它；但是，即使不能直接观察，仅靠逻辑推理大致也能够推断出答案。

首先有一点很清楚，入侵者不可能是穿过坚硬的蛹壳侵入的，靠矮子那点本事，太难以攻克了，它只能将卵输入蛆虫细嫩的皮肤。突然到来的产卵者，仔细观察在脓血沼泽表面蠢动的蛆虫，挑选适合的对象。它停在蛆虫身上，然后从尖尖的腹部末端抽出那根一直藏而不露的短探针。它给病人开刀，在它的肚子上扎一个很细的眼，把卵接种在里面。探针可能要多次插入，要安置30个寄生者就必须如此。

　　总之，蛆虫的皮肤不是有一处针眼，就是有多处针眼，这一切都是当蛆虫在腐肉溶液中游泳时发生的。说到这里，我脑中闪现出了一个问题，一个非常有意义的问题。为了说明这个问题，我必须扯到另一件事情，它看起来和研究的主题毫无关系，实际上却有着紧密的关联。如果没有开场白，后面的事情恐怕会无法理解，我就来段开场白吧。

　　从前我忙于研究朗格多克蝎子的毒液以及它对昆虫的作用。只要蝎子能自由活动，要它将毒针引向受害者的某个部位，控制毒液的释放剂量，是不可能的，而且也十分危险。我希望让我自己选择穿刺部位，而且还希望根据我的意愿改变毒液的剂量，怎么才能做到呢？蝎子不像胡蜂和蜜蜂那样，有一个聚集和储存毒液的球形容器。蝎子尾部的最后一个体节，形似葫芦，头上有一根毒针，毒囊里只有一块发达的肌肉，里面分布着分泌毒液的细管。

　　由于蝎子没有一个储存毒液的圆泡，让我割下来随意使用，我便取下了它尾巴的那个藏有毒针的体节。尾节是从一只已经死去并已晒干了的蝎子身上取下来的，我用一块表蒙玻璃当盆，加上几滴水把体节掰开，放进水里碾碎，让它浸渍24个小时，我就这样得到了准备用于接种的溶液。如果在这只蝎子尾部的葫芦里有毒液，至少表蒙玻璃片里的溶液中也该含一些毒液成分。

　　我的接种工具很简单，就是一根尖头玻璃管。我用嘴吸气时将试液吸入管中，吹气时便将试液推出去。试管的尖头几乎像发丝一样细，我可以根据需要逐渐地加大剂量，两立方毫米是普通的剂量。注射点一般是选择长着角质皮的部位，为了避免把很脆的注射器尖头折断，我先用针在注射点上扎好眼，再从针眼里给受害者注射毒液。我先把注射器的尖头插进针眼，然后吹气，注射一下子就完成了，非常快捷而且特别，适合于进行一些较为精确的研究。我对这个简陋注射器感到满意。

我对取得的结果也很满意。蝎子自己用毒针刺的时候，由于毒液浓度没有表蒙玻璃里盛的试液那么浓，产生的效果和我用注射器注射的效果不一定相同。注射液的毒性更强，被试者痉挛得更厉害，人工提取的毒液浓度超过了天然蝎毒。

我多次反复实验，总是用相同的试剂。毒液被自然风干后，就加几滴水，再风干，再加水，我可以不断地使用，毒性不但没有减弱，反而增强了。接受注射后死亡的昆虫，尸体发生了奇怪的变质现象，我在以前的观察中还从未发现过。因此我想这与真正的蝎毒无关，我用蝎子尾部那个连着毒针的最后一个体节制成的溶液，用蝎子的其他部位也应该能够制成。

我从蝎子身上远离毒囊的地方取下一个体节，碾碎后浸在几滴水中，经过24个小时的浸渍，我得到了一种溶液，效果和先前用带毒针的体节制成的溶液完全相同。

我又用蝎子的螯钳，内部只有肌肉块的螯钳制作溶液，结果仍然没有改变。从蝎子身上的任何部位掰下一块，浸渍以后都能制成毒液，这引起了我极大的兴趣。

西芫菁周身的每个部位，不论是外部还是内部都浸透了糜烂性毒素，但是蝎子根本不同，它的毒液只存在于尾部的小泡里，其他任何地方都不存在。因此我观察到的结果是一种普通存在于任何昆虫体内，哪怕是最没有危险的昆虫身上也会存在的物质引起的。

椰蛀犀金龟

为此我观察了平和的椰蛀犀金龟和葡萄蛀犀金龟。为了确定物质的属性，我没有用研钵把昆虫整个捣烂，而只把晒干的葡萄蛀犀金龟的外壳敲碎，取出胸内组织，或者再取出腿中已经风干了的肉。我也用同样的方法从松树鳃金龟、天牛、花金龟的尸体上提取肌肉组织，然后加一些水，放在表蒙玻璃里浸渍两天，使粉末和可溶性物质溶于液体中。

这一次迈出了一大步，所有的溶液全都一样带剧毒。现在，我开始检验溶液的毒性，我选择的第一个被试者是圣甲虫，凭它的个头和健壮的体格，很合适接受这种实验。我在12只圣甲虫的胸部和腹部，还特别在远离敏感的中枢神经的一条后腿上施行了手术，不管我把溶剂注射在哪个部位，结果几乎相同。

圣甲虫闪电般迅速倒下，仰躺着乱蹬爪子，尤其是前足。如果我让它重新站立，它就像在跳圣圭舞①。圣甲虫低头，拱背，痉挛的足跷了起来，在原地踏步，向前迈进一步，又倒退一步，东倒西歪，完全失去了控制，无法保持平衡，也无法前进。这一切都是由于剧烈的颤抖引起的，颤抖的强度并不比身体健康的动物的力量弱。这是一种深度的损害，像一场风暴打乱了肌肉力量的协调配合。在我所从事的昆虫研究中，作为施刑者我还很少见到如此惨状。如果今天我隐约看到的只是一粒流沙，而有朝一日它能帮助我们踏入知识殿堂，那么我就可以问心无愧了。生命在哪里都一样，

---

① 圣圭舞：指舞蹈病。——译注

不管是食粪虫还是人类，研究昆虫的生命，也就是研究我们自己，也就是逐步去研究不可忽视的发现。这种愿望使我宽恕了自己，我做的研究看似残酷、幼稚，实际上值得高度重视。

12个受难者有的迅速死亡，有的挣扎了几个时辰，也渐渐地全都死了。我将尸体留在露天的沙地里，尽管流动的空气很干燥，但那些尸体没有像因窒息死被作为标本的昆虫那样风干变硬，反倒都变软了，关节变得松软，尸体关节脱了臼，分解成易于分开的活动部件。

我用天牛、松树鳃金龟、大头黑步甲、金步甲做实验，结果也相同。所有的昆虫都先后出现了突然的失常，迅速死亡，关节松弛，迅速腐烂的现象。在一只没有角的遇难者身上，肌肉腐烂的速度快得更加惊人。我看到一只花金龟幼虫被蝎子刺伤，甚至刺了好几针还能坚持，但是，如果我将这种自制的溶液注射到它身上任何一个部位，它就会在很短的时间内死亡。此外，它还会变成深褐色，两天后则变成黑色腐尸。

对蝎毒不太敏感的大孔雀蛾，对注射液的抵抗能力，也并不比圣甲虫和其他昆虫强。我在两只大孔雀蛾的腹部进行了注射，它们一雌一雄，刚开始好像还能忍受，没什么不适，但是很快毒性发挥作用了。它们死的时候可不像圣甲虫那样闹翻了天，而是死得很平静，翅膀轻轻地抖动一下，便安详地升天了，然后从栅栏上跌下来。第二天，那两具尸体软得出奇，腹部的体节脱离开来，轻轻拉一下就裂了。拔掉它们身上的毛，只见原先白色的皮肤已变成了棕色，并且正在变黑，腐烂的速度很快。

也许这是谈论微生物和肉汤培养基的好机会，但我不会利用这机会来做任何事情，在不可见物质和可见物质的界限上，显微镜引起了我的怀疑，它很容易用想象的目镜代替真实的目镜，好意地为理论提供所希望看到的事实。再说，就算找到了微生物，如果确实存在，问题就转移了，而不是被解决了。对于注射引起身体毁灭的问题，是否可以代之以另一个同样隐晦的问题呢？前面所说的微生物是如何导致毁灭的呢？它是如何发挥作用的？其威力何在呢？

我该如何解释刚才所讲述的事实呢？我不想做任何解释，也绝对不会做任何解释，因为我也并不知道。由于想不出更好的办法，我只能在此打两个比方或是隐喻，仅仅是想使我们那探索黑茫茫的未知世界的思想放松一下。

在童年的时候，我们每个人都爱玩推纸牌游戏，纸牌越多越好，纸牌纵向弯成半圆形，我们把它竖立在桌子上，一张一张按一定的间隔排列整齐，排好的一列纸牌弯弯的，而且十分整齐，看起来很好看。这里存在着秩序，这是一切生物存在的条件。

我们只要轻轻地推第一张纸牌，它便会倒下，接着碰倒第二张牌，第二张牌又会碰倒第三张牌，如此连锁反应直到最后一张牌。只用一会儿工夫，纸牌如波浪似的向前倒伏，漂亮的建筑倒塌了，有序被无序代替，我几乎想说被死亡代替。要使纸牌依次倒下，需要什么条件呢？需要一个很小的推动力，这个力与纸牌大片倒伏时产生的力量不成比例。

或者我们用圆底烧瓶加热超饱和的明矾溶液，当溶液沸腾时，塞上一个软木塞，然后让溶液冷却。溶液始终保持着流动的状态，并且是透明的，之所以有流动性，是因为那里有模糊的生命幻影。拔掉软木塞，放进一小块固体明矾，不管多么小，液体会突然重新变成一大块固体并放出热气。这到底是怎么回事？事情是这样的，明矾溶液一旦接触成为引力中心的那块明矾便开始结晶，然后渐渐地从中心向四周扩展，新的固体接融了周围的液体，又引起周围液体的固化。这种推动力来自原子，液体不断地被震动，小小的原子使庞然大物发生变迁。

很自然地，人们可能会认为我用这两个例子和我注射引起的结果进行对比，说明不了什么问题，只是试图让人们模模糊糊地看到些什么。一列纸牌接连倒下，是因为我们用手触动了第一张纸牌，大量的明矾溶液突然变成固体，是受到一块明矾看不见的影响。同样，受试者的死亡和痉挛是由一滴微不足道、看上去无害的液体引发的。

在这可怕的溶液里究竟有什么？首先有水，它本身没有任何作用，只是施动者的载体。如果需要一个说明水无害的证据，这里就有。我把清水注入圣甲虫的任何一条足里，而且剂量比致命的溶液的剂量大，它获得自由后，像平时一样疾步小跑离开了。它站得很稳，重新回到粪球跟前时，它又像接受实验之前一样，热火朝天地滚起粪球来。它对我注射的清水没有什么反应。

表蒙玻璃里的混合液中还含有什么成分呢？里面有尸体的碎屑，主要有风干的肌肉渣。这些物质中一些可溶成分是溶于水中了呢，还是仅仅被碾成了细粉末？我不能肯定，但这并不太重要，反正毒性来自于溶液，绝对是从那里来的。停止了生命的动物质是破坏机体的元凶，死亡分子杀死了活性分子；对于如此脆弱的生命来说，死亡的原子就是一粒沙，它拒绝起支撑作用，从而导致了整个建筑的坍塌。

说到此，请回想一下医生们所熟悉的被称作解剖划伤的可怕事故。一个学解剖的学生由于不熟练，或许也是因为大意，在解剖的时候被手术刀划伤，他的手上出现了一条细微的划痕。这条没有引起人们注意的伤口是被小刀尖划的，如果人们对待它就像对待荆棘或其他东西划出的伤口一样满不在乎，不尽快用强力灭菌药杀菌就会致命。那把解剖刀接触了尸体的肉已被污染，手也一样被污染了。这就足够了，病毒被带入了伤口，如果不及时救治，受伤者就会死亡。死尸杀死了活人，又让我想起那种被称作炭疽蝇的苍蝇，它们那沾染了尸体脓血的口器，会造成极可怕的事故。

总之，我在昆虫身上所做的事，仅相当于解剖刀的划伤和炭疽蝇的叮咬。

炭疽病除了使肉体坏死、变黑之外，还会像蝎毒那样引起痉挛。从痉挛的效果看，蝎子的毒针注入的毒液和我装进注射器的肌肉注射液很相像。于是我不禁自问，从总体的作用来看，那些毒液，难道不也是一种破坏性物质，不是处于不断地新陈代谢的身体中的残渣吗？最终这些物质会成为垃圾。垃圾没有及时被清除，也许是为了储藏起来作为进攻和防御的武器。动物可以用自己的废物武装自己，有时也用排泄物来建造住房。它们什么也没损失，生命的残余物被用作了防御武器。

总之，我的制剂就是肉汁。如果把昆虫的肉换成别的肉，比如牛肉，我是否会得到同样的结果呢？按逻辑推理应该能得到同样的结果。我往几滴水里加了一些很宝贵的烹调原料，我用李比希提取液给6只花金龟注射，其中有4只幼虫、2只成虫。起初受试者还能像平时一样活动，第二天那两只成虫死了，幼虫的抵抗力强些第三天才死。幼虫和成虫都关节松弛，肉体变成了棕色，这是腐烂的标志。因此假如把这种液体注入我们的静脉中，可能也同样会致命。对消化道有益的东西，对循环系统可能是有害的；在这里是毒药，在那里却是食物。

另一种李比希提取液，是一种肉酱，里面有蛆虫液化器在涌动。就算这种提取物的毒性不比我的制剂更强，也具有同样的毒性，所有的受试者，天牛、金龟子、步甲都因发生痉挛而死亡。

兜了一大圈之后，我又回到了出发点灰蝇的蛆虫上。总是浸泡在脓血里的蛆虫，是否也会因注射了那些喂胖了它们的溶液而受到伤害呢？我不敢指望自己亲手来做实验；因为我的工具太简陋，再加上我的手颤颤巍巍的，我担心会在那些幼小脆弱的受试者身上划出太深的伤口，动作稍有不慎就会导致它们死亡。

幸好我有一位能干的合作者，它就是寄生虫小蜂科昆虫，我去向它求助。为了把它的卵安插进蛆虫的体内，它在蛆虫的肚子上钻了一个洞，甚至还要再钻好几个洞呢。洞眼虽然很小，但是周围的病毒是无孔不入的，结果过了一段时间病毒便侵入了洞口，然后发生了什么呢？

来自同一个容器的蛹很多，根据我看到的不同结果，它们被分成不完全相等的三类，一类变成了灰蝇，还有一类被寄生虫替代，其余的大约占三分之一，没有任何结果，当年没有，第二年还是没有。

前两种情况比较正常，幼虫不是长成苍蝇，就是被寄生虫吃掉，第三种情况却是个意外。我打开干枯的蛹壳，发现蛹壳里涂上了一层黑乎乎的东西，那是腐烂发黑的死蛆的残余，蛆虫受到了从小蜂钻的洞眼里侵入的病毒的感染。它们的皮肤虽然已经变成了硬壳，但是太迟了，它们的身体已被感染。

我们看到，浸泡在粥一样的腐尸液中的蛆虫面临着严重的威胁。然而，这个世界需要蛆虫，需要很多很多非常贪吃的蛆虫，尽快地把地面上尸体的污秽物清除干净。林奈告诉我们：三只苍蝇吃一匹死马，像一头狮子吃一匹马一样快。

　　这话一点都不夸张。是的，的确是这样，灰蝇和丽蝇之子办事迅速，一大群蛆虫挤在一堆拱个不停。它们总是在寻找什么，总是在用尖嘴吸吮。在这些拥挤的蛆虫堆里，相互之间擦伤是不可避免的，如果蛆虫也像其他食肉昆虫一样有大颚，有用来切割、撕碎、裁剪的大剪刀，割破的伤口受到周围可怕的浆液的腐蚀，将会造成致命的后果。

　　在可怕的作坊里，蛆虫是怎样得到保护的呢？它们不吃固体物，而是喝汤。它们吐出蛋白酶，先将食物变成粥。由于它们采用的是一种奇特的饮食方法，不需要用那些危险的切割工具和解剖刀。我所知道的或是我想到的，关于环卫局的卫生官员蛆虫的点滴情况，今天就说到这里。

第十九章 🐛 童年的回忆

在几乎和昆虫彼此不分的欢乐的童年时代，我热衷于用山楂树当床，把鳃金龟和花金龟放在一个扎了孔的纸盒里，然后搁在那张床上喂养。我几乎和鸟类一样，无法克制自己对鸟巢、鸟蛋和张着黄色鸟喙的雏鸟的渴望。蘑菇也很早就以丰富多彩的颜色吸引了我。当那个天真的小男孩第一次穿上吊带裤，开始沉迷于难以理解的书籍时，我觉得自己仿佛第一次发现鸟窝和第一次采到蘑菇时那样着迷。我就来说说这些重大的事情吧，老年人总爱回忆过去。

我的好奇心开始苏醒，并且从无意识的朦胧中摆脱出来，多么幸福的时光啊，对你的久远回忆又将我重新带回了那美好的岁月。在阳光下午休的一窝小鹑受到一位路人的惊吓，迅速地四下散开。像漂亮的小绒球似的小鸟各自夺路而逃，消失在荆棘丛中；恢复平静后，随着第一声呼唤，所有的小鸟又都跑回来躲到妈妈的翅膀下。

此情此景唤起了我童年的记忆，往事就好比一群雏鸟，它们被生活中的荆棘粘掉了羽毛。其中有些从灌木中逃出来时头被碰疼了，走路摇摇晃晃；还有些不见了，闷死在荆棘丛的某个角落里；还有些仍然气色很好。然而摆脱了岁月的利爪的记忆中，最富生气的是那些最早发生的事。这些事情在儿时记忆的软蜡膜上留下的印迹，已变成了青铜般永恒不变的记忆。

那一天，我真走运，不仅有一个苹果做点心，而且还有自由活动的时间。我打算到附近那座被我当成世界边缘的小山顶上去看看，山坡上有一排树，它们背对着风，弯腰鞠躬并且不停地摇摆，就像要被连根拔起飞走似的。

从我家的小窗户望去，我不知多少次看到它们在暴风雨中频频点头，不知多少次看见它们被从山坡上滑过的北风卷起的滚滚雪暴撼动而绝望地摇摆。这些饱受蹂躏的树正在山顶上做什么呢？

我对它们柔软的脊背感兴趣，今天它们静静地屹立在蓝天下，明天当云飘过时便会摆动起来。我欣赏它们的冷静，也为它们惊恐不安的样子感到难过。它们是我的朋友，我时时都能见到它们。早晨太阳从淡淡的天幕后升起，放出耀眼的光芒。太阳是从哪里出来的？登上高处，也许我就会知道。

我向山坡上爬去。脚下是被羊群啃得稀稀落落的草地，没有一簇荆棘，否则我的衣服说不定会被挂得尽是口子，回家还得为此承担后果；坡上也没有大岩石，否则攀登时还可能出危险。除了一些稀稀疏疏的扁平大石头之外什么也没有，只要在平坦的道路上一直往前走就行了。但是这里的草地像屋顶一样有斜度，斜坡很长很长，可我的腿却很短，我不时地往上看。我的朋友们，也就是山顶上的树木，看起来并没有靠近。勇敢些，小伙子！坚持往上爬。唉，那是什么从我脚边经过？原来是一只美丽的鸟刚刚从藏身的大石板下飞出来。真幸运，这里有一个用髦毛和细草筑的鸟窝。这是我发现的第一个鸟窝，也是鸟类第一次给我带来欢乐。在鸟窝里有6个蛋，一个挨一个聚在一起很好看，蛋壳蓝得那么好看，就像在天蓝色的颜料中浸过似的。完全陶醉在幸福感之中的我，索性趴在草地上，观察起来。

然而就在这时，雌鸟的嗓子里一边发出塔克塔克的声响，一边惊慌地从一块石头飞到不远处的另一块石头上，我在那个年龄时还不懂得什么是同情，十足是个大笨蛋，我甚至无法理解母亲焦忧不安的心情。我的脑子里盘算着一个计划，那是抓小动物的计划。我想两周后再回到此地，趁鸟飞走之前掏鸟窝。在此之前，先拿走一个鸟蛋，就一个，以证明我有了了不起的发现。我害怕把蛋打破，便把那个脆弱的蛋用一些苔藓垫着放在一只手心里。

童年时没有体验过第一次找到鸟窝时那种狂喜的人们，你们来指责我好了。

我小心翼翼地握着鸟蛋，生怕一脚踩空会把它捏烂。干脆不再向上爬了，改天再去看山上太阳升起处的树木，我走下山坡，在山脚下遇到了边散步边看日课经的牧师。他见我走路时那严肃的模样，就像一个搬运圣物者似的，他发现我的手里藏着什么东西。

"孩子，你手里拿着什么？"牧师问道。

我局促不安地张开手，露出那个躺在苔藓上的蓝色的蛋。

"啊！是'岩生'，"牧师说道，"你是从哪弄来的？"

"山上，一块石头底下。"

在他的连连追问下，我招认了自己的小过失。我很偶然地发现了一个鸟窝，我并不是特意去掏鸟窝的，那里面有6个蛋，我只拿了1个，就是这个，我等着其他的蛋孵化，等到小鸟的翅膀上长出粗羽毛管时，再去掏那个窝。

"我的小朋友，"牧师说道，"你不可以那么做，你不该从母亲那里抢走它的孩子，你应该尊重那个无辜的家庭，你应该让上帝的鸟长大，从鸟窝里飞出来。它们是庄稼的朋友，它们清除庄稼的害虫。如果你想做个乖孩子，以后再别去碰那个鸟窝了！"

我答应了，牧师继续散步去了。我回到家里，那时两颗优良的种子播进了我孩童时荒漠的头脑中，刚才牧师一席威严的话语告诉我，糟蹋鸟窝是一种坏行为。我还不明白鸟如何帮助我们消灭虫子，消灭破坏收成的害虫，但是在我的心灵深处，我已经感到使母亲悲伤是不对的。

"岩生"，牧师看到我找到的这个东西时是这么说的。瞧！我心想，动物也像我们人类一样有名字。是谁给它们起的名字？在牧草上和树林里，我所认识的其他一些东西都叫什么呢？"岩生"是什么意思？

几年过去了，我才知道拉丁语"岩生"是生活在岩石中的意思。当年我正出神地盯着那窝鸟蛋看时，那只鸟的确是从一块岩石飞向另一块岩石。它的家，也就是那个巢，是用突出的大石板做屋顶的。我从一本书中进一步了解到，这种喜欢多石山岗的鸟也叫土坷垃鸟，在耕种季节它从一块泥土飞到另一块泥土上，搜索犁沟里挖出的虫子。后来我又知道普罗旺斯语称它为白尾鸟。这个非常形象的名称让人一听就想到，它突然起飞在休耕田上做特技飞行表演时，展开的尾巴就像白蝴蝶。

如此产生的词汇有一天也将使我能够用它们的真实姓名，与田野这个舞台上成千上万个演员和小径旁千千万万朵小花打招呼。牧师未加任何特别说明，随口说出的那个词，向我展示了一个世界，一个有自己真实名称的草木和动物的世界。还是把整理浩若烟海的词汇的事留到将来去做吧，今天我来回忆一下"岩生"这个词。

我们村子西面的山坡上层层分布的果园里，李子和苹果成熟了，看上去宛如一片鲜果瀑布。鼓突的矮墙围起层层梯田，墙上布满了密密麻麻的地衣和苔藓。在斜坡下有一条小溪，几乎从任何一个地方都能一步横跨到对岸。在水面开阔的地方，有一些半露出水面的平坦石头可供人们踩着过溪，不存在当孩子不见时，母亲们担心孩子跌落深水涡流的焦虑，最深的地方也不会没过膝盖。

亲爱的溪水，你是那么清新，那么明澈，那么安详，此后我见过一些浩瀚的河流，也见过无垠的大海，但在我的记忆中，没有什么能比得上你那涓涓细流，你之所以能在我的心目中有这样的地位，就在于你是第一个在我的头脑中留下印象的神圣诗篇。

一位磨坊主竟然利用这条穿过牧场的欢快溪流，在半山坡上依着坡的斜度开出一条沟渠，使一部分水分流，将溪水引进一个蓄水池，为磨盘提供动力。这个坐落在一条人来人往的小径边的水池，被围墙围了起来。

一天，我骑在一位伙伴的肩膀上，从那堵脏兮兮长着蒴草胡须的围墙高处向里张望，看到的是深不见底的死水，上面漂浮着黏糊糊的绿色种缨。滑腻腻的绿毯露出一些空洞，空洞里一种黑黄色的蜥蜴在懒洋洋地游动，现在我应该称它为蝾螈。那时我觉得它像眼镜蛇和龙的儿子，就是我们夜里睡不着时讲的恐怖故事里的那种怪物。我的妈呀，我可看够了，赶快下去吧。

再往下走一段，水汇成溪流，两岸的赤杨和白蜡树弯下腰，枝叶相互交织，形成了绿荫穹隆。盘根错节的粗根构成了门厅，门厅往里是幽暗的长廊，成了水生动物的藏身所。在隐蔽所的门口，透过树叶缝隙照射下来的光线，形成了椭圆形的光点，不停地晃动。在洞里住着红脖子鳑鱼。我们悄悄往前移动，趴在地上观察。那些喉部鲜红的小鱼多美啊！它们成群结队肩并肩头朝着逆流方向，鳃帮子一鼓一瘪，没完没了地漱口，它们只要轻轻地抖动尾巴，就能在流动的水里保持不动。一片树叶落入了水中，唰！那群鱼消失了。小溪的另一边是一片山毛榉小树林，树干光滑笔直，像柱子似的。在它们伟岸的树冠的枝叶间，小嘴乌鸦呱呱叫着，从翅膀上拔下一些被新羽毛替换下来的旧羽毛。地上铺着一层苔藓，我在柔软的地毯上才走了几步，就发现了一个尚未开放的蘑菇，看起来像随地下蛋的母鸡丢下的一个蛋。这是我采到的第一个蘑菇，我第一次用手拿着蘑菇翻来覆去地看，带着好奇心观察它的构造，正是这种好奇心唤起了我观察的欲望。

不多会儿，我又找到了别的蘑菇。它们的形状不同，大小不一，颜色各异，让我这个新手眼界大开。它们有的像铃铛，有的像灯罩，有的像平底杯，有的长长的像纺锤，有的凹陷像漏斗，也有的圆圆的像半球。我看到一些蘑菇即刻变成了蓝色，还看到一些烂掉的大蘑菇上有虫子在爬。

还有一种蘑菇像梨子，干干的，顶上开了一个圆孔，像一个烟囱，当我用手指尖弹它们的肚子时，从烟囱里冒出一缕烟来。这是我见到的最奇怪的蘑菇，我装了一些在兜里，有空时可以拿来冒烟玩，当里面的烟散发完以后，只剩下一团像火绒的东西。

这片欢快的小树林给我带来了多少乐趣啊！自从第一次发现蘑菇以后，我又去过好几次。就是在那里，在小嘴乌鸦的陪伴下，我获得了关于蘑菇的基本知识。我不知不觉地采了好多蘑菇，然而我的收获物没有被家人采用。被我们称作"布道雷尔"的那种蘑菇，在我家人那里名声很坏，说是吃了它会中毒，母亲将它们从餐桌上清除了。我不明白为什么外表那么可爱的"布道雷尔"，竟会那么险恶，但是最终我还是相信了父母的经验，尽管我冒失地和这种毒物打过交道，却从不曾发生什么意外。

我继续光顾山毛榉树林，最后我把我发现的蘑菇归成三类。第一类最多，这类蘑菇的底部带有环状叶片；第二类底面衬着一层厚垫，带有许多难以看见的洞眼；第三类有颇像猫舌头上的乳突的小尖头。为了便于记忆需要找出规律，我发明了一种分类法。

很久以后，我得到了一些小册子，从书上我得知我归纳的三种类型早就有人知道了，而且还有拉丁语名称，然而，我并未因此而扫兴。这为我提供了最初的法文和拉丁语互译练习的拉丁文名称，使蘑菇变得高贵；教区牧师颂弥撒时所用的那种语言，给蘑菇带来了荣耀，蘑菇在我心目中的形象高大起来。想必它真的重要，才配得上有名字。

这些书还告诉我，那种曾经以冒烟的烟囱引起我兴趣的蘑菇，它叫狼屁。这个名称使我不悦，让人觉得挺粗俗。旁边还有一个更体面的拉丁文名称，"丽高释东"，但也只是一种表面现象，因为有一天我根据拉丁语词根弄清了，原来"丽高释东"正是狼屁的意思，植物志里存在着大量并不总是适宜翻译的名称。古时候遗留下来的东西不如我们今天的那么严谨，植物学常常不顾文明道德，保留了粗鲁直率的表达方式。

对有关蘑菇的知识表现出独特好奇心的美好童年时代，已经离我多么遥远啊！贺拉斯曾感叹，岁月如梭啊！的确如此，岁月在飞快地流逝，特别是当岁月快到尽头时。岁月曾经是欢快的溪流，悠然地穿过柳林，顺着感觉不出的坡面流淌。而今却成了荡涤着无数残骸，奔向深渊的急流。光阴转瞬即逝，还是好好地利用它吧。

当夜幕降临时，樵夫急忙捆好最后几捆柴火。同样，已是风烛残年的我，作为知识森林中一名普通的樵夫，也想着要把粗柴捆整理好。对昆虫的本能所做的研究中，我还有哪些工作要做呢？看起来没有什么大事，充其量也不过剩下几个打开的窗口，窗口朝向的那个世界尚待开发，它值得我们给予充分的关注。

我自童年起就钟爱的蘑菇，将有着更糟的命运。我从未割断过与它们的联系，至今依然如故。我拖着沉重的脚步，在秋日晴朗的下午去看望它们。我总也看不够从红色的欧石楠地毯上冒出来的大脑袋牛肝菌、柱形伞菌和一簇簇红色的珊瑚菌。

塞里昂是我的最后一站，那里的蘑菇争妍斗艳让我眼花缭乱。周围长着繁茂的圣栎、野草莓树和迷迭香的山上遍地都是蘑菇。这几年，那么多的蘑菇使我产生了一个荒诞的计划，我要把那些无法按原样保存在标本集里的蘑菇，画成模拟图收集起来。我开始按照实际的尺寸，把附近山坡上各种各样的蘑菇绘制下来。我不懂水彩画的技法，不过没关系，不曾学过的事，也可以探索着去做，开始做不好，慢慢就会越做越好，与每日爬格子写散文那份费神工作相比，画画肯定能消烦解闷。

最后我终于拥有了几百幅蘑菇图，图画上的蘑菇，大小尺寸和颜色都和自然的一样。我的收藏有一定的价值，如果说在艺术表现手法上有些欠缺，可是它至少具有真实的优点。这些画引来了一些参观者，一到周日就有人前来观赏，来的尽是些乡亲。他们天真地看着这些画，不敢相信不用模子和圆规竟能用手画出这么美丽的图画来。他们一眼就认出了我画的是什么蘑菇，还能叫出它们的俗名，证明我画得很逼真。

然而，这一大摞水彩画，花费了那么多劳动才得来的成果，将会变成什么呢？也许我的家人在最初的一段日子里会将我的这份遗物珍藏起来，但是迟早它会变成累赘，从一个柜子搬到另一个柜子里，从一个阁楼搬到另一个阁楼上，不断被老鼠光顾，粘上污渍。最后，它会落入一个远房外孙的手中，那孩子会将图画裁成方纸用来折纸鸡。这是必然的事。我们抱着幻想以最挚爱的方式爱抚过的东西，最终总是会遭到现实无情的蹂躏。

第二十章 🐜 昆虫与蘑菇

如果这个非常有趣的问题中没有昆虫加入，一味地回忆我与牛肝菌和珊瑚菌结下的不解之缘，就显得不合时宜了。

有很多菌种是可食用的，甚至有一些很出名，还有一些是可怕的毒菌。如果不对那些并非人人可及的植物进行研究，又如何能区别无毒和有毒呢？根据一条人们普遍信奉的规律，凡是被昆虫以及幼虫和蠕虫所接受的菌都可以放心地采用；凡是昆虫不吃的蘑菇千万别去碰。昆虫的健康食品也应该是我们的健康食品，能毒害它们的东西也一样对我们有害。

人们凭着事物表面上存在的逻辑关系，做出了如此的推理，而没有考虑不同动物的胃对不同食物的消化能力。这种信条是否站得住脚呢？这正是我准备研究的。

昆虫，特别是幼虫状态的昆虫，是蘑菇的杰出开发者。昆虫消费者分为两类。一类是真的吃蘑菇，它一点点地咬下蘑菇，咀嚼，嚼烂之后吞下去；另一类是先把食物变成粥然后吸食，就像食肉的蛆虫那样。第一类食客较少，仅仅从我在附近观察到的情况来看，属于咀嚼食物类的昆虫有：四种鞘翅目昆虫以及衣蛾的幼虫，再加上软体动物鼻涕虫，或更确切地说，是棕色外套膜边缘有一条红色花边的小个子蛞蝓。总的来说这类昆虫为数不多，但是十分活跃，侵蚀能力很强，尤其是衣蛾幼虫。

在喜欢吃蘑菇的鞘翅目昆虫中，一种穿着红蓝黑三色搭配的美丽服装的巨须隐翅虫应该排在首位。它靠后部的一根柱子支撑着行

巨须隐翅虫

走，它和它的幼虫一起常常光顾杨树伞菌，它们是吃单一饮食的专家。我经常碰到它们，或在春季，或在秋季，而且总是在杨树伞菌上。

它的选择很有眼光，不愧是个美食家。杨树伞菌是最好的菌种之一，虽然它白得有点可疑，外表常有裂痕，伞盖下的褶皱四周附着红棕色的孢子，显得有些脏。千万不可以貌取人，当然也不可以从外表判断蘑菇的优劣。有些形状漂亮颜色鲜艳的蘑菇恰恰是毒蘑菇，某些外表难看的倒是好蘑菇。

还有两种专吃蘑菇的昆虫身材都很小。一个是闪光隐翅虫，它的头和前胸呈棕色，鞘翅呈黑色，它的幼虫吃带刺多孔菌。这种肥大的蘑菇上长着直毛，侧贴在老桑树的树干上，有时也长在胡桃树和榆树上。另一个是桂皮色的大蚕蛾，它的幼虫专门生长在块菰中。吃蘑菇的鞘翅目昆虫中，最令人感兴趣的是盔球角粪金龟，我在别处已说过它的生活方式①，它那像小鸟歌声般的啾鸣声，还有它为寻找惯食的地下蘑菇而挖的垂直洞穴，它也是块菰的热心爱好者。我曾经从住在洞底的盔球角粪金龟的足间拿走了一块真正的块菰，有榛子那么大，是一种块菌。我试图饲养它，想知道它的幼虫是什么模样。我把它放在一个装满新鲜沙土的罐子里，罩上网罩。由于找不到地下蘑菇和块菰，我用几种较硬的有点像块菰的蘑菇来喂它们，其中有马鞍菌、珊瑚菌、鸡油菌和盘菌，可它全都拒绝了。

我用一种叫作茯苓的植物喂养它，却取得了圆满的成功。这种

_____

① 见卷七第二十五章。——校注

植物常见于松林的浅土层里甚至地表，模样像小马铃薯，我在饲养笼里撒了一把这种食物。夜晚，我几次撞上从洞里出来的盔球角粪金龟，它们在沙土里搜寻，要找一块不太大能拖得动的食物，然后悄悄地

盔球角粪金龟

把它滚到家里去。它把食物留在门口，自己进了家门，像一堵墙似的茯苓太大了，无法塞进家门。第二天，我又发现了那块被啃咬过的食物，但仅仅下面被咬了。

盔球角粪金龟不喜欢在露天的公共场合用餐，它必须单独待在地下室里吃东西。如果它们在地下找不到食物，就会到地面上来寻找。一旦找到合口味的食物，如果塞得进家门，它们就会将食物运到地下室，运不进去就只好把食物留在地洞门口。之后它们不再露面，而是在洞里面啃咬食物的底部。

到目前为止，我只知道它们吃地下菌、块菰和茯苓这些食物。我列举的三种食物证明，盔球角粪金龟不像巨须隐翅虫那样只吃一种食物，它会变化食谱，也许它会不加区别地吃所有的地下菌。

衣蛾幼虫的取食范围更广，它长5.6毫米，身体洁白，头部黑亮，在大部分菌类中都能发现大量聚集的衣蛾幼虫。它们喜欢吃菌柄，因为菌柄吃起来有股说不出的味。它们从菌柄一直向菌盖上扩散。它们通常宿居在牛肝菌、珊瑚菌、乳菇和红菇上，除了个别菌科里的几种菌以外，什么菌它都吃。这种弱小的幼虫是菌类最主要的开采者，它们将在被糟蹋过的蘑菇下，织一个小小的白丝茧，然后羽化为一只微不足道的蛾。

除了蛞蝓以外，还值得一提的是一些贪食的软体动物，个头不算太小的各类蘑菇它们都吃。它们在蘑菇里做一个宽敞的窝，怡然

自得地在里面吃东西。和其他开采者相比，它们的数量不算多，一般离群索居。它们的大颚像一把锋利的刨刀，在蘑菇里掏出一个个大洞，造成的破坏十分明显。

从被啃过的蘑菇上留下的咬痕和掉下的蛀屑，我就能分辨出是哪位食客吃剩的残羹。它们有的在蘑菇里挖出洞壁清晰的隧洞，有的挖沟槽，有的腐蚀内部而外表不露痕迹，有的从事切割。另一类液化蘑菇，靠化学作用腐蚀蘑菇，利用化学反应溶解食物。这些都是双翅目昆虫的蛆虫，是属于蝇科的贱民，种类很多。如果想区别它们，必须用饲养的方法得到成虫，然而，那不但没什么意思，还得浪费很多时间，我还是用蛆虫来称呼它们吧。

为了看到它们工作，我选了撒旦牛肝菌作为开发对象。它是最大的菌种之一，在我家附近随处都可以采到。撒旦牛肝菌的菌盖是白色的，上面好像很脏，菌管口呈鲜艳的橘黄色，菌柄肿胀像鳞茎，并带有美丽的胭脂红脉络。我把一个长得很好的撒旦牛肝菌切成两等份，放在两个并列的深盘子里，一半按原样放在盘里作为对照，另一半的菌管层上放24条从另一个腐烂的牛肝菌上捉来的蛆虫。

受试者当天就发挥了蛆虫溶剂的作用。牛肝菌表面先是变成鲜红色，管状层变成棕色，渗出的液体垂挂在斜面上像黑色钟乳石。很快菌肉受到了侵蚀，不几天就变成一种像沥青油似的糊状，流动性几乎像水那么好。蛆虫在稀糊中涌动，屁股一拱一拱的，尾部的呼吸孔不时地露出液面，完全和以前灰蝇和反吐丽蝇的蛆虫液化尸体时的情形一样。

另一半没有放蛆虫的牛肝菌，依然结结实实，和原来一样，只是由于蒸发作用外表有些干燥。因此，液化是蛆虫的职业，是它的专利。

液化是一种简单的变化过程吗？当人们最初看到在蛆虫的作用下，固体那么快就变成了液体时，会认为是这样。有几种菌，如担子菌的确会自发地液化，变成一种黑色的液体。其中一种还有个很形象的名称——墨盒担子菌，它会自动变成墨水。

有时，液化非常迅速。一天我从菌柄上取下一个漂亮的担子菌，还没等我画完，这个刚采下两个小时的鲜蘑菇就已经不见了，只在桌上留下一摊墨水。只要我稍有延误，时间就不够用，我就会失去一个罕见而又奇怪的宝物。

但我不能由此而认为其他菌类，尤其是牛肝菌也是昙花一现，无法保存的。我用牛肝菌进行实验，牛肝菌十分脍炙人口，备受青睐。我想或许可以从中提取一种可用于烹调的李比希调味素吧。为此，我把牛肝菌切成小块，一部分放在清水里煮，另一部分放在加了小苏打的水里煮，加工过程持续了整整两个小时。牛肝菌肉是无法驯服的，必须用烈性药物来对付它，但是对于我期望得到的结果，不能用这样的药物。长时间在沸水中煮，甚至加小苏打也基本上丝毫无损的牛肝菌，却被蛆虫迅速分解成流质，就像蛆虫把蛋白变成液体一样。在两种情况下，液化都是悄悄地发生的，也许是依靠特殊的蛋白酶的作用；但各自使用的酶可能不同，肉食液化器采用的是一种蛋白酶，牛肝菌液化器采用的是另一种蛋白酶。

盘子里装满了一种黑色的流质，很稀，好似沥青，如果让水分蒸发，稀糊就变成了一个硬块而且易碎，颇像甘草提取物。嵌在这个硬块里的蛆虫和蛹由于无法脱身都死了，化学溶剂给它们带来了厄运。当侵蚀发生在地面时情况则完全不同，滴在地上的液体被地面吸收，蛆虫便因此获得了自由。在我的大碗里，液体不断积聚，当它变成一块固体时便杀死了那些居民。

蛆虫作用于紫色牛肝菌和撒旦牛肝菌，产生的结果也一样，我最终看到的都是一种黑色稀糊。我注意到，这两种菌切割后，特别是压碎后会变成蓝色，而普通牛肝菌切开后肉色始终不变，呈白色，被蛆虫液化后变成的液体呈浅褐色。我用毒蝇菌做实验，它变成了一种好像杏子酱似的粥。我用不同的菌所做的实验，证实了一条规律：所有的菌在蛆虫作用下都变成了糊状，或稠或稀，而且颜色有所不同。

为什么长着红色菌托的紫牛肝菌和撒旦牛肝菌，会变成黑色的稀糊呢？我似乎找到了原因。两者切开后都变成蓝色并夹杂着绿色，颜色变化极明显，稍微有点碰伤，菌盖也好，菌柄或是菌托也好，被碰伤的地方马上会起皱，开始是纯白的，然后变成很漂亮的蓝色。我把它们放在二氧化碳中，不管将它挫伤、压碎，还是磨成浆，蓝色也不会出现。但是从被压碎的牛肝菌中取出一些来，一遇空气，它马上就变成漂亮的蓝色，让人想起某种染色方法。浸渍在石灰、硫酸铁和绿矾溶液中的靛青，将因失去一部分氧而褪色，变得可溶于水，就像它原先以无色液体的形式，存在于尚未加工的木蓝草里时一样，可是如果把一滴这样的液体放在空气中，液体即刻会发生氧化，又成了不溶于水的靛青。

这和牛肝菌迅速变成蓝色的道理是相同的，这些牛肝菌中确实含有可溶解的无色靛蓝吗？如果不是某些特性引起了疑问，我们几乎可以肯定。在空气中暴露得久一些，那些变成蓝色的牛肝菌，不但没能保留住可能是真正的靛蓝标志的蓝色，反而褪色了。尽管如此，这些菌里还是含有一种在空气中易变的颜料。这难道不能认为是牛肝菌被蛆虫液化后发黑的原因吗？其他菌类，例如肉质为白色的普通牛肝菌，被蛆虫液化后就不会变成沥青色。

所有那些切开后变成蓝色的牛肝菌都声名狼藉，书上说它们是危险分子，至少也是可疑分子。用撒旦这个词来称呼其中一种，足以证明我们对它的惧怕。

衣蛾幼虫和蛆虫与我们的看法不同。它们热衷于食用令我们惧怕的那些菌。但奇怪的是，撒旦牛肝菌的狂热爱好者，都拒绝接受一些我们认为特别美味的蘑菇，最有名的如红鹅膏菌，罗马帝国时期的罗马人，古代的美食家，将这种诸神的佳肴称为恺撒伞菌。

在我们食用的各种菌中，它是最漂亮的一种。当它准备掀开干裂的泥土出来时，是一个漂亮的整个被菌托包裹着的卵形小球。后来袋子慢慢地裂开，从星形的洞口能看见一部分漂亮的橘黄色球体，就像一个水煮过的鸡蛋。剥掉外膜，留在囊袋中的伞菌，就像剥去蛋壳的鸡蛋。初生的伞菌就仿佛是一个上端剥去了部分蛋白，露出一点蛋黄的鸡蛋。当地人对此印象深刻，因此称它为"蛋黄"。不久菌盖完全张开，平展开来像一张唱片，它摸起来像绸子一般柔软，看上去比金苹果更绚丽，在玫瑰红色的欧石楠中显得美丽迷人。

可是，蛆虫坚决不吃这种被视为诸神的佳肴的漂亮恺撒伞菌。在频繁的野外观察中，我从未发现过一个被虫咬过的红鹅膏菌。我把蛆虫关在广口瓶里，不提供别的食物，迫使它去吃红鹅膏菌，捣烂了的像果酱似的红鹅膏菌看来照样不受欢迎。当液化完成后，那些蛆虫试图离开，说明这种食物不讨它们的喜欢。软体动物也一样，蛞蝓远不是一个狂热的红鹅膏菌消费者。假如它走过伞菌身边，而且又找不到更好的食物时，才会停下来，尝上一口，并不刻意追求。假如我们非得请昆虫作证，甚至于蛞蝓作证，识别哪些是可食用菌，我们岂不是得错失最好吃的蘑菇？

幼虫不敢吃的漂亮伞菌仍然受到了破坏，不是被幼虫，而是被一种红色的真菌所破坏。这种真菌使蘑菇上出现紫红色的斑点并腐烂，除此之外，我没有见过别的开发红鹅膏菌的昆虫。

另一种菌盖边缘有美丽花纹的鹅膏菌，也是一种精美的食物，几乎和红鹅膏菌一样鲜美。我把它称作小灰菌，通常它的颜色是灰色的。不论是蛆虫还是更胆大的衣蛾幼虫都从不碰它，豹点鹅膏菌、春鹅膏菌和柠檬黄鹅膏菌也同样被拒绝了，这三种鹅膏菌都是毒菌。

总之，不论那些鹅膏菌对我们来说，是美味佳肴还是毒菌，没有一种被蛆虫所接受，只有蛞蝓有时会咬上一口。它们拒绝的理由我不清楚，例如豹点鹅膏菌，人们认为它之所以被拒绝，是因为它含有危害昆虫的生物碱。发人深思的是，为什么没有任何毒性的红鹅膏菌和恺撒鹅膏菌一样被拒绝了，是不是口感欠佳，缺少能引起食欲的辛香料？生的鹅膏菌嚼起来确实没有任何诱人的香味。

带辛辣味的菌又将会告诉我们什么呢？在松林中有一种边缘卷成涡形，长有卷毛的羊乳菌，味道比卡宴的胡椒还辣，它被称为"多米诺绥司"，意思是"引起腹痛的食物"，真是名副其实。要吃这种食物，除非有一个经过特殊加工的特殊胃。然而，蠕虫就有这样的胃，它们吃辛辣的羊乳菌，就像大戟上的幼虫吃可怕的大戟叶那么津津有味。对我们来说，吃这两种东西就像是嚼火炭。

虫子需要怎样的辛香料呢？它们绝不需要调味料。在松林里，还长着另一种美味乳菌，橘红色，形状像漏斗，镶着一圈一圈的纹线，十分美丽，揉搓过的地方会变成灰绿色，也许是与牛肝菌变蓝有关的靛蓝的变种。这种菌没有羊乳菌那种辛辣味，生嚼起来味道可口。然而，温和的乳菌也好，辛辣的乳菌也好，虫子吃得一样起劲。对它们来说，不管是温性的还是带刺激性的，不管是无滋味的还是辣的，都是一回事。

用美味这个词来形容从伤口里淌出血滴的蘑菇，未免太夸张。的确，乳菌是食用菌，但它是一种粗纤维食物，不易消化。我家里拒绝用它来做菜，宁可把它浸在醋里，当醋渍小黄瓜食用。它的实际价值被溢美之词给夸大了。

为了适合虫子的胃口，是否需要某种介于柔软的牛肝菌和坚硬的乳菌之间的中性物？为此我们来采访一下橄榄树伞菌。它是一种漂亮的枣红色菌，它的俗名并不十分恰当，在老橄榄树下这种菌确实常见，但是我也在黄杨树、圣栎树、李子树、柏树、杏树、绣球树等树底下采到过这种菌。看来它所赖以生长的树木的性质并不重要，它与其他菌类最明显的区别是，它会发出磷光。

它的底面，只有那里才会发出一种白色的光，类似于萤火虫的光。它闪闪发光是为了庆祝婚礼和散播孢子。它的发光与化学家的磷无关，而是一种缓慢的燃烧，是一种比正常呼吸更急促有力的呼吸。这种光在不适于呼吸的气体，比如在氮、二氧化碳中会熄灭，在流通的空气中能持续发光；在煮沸的没有空气的水里便不再发光。这种光很微弱，只有在很暗的地方才能感觉到。夜晚，甚至白天，如果预先在小地窖中待过一段时间再看这种伞菌，它发出的奇妙的光犹如一轮明月。

然而虫子会怎么样呢？它们被信号灯所吸引了吗？不，根本没那回事。蛆虫、衣蛾幼虫和蛞蝓从来不碰发光的蘑菇。先别急于用橄榄树伞菌中含有毒性成分这个理由，来解释它们为什么拒绝这种菌。的确，生长在咖里哥宇矮灌木丛多石子的土地上的刺芹伞菌，像橄榄树伞菌一样结实，普罗旺斯人称它为"贝里古洛"，它是最有价值的菌种之一，然而虫子却不吃它。我们当作佳肴的东西，它们却不喜欢。

没必要再继续调查，到处都会得到相同的答案。吃某种蘑菇而不吃其他蘑菇的昆虫，根本无法告诉我们哪种蘑菇能吃，哪种蘑菇危险。昆虫的胃不等于我们的胃，我们认为有毒的蘑菇它认为好吃，而我们认为很好的蘑菇它却认为有毒。那么，如果我们缺乏植物学的知识，大部分人既没时间也没有兴趣获得这方面的知识，采蘑菇时应该遵循怎样的规范呢？这种规范再简单不过。

我住在塞里昂已经30年，还从没有听说过村里有谁吃蘑菇中毒的事。我们这里蘑菇的消费量很大，尤其是在秋天，没有一家不到山上去采蘑菇，珍贵的蘑菇可以补充食品的不足。人们采什么蘑菇呢？样样都采一些。

我多次跑到附近的树林里，翻看采蘑菇的男女们盛蘑菇的篮子，他们自愿给我翻看。我看到了一些真菌学家反感的东西，我常常能找到被列入最危险的蘑菇之列的紫牛肝菌。一天，我批评一位采了紫牛肝菌的男人，他吃惊地看着我说："你说狼面包①是毒药！"他一边说着一边用手指弹着肉乎乎的紫牛肝菌，"得了吧！这是牛精髓，先生，是真正的牛精髓。"他笑我谨小慎微，对我掌握的有关蘑菇的知识很不以为然，他走开了。

在那些篮子里我发现了环状伞菌，蘑菇专家佩尔松②认为这种菌有剧毒。但这也是他们最常食用的一种菌，因为数量多，桑树下尤

---

① 当地人把牛肝菌一律称作狼面包。——译注
② 佩尔松：根据法布尔的介绍这是一位研究真菌的专家，但是查不到关于他的资料。——译注

其多。我在篮子里还发现了危险的诱惑者撒旦牛肝菌、像羊乳菌一样辛辣的带乳菌，还有光头鹅膏菌，它有一个从菌托里绽开的漂亮菌盖，边缘镶有一些粉渣像络蛋白片似的，那股恶心的肥皂味让人对这种象牙色的菌盖产生怀疑。

　　这样无所顾忌地采摘，人们是怎样防止意外发生的呢？在我们村子以及远方的村庄，人们照例要把采来的蘑菇漂一下，放在沸水中煮一下，略加点盐，然后再放在冷水里洗几遍就算处理好了，之后人们按自己的需要将各种菌分开。经过这种方法加工，那些可能有毒的蘑菇也变得无害了，因为先煮沸再漂洗，就能将主要的有害成分去除。

　　我个人的经验证明了这种乡下土法的有效性。我和我的家人经常食用那种被认为毒性很强的环状伞菌，经过沸水的消毒，这道菜只会赢得称赞。经常出现在我家餐桌上的，还有在沸水中煮过的光头鹅膏菌，如果不用这种方法处理，吃这种菌可不是没有危险的。我尝试过紫牛肝菌和撒旦牛肝菌，这种被那位不相信我的谨慎劝告的采菇人美称为牛精髓的菌很普通。我有时也食用豹点鹅膏菌，这种菌在书籍上被说得很糟，却没有产生任何不良的后果。一位当医生的朋友，听我介绍了用沸水煮的处理方法后也想去试一试，他选用了和豹点鹅膏菌一样声名狼藉的柠檬鹅膏菌作为晚餐。一切都很顺利，他没有遇到任何麻烦。我的另一位盲人朋友，就是曾经和我一起品尝罗马美食家的木蠹的那位木匠，吃了橄榄树伞菌，尽管人们认为这种菌非常可怕。这道菜如果够不上美味，至少也是无害的。

　　这些事实证明，先用沸水把蘑菇氽一下，是防止蘑菇中毒的最佳方法。

　　如果说昆虫吃某种蘑菇而拒绝某种蘑菇，丝毫无助于我们的选择，至少乡下人的智慧，长期经验的结晶，教给了我们一种行之有效而又简便的做法。（当蘑菇引诱你去采摘，而你又不完全了解它们是有毒还是无毒时，那么你就把它们放在开水里，好好地煮一下。经放在开水锅里煮过之后，本来可疑的蘑菇现在就可以放心大胆地食用了。）

但是人们会说这是野蛮的烹饪法，用沸水处理会把蘑菇煮成酱的，而且会去掉所有的鲜味。这就大错特错了，蘑菇很耐煮。我曾经说过，当我想从牛肝菌中提取溶液时，却无法使它溶化。在水中长时间浸煮并借助于小苏打，都不能把它变成糊状，而且几乎对它没有丝毫损伤。另外一些很适合做菜的蘑菇也一样耐煮，蘑菇的鲜味也一点没有丧失，香味几乎没有减弱；而且煮过的蘑菇变得更容易消化，这对一种不易消化的菜来说是很重要的。因此，在我家里习惯于把采来的蘑菇放在清水里煮一下，即使是自命不凡的鹅膏菌也不例外。

我是个外行，是个很难受精美的饮食诱惑的野蛮人。我关注的不是美食家，而是吃粗茶淡饭的人，尤其是田间的劳动者。如果能让普罗旺斯人烹调蘑菇的秘诀广为人知，让人们用蘑菇来换换口味，不论多么微不足道，当人们不用学会鉴别蘑菇有无毒性的复杂方法，就能吃到美味的蘑菇时，我想我持之以恒的研究就得到了回报。

第二十一章 🪳 难忘的一课

我带着遗憾告别了蘑菇，关于它还有那么多的问题要解决呢！为什么蛆虫吃撒旦牛肝菌，却蔑视红鹅膏菌？为什么它们认为可口的东西却对我们有害？我们认为精美的食品它们怎么会讨厌呢？在蘑菇里是否有一些特殊成分，一些看上去会随植物种类的不同而变化的生物碱呢？我们能否提炼出这些生物碱，并深入地研究它们的特性？谁知道医学是否能用它来减轻我们的痛苦，就像利用奎宁、吗啡等物质一样呢？

担子菌自发的液化和牛肝菌在蛆虫作用下液化的原因，都有待于思考，这两种现象是不是属于同种性质？担子菌是不是自己利用一种类似于蛆虫蛋白酶的酶进行液化呢？

我想知道是什么可氧化物质，使橄榄树伞菌发出白色的、像满月反射出的柔和光亮。我有兴趣想弄清某些牛肝菌变成蓝色，是不是一种比印染工使用的靛蓝更易变的靛蓝在起作用，美味的乳菇碰伤后会变绿是否也有类似的原因。

如果我有最起码的工具，特别是如果能使逝去的漫长岁月倒流，我真想耐心地做一些化学研究。然而，已经来不及，我的时间不多了。不过，这也无妨，我还是谈论一下化学吧；既然没有更好的办法，我就来回忆一些往事。如果说历史学家时不时要在昆虫史里占一点篇幅，读者将会原谅他，因为老年人总爱回忆青少年时期一些美好的往事。一生中我总共上过两门自然科学课，一门是解剖课，一门是化学课。第一门课是博物学家莫干-唐东教授的，当我们从科西嘉的雷诺索山采集植物归来时，他向我讲解蜗牛的结构。这一课时间虽短却卓有成效，我受到了启蒙。从此，在没有大师指点的情况下，我就能操起解剖刀像模像样地解剖动物的内脏器官了。第二门课是化学课，这次可没有那么幸运。

在我就读的师范学校，科学教育最为薄弱，算术和一些几何学的皮毛知识构成了科学教育的核心，物理几乎被排除在外。学校只大略教一些气象学的特征，如太阴月①、白霜、露水、雪、风；并且有点以乡村常见的物理现象为基本内容。在这方面我们学到的知识相当多，完全能和农民谈论下雨和天晴等气候现象。

博物学没有，植物学也没有讲授，这种高雅的消遣属于漫游的内容；昆虫从未涉及，尽管昆虫的生活习性那么有趣；石头更是无从谈起，尽管从化石这个丰富的档案馆里能受到许多教育。博物学这扇可让人开阔眼界的窗户，通向斑斓世界的窗户，没有向我们敞开，文法扼杀了生命。

化学也根本不受重视，但是化学这个名词我还是知道的。我偶尔读一些化学方面的书，但由于没有实验演示，很难理解。我从书中得知，化学研究的是物质结构变化，即不同的单质的结合与分解。在我的想象中这些该是多么新奇！它对于我来说，就像是巫术，是炼丹术。在我的想象中，化学家工作时手里都拿着一根魔棒，头上戴着尖尖的镶着星星的魔术帽。

有一位名誉教授经常到我们学校来访问，这位大人物不是为转变我这些愚蠢的想法而来的。他在高中教物理和化学，每周两次，从晚上八点到九点，在学校附近一个很大的场所免费上公开课。那

---

① 太阴月：月球绕地球公转的周期，约29.5天。——校注

里原是圣马西亚教堂，如今成了新教的礼拜堂。

如同我想象的那样，教堂的确是巫师招魂的神秘场所。在钟楼顶上，生锈的风信旗发出哀怨的吱嘎吱嘎声。黄昏时分，一些大蝙蝠有的绕着教堂飞来飞去，有的钻进排水管；夜晚，猫头鹰在平台顶上鸣叫。化学家就是在那巨大的窟窿下做实验，他会制造出什么该死的合剂呢？我永远都不会知道吗？

今天他来看我们时并没有戴尖帽，一身平常的装束，不太古怪。他一阵风似的走进我们的教室，那张通红的脸嵌在齐耳高的大立领里，鬓角上垂着几绺棕红色的头发，高高的额头亮亮的像一个久藏的象牙球。他用命令的语调和生硬的手势向两三个学生提问，对待他们的态度有些粗暴，然后他脚跟一转又像来时一样，一阵风似的走了。不，绝不是这位实际上很有才能的人，使我对他所教的东西产生好感。

他的配药房有两扇齐肘高的窗户朝向学校的花园，我经常跑到那里张望，试图凭我那知识贫乏的脑子，琢磨出化学到底是什么。不幸的是我的目光所投入的那间屋子并非一座圣殿，而是一间清洗实验用具的陋室。

挨着墙壁的地方安了一些自来水管和水龙头，墙角有一些木槽，有时蒸汽加热炉里在沸腾，冒出一股蒸汽，里面煮着一种红色的粉末，像砖粉。我得知那里正在熬一种用作染料的茜草根，为了炼成一种更纯更浓的产品。这就是那位大师喜欢从事的研究。

我并不满足于站在那两扇窗口观看，我多么想进去，走得近些，我的这个愿望得到了满足。在学期末，我提前完成了规定的学业，刚刚获得了高中毕业证书。我没什么事做，在毕业之前还剩几周时间。18岁正是充满憧憬的年龄，我是否该在校外度过这些日子呢？不，我要在学校里度过，两年来学校使我得到了一个安静的小窝和饮食的保障，我期待着能在学校得到一个职位。我心甘情愿听凭你的发落，你可以根据你的需要来造就我，只要能学习就行，别的我都不在乎。

校长有一颗金子般的心，他很理解我对学习的渴望，并坚定了我的决心，他打算让我重新与长久被遗忘了的贺拉斯和维吉尔建立联系，这位正直的人精通拉丁语，他将通过让我翻译几段拉丁文，重新燃起那泯灭的火种。

不仅如此，他还提供给我一本双语对照的样本，一边是拉丁语，另一边是希腊语。借助基本上能读懂的第一篇，我再来译第二篇，这样可以扩充我在翻译《伊索寓言》时掌握的词汇，也同样有益于我今后的研究。多么意外的收获啊！住所、饭碗、古诗、学术语言，世间一切幸福美好的事都让我得到了。

我得到的还不止这些，我们的自然科学课老师，不是名誉的，而是名副其实的，他每周两次来给我们讲解比例法和三角定理。他想出一个好主意，让我们以学术节的方式庆祝学期结束。他答应要给我们看氧气，作为这所高中的化学家的同事，他得到许可带我们去那间著名的实验室，并当着我们的面制造他在课堂上讲的氧气。是的，氧气，就是能使一切燃烧的气体，就是明天我们将要看到的东西，我兴奋得一夜都无法入眠。

那是星期四，午饭以后，化学课刚结束，我们就要出发去远足，到安格尔附近那个坐落在海边峭壁上的村子去。我们都穿上了节日和外出时才穿的黑色礼服，戴上了大礼帽。学生总共有三十来个，由一位学监带领，他也和我们一样没见识过老师将要演示给我们看的东西。

　　我激动地跨进实验室的门槛，走进一个有尖拱顶的大殿。在这空荡荡的教堂中连说话都起回声，微弱的光线从饰着树叶和圆花的彩色玻璃上透进来。里面有一排排宽宽的阶梯座位，可容纳几百名听众，对面唱诗班站的地方有个宽大的壁炉台，中间有张被药品腐蚀了的大桌子。在桌子的一端，有一个涂着柏油的箱子，里面包着一层铅，箱子里装满了水。我马上就明白了，那是个储气罐，专门用来收集气体的。

　　老师开始操作了，他拿起一个又长又大的无花果形的玻璃器皿，鼓凸的瓶肚连着一个垂直弯管，他告诉我们这是蒸馏瓶。他用纸做的漏斗把一些像碳粉似的黑色粉末倒进蒸馏瓶，告诉我们这是二氧化锰，里面含有大量的氧气，氧气被压缩和金属化合在一起，我们就是要得到这种气体，一种油状的、能引起剧烈反应的硫酸液体将使氧气释放出来。加入了药粉的蒸馏瓶被置于一个点燃的炉子上，用一根玻璃管将它与放在储气罐的小金属板上装满水的罩子连接起来，现在准备工作全做好了，会产生什么结果呢？我们都焦急地等待温度发挥作用。

　　我的同学们急切地凑到装置的周围，唯恐凑得不够近。有的人在那里瞎忙乎，为能够帮忙做准备工作而感到光荣。他们把倾斜的蒸馏瓶重新摆正，用嘴吹炭火。我不喜欢他们随随便便地摆弄自己不了解的东西，宽厚的老师却不反对。反正我很讨厌好奇地挤来挤去，用肘部顶撞别人的那伙人。他们拼命地挤到第一排，有时干脆像小凶狗一样吵起架来。还是躲开一点好，让他们去忙乎，可看的东西有的是，氧气还在形成之中呢！我便利用这个机会，浏览一下化学家的成套用具。

　　在宽敞的壁炉台下，有一系列奇形怪状的套着铁皮的炉子，有长有短，有高有矮，每个炉子的炉身上都有些小窗户，上面封着烧过的泥团。有个小塔形的炉子是由好几部分重叠而成的，上面有宽宽的耳襻，用手握住耳襻就可以将小塔拆卸下来，圆顶上带有一个铁皮烟囱。炉子里面想必能燃起炼狱之火，不费吹灰之力就能熔化石子。

另一个炉子很低，躺在那里像弯曲的脊背，两端各有一个圆孔，每个圆孔里都伸出一根粗磁管。我想象不出这样的仪器会用来做什么。点金石的研究者想必就有这样的仪器，它们是揭开金属奥秘的刑具。

在层板上排列着玻璃器皿，我看见了大大小小的蒸馏瓶，每一个蒸馏瓶鼓凸的圆肚上都接着弯管。有几个蒸馏瓶的凸肚上除了有一根长管之外，还带有一根短管。瞧，它那么小，别想猜出这个奇怪的器皿的用途。我发现了一些很深的圆锥形带脚玻璃管，我欣赏着一些奇形怪状的瓶子，有的上面有两个或三个狭窄入口，有的是带长长的细管的球形小瓶。好一个奇特的工具啊！

这里有个玻璃柜，里面放着一堆装满药品的小瓶子和广口瓶，瓶子上的标签写着钼酸盐、氯化锑、高锰酸钾，还有许多令我困惑的名称，我在书本上从没遇到过这么讨厌难懂的文字。

突然，只听见嘭的一声，接着是跺脚声、惊叫声和呻吟声。出了什么事？我跑进厅里，原来是蒸馏瓶爆炸了，容器中沸腾的溶液向周围飞溅。对面的墙上污迹斑斑，我的同学们或多或少都受到了波及。有一位最为不幸，爆炸物正好溅到他的脸上和眼睛里，他像地狱里的受难者般号叫。

在一位伤势较轻的同学帮助下，我使劲把伤者拖出去，把他带到水槽边，幸好水槽离得很近，我将他的头按到水龙头下。迅速的冲洗很见效，剧痛减轻了一些，受伤者恢复了意识，他自己继续用水冲洗。

迅速的抢救确实挽救了他的眼睛，滴了医生开的眼药水，一星期后他已完全脱离了危险。幸亏我有先见之明，离得远远的！我独自站在装药品的玻璃柜前，才使我能果断地做出反应。其他人呢，那些由于离化学炸弹太近被溅到的人怎么样了？

我回到厅里，场面并不乐观。老师离得最近，他的衬衣前襟、背心、裤子的上部都被溅得黑乎乎的。溶液冒着烟，具有腐蚀性，他赶紧脱掉一部分危险的衣服。那些穿着最讲究的同学，借给他一些衣裤好让他穿上赶紧回家。

我刚才欣赏过的那些圆锥形玻璃器皿中有一个放在桌上，盛满了氨水。被呛得又咳嗽又流眼泪的人们，纷纷把手绢的一角在氨水里浸湿，用那团湿布一遍又一遍地擦拭，有的擦帽子，有的擦礼服。用氨水可以擦掉可怕的溶液留下的红斑，稍加一些墨水就能恢复衣服的色彩。

那么氧气呢？当然它已不是问题，学术节结束了。不管怎样，这灾难性的一课对我来说非常重要。我进入了那个化学药品室，我瞥见了奇怪的工具。教学最重要的不是老师对所教的内容理解了多少，而是在于激发学生的潜能，激发潜能就像用火种去引爆沉睡的炸药。总有一天，我自己将能得到因意外的不幸而没能得到的氧气；总有一天，没有老师我也能学会化学。

我将学习化学，尽管开头很不顺利，可我还是要学。怎么学呢？边教边学，不过，我永远不会向任何人推荐这种方法。有老师指点和示范的学生多幸福啊！他面前的道路平坦笔直，畅行无阻。而另一种人走的是多石子的小径，他常常失足，他摸索着在那条陌生的路上走着走着，迷失了方向。为了重新找到正确的道路，如果失败没有使他气馁，他只能靠持之以恒，这是不幸的人们唯一的向导。这正是我的命运，我是边学习边教别人，我日复一日地用犁铧在贫瘠的荒原上耕种，然后把收获到的微薄的成熟种子传授给别人。

硫酸盐炸弹事件之后，过了几个月，我被派往卡班特拉担任中学的初级教师。第一年很苦，学生太多我都忙不过来，总之，学生的拉丁语一塌糊涂，他们的书写分好几种进度。第二年学生分成了两半，我有了一名助手。我那些冒冒失失的学生，在吵闹声中抽签，我留下了年纪最大、最能干的学生，其他人将到预备班学习。

从这一天起，事情发生了变化，我不再按固定的教学计划上课。在这幸福的时刻，教师的善良愿望得到了一定的发挥，不受像机器那样规则运行的学校校规的束缚，我凭自己的愿望行事，但是怎样才能使这所学校无愧于高等初级学校的称号呢？

当然，我要把化学课列入课表。我读了不少书，觉得让学生掌握一些使农田肥沃的知识倒不坏。我的学生中有许多来自农村，他们将来还要回去开垦他们的土地，就教他们土壤是由什么构成的，庄稼吸收什么养料。其他人将从事工业，他们将成为鞣革工、金属铸造工、三十六行中的烧酒酿制者、肥皂商和鳗鱼桶零售商，那就教他们腌制、制皂、蒸馏、使用鞣酸和铸造金属吧！

这些东西我当然不懂；但是我可以学，因为我必须把这些教给别人，教给那些对老师的结结巴巴不留情面的聪明人。

正好那所学校有一个小实验室，小得不能再小。那里有1个储气罐、12个球形瓶、几根试管和很少的几种药品。如果我能拥有它，那多好啊！然而，那里是最神圣的地方，是留给学哲学的学生的，除了老师和准备文学业士文凭的学生之外，任何人不得入内。我这个外行竟想进这方圣地，是不合适的，它的主人是不会容许的。我很清楚，一个初等文化程度的人岂敢随随便便地踏入高等文化的领地。我也可以不到那里去，只要人家借给我工具就行了。

我向主管这些财产的负责人汇报了我的计划。那时，一个几乎不懂科学，只懂拉丁文的人不太受尊重，他不明白我提出这个要求的目的是什么。我谦恭地一再请求，努力使自己得到理解。我谨慎地点明了问题的关键，我的学生很多，比学校里任何一个班的人都多，他们吃黄油以及蔬菜，那是中学校长最操心的事。这群人，我们应该去满足他们，吸引他们，尽量地提高他们。只要多给几盘汤，就能使我得到一次成功的机会，我的要求被接受了。科学啊，你多么不幸！为了把你介绍给没有得到过西塞罗和狄摩西尼①的精髓滋养的普通人，我使用了多少外交辞令啊！

我得到许可，每周可动用一次仪器。为了实现我那雄心勃勃的计划，这些仪器是必不可少的。我们从二楼存放科学仪器那神圣而隐蔽的场所，将仪器搬到我上课的那个地窖般的教室里，最重的是那个罐子，要先把它倒空才能搬动，用完之后再重新装满水。有一位走读生是我的热心追随者，他匆匆吃完午饭，上课前两小时便来帮我的忙，就靠我们两个人来搬家。做这次实验的目的是得到氧气，这种气体以前使我的希望突然破灭了。

我凭着参考书，从容不迫地制订实验方案，想好先做什么，后做什么，用这种方法还是用那种方法，最主要还是考虑防止危险发生；因为我必须用硫酸热处理二氧化锰，弄不好它会让我们变成瞎

---

① 西塞罗（前106—前43）：古罗马政治家、雄辩家和哲学家。 狄摩西尼（前384—前322）：古希腊雄辩家、民主派政治家。——译注

子。各种担心使我想起了我以前的同学，像炼狱中的受难者般号叫的情景。啊！还是试试看吧，机遇总是喜欢勇敢者。为谨慎起见，除了我之外谁都不得靠近那张桌子，万一发生事故，也只会伤着我一人；而且，为了认识氧气就算皮肤被烧伤一点也值得。

两点的铃声响了，学生们进了教室。我故意夸大了可能会发生的危险，叫他们每个人都坐到自己的长凳上，不得走动。大家都照我说的做了，我可以放手干了。我身边除了站在一旁准备帮忙的那位追随者之外没有别人，时候到了，大家注视着这令人敬畏的未知事物，安静极了。

不一会儿，罩子里的水面上冒起了气泡，发出咕噜咕噜的声音。这就是我要的气体吗？我的心激动地怦怦跳，我真的第一次就能毫无困难地获得成功吗？我们来瞧瞧吧，我把一根刚熄灭、烛芯还有一点红的蜡烛，用一根铁丝吊着放进一个盛满我的产品的试管。棒极了！蜡烛带着一声很小的爆炸声又燃起来，火焰特别亮。这真的是氧气。

这是个庄严的时刻，我的观众欣喜万分，我也一样。我是为取得的成功，而不是为那支蜡烛重新燃烧而欣喜。我的脸上泛起一阵阵虚荣的红光，感到热血在血管里奔涌，但我克制着不让内心的情感流露出分毫。在学生们的眼中，老师对所教的东西应该是习以为常的，如果我让这些调皮鬼看出我的惊喜，如果他们知道了我本人也是第一次做这种奇妙的实验，他们会怎么看我啊！我会失去他们的信任，那将有失我的身份，岂不等于把自己降低到了学生的地位。挺起胸来，继续下去，做出一副对化学驾轻就熟的样子。接下来，我又用一条像开瓶器一样盘卷的旧手表发条，上面粘上一块火绒，靠这个简易引芯，那条钢带应该能在装满气体的广口瓶里燃起来，它的确在里面燃烧起来，变成了灿烂的烟火，伴随着噼啪声、四射的光芒和铁锈色的烟雾，在瓶子里撒了一层粉。从燃烧的螺旋钢带的一端，不时地滴下一滴红色的溶液，溶液颤动着穿过留在瓶底的水层，嵌入玻璃，玻璃突然变软了。

无法控制的火热的金属泪滴令人毛骨悚然，学生们跺脚，惊叫，拍巴掌，那些胆小的学生用手捂住脸，只敢透过手指缝观看。课堂上的观众大喜，我凭着自己的能力取得了胜利，嘿！我的朋友们，化学很美妙吧？

对我们中的每一个人来说，这是一生中值得用一颗白色卵石记录下来的幸运日子。一些讲实惠的人做成了几笔生意，赚到了钱，便骄傲地昂起首。而沉思者，获得了思想，他们在现实这本大账户上得到了一笔新收入，他们静静地享受着神圣的真理带来的喜悦。

对我来说，最值得记住的日子之一，就是我第一次和氧气打交道的那一天。那天，下了课，所有仪器被送回原处后，我仿佛觉得自己长高了。作为一个无师自通的操作者，我刚才非常成功地制造了两个小时前我还只能想象的氧气。没出任何事故，甚至没有留下一点被硫酸腐蚀的痕迹。圣马西亚教堂里的那堂课可悲的结局，让我以为这个实验很难很危险，可实际上并不像我想象的那么难，那么危险，只要眼尖一点，谨慎一些，我完全可以继续进行。想到这些，我感到很高兴。

接下来，我想做氢气实验，我一边读书一边认真思考。在肉眼看到氢气之前，我的思想之眼已不止一次看到了它。我使燃烧的氢气在一根因受热而流淌着水滴的玻璃管里唱歌，使那些傻头傻脑的学生们兴高采烈。我用混合物的爆鸣声把他们吓得跳了起来。

后来的课都上得一样成功，我们领略了磷的壮美、氯气的猛烈、硫的恶臭、碳的变化，等等，总之，在这一年里，几种主要的金属及其化合物都在课堂上一一受到了检阅。

事情传开了，一些新生被学校的新鲜事所吸引来听我的课。食堂里得再多添几套餐具了，操心肥肉炖豌豆多于化学的校长，为寄宿生的增加而夸奖了我一番。第一炮已经打响，剩下的事只需时间和不屈不挠的毅力。

第二十二章 🪲 工业化学

当我从朝向荒石园的矮窗户瞧着作坊里正冒着热气的茜草罐时，当我在那个教堂里第一次也是最后一次听化学课，目睹差点毁了我们容貌的硫酸盐爆炸时，我何曾想到过我自己将会在这个拱顶下扮演的角色啊！若是预言宣告我有朝一日将代替那位老师，我那时是不会相信的，是时间为我们安排了这么些意想不到的事。如果有什么东西能震撼它，连房子也会经历意想不到的变化。原则上说，圣马西亚的那个建筑物曾是座教堂，如今成了礼拜堂。以前人们在那里用拉丁语祷告，现在都用法语。在此期间，有几年时间它用于科学，用于驱除黑暗的美好祈祷，未来会使它成为什么样呢？像城市里的其他教堂一样，这座发出叮叮当当声的教堂，会不会像拉伯雷所说的那样将成为煤炭店、废铁商或车把式的车库呢？谁会知道呢？房产有它们的用途，其用途与我们人的命运一样难以预料。

当我用它作为市政课实验室时，这个大殿仍然保持着我那次访问时的样子，我那次访问短暂而糟糕。在右边的墙上散布着刺眼的黑色斑点，就好像有个疯子抓起一个墨水瓶扔到墙上，瓶子砸碎时溅上的污点，我一眼就认出这是以前从那个蒸馏瓶里飞溅出来的腐蚀性溶液。自那遥远的时候到现在，人们却没有想到过刷层石灰粉把这些斑点掩盖掉。这也好，这些斑点将是给我的最好忠告。每堂课这些斑点都在我的眼前，不断地对我说要谨慎小心。

尽管化学具有种种诱惑力，它还是没能让我忘记一项我思慕已久的、更符合我的志趣的计划，我想到一所大学去教博物学。一天，有位督学到我们学校来听我的课，然而，他可不是来给我鼓气的。我的同事们私下里都管他叫鳄鱼，也许他在巡视时训了他们。尽管他的方式有些粗暴，可从本质上说他是个了不起的人。他提的一条意见对我以后的研究产生了很大的影响。

这一天，他独自一人，意外地出现在我训练学生画几何图形的教室里。在那个时候，为了弥补我那点微薄的收入，好歹维持我那一大家子一年的生活费用，我在校内和校外兼任了许多职务。在公立中学上完两小时的物理课、化学课或博物学课之后，另外还开了两节课专门教学生如何画几何图，如何画测量平面图，如何根据弧线的一般定律画一条任意的弧线。我们将这门课叫作制图课。

这位令人畏惧的大人物擅自闯入，并没有使我感到特别紧张。12点的钟声响了，学生们离开了教室，然后我和督学一起单独走出教室。我知道他是几何学家，一条画得很完美的超越曲线可能会取悦他。学生交来的图画中确实有一些会令他满意，我应该好好地利用这个机会。我有个学生其他科目都很差，唯独对圆规、尺子和直线的使用掌握得极好。他头脑迟钝，双手却灵巧。我先利用错综复杂的相切线向他揭示出相切线的规律和走向，我的艺术家先是画出了普通的旋轮线，继而画出了外摆线和内摆线，最后画出了延长和缩短了的相同弧线。他的画就像令人羡慕的蜘蛛网，精巧的弧线层层套叠。线的走向那么精确，人们很容易就能从中推导出那么难计算的美的定理。

我把那些几何图形杰作交给了督学，听说他本人酷爱几何。我很谦恭地介绍图形，希望这些画能引起他的好感，引出好的结果。可是，我的努力白费了，当我把图纸放在他面前时，他只瞥了一眼，就把图纸扔回桌上，我心想：糟糕！暴风雨即将来临，摆线也救不了你，该轮到你来领教鳄鱼牙齿的厉害了。

我完全猜错了，这位令人敬畏的大人物很温和。他坐在一条长凳上，两腿叉开，然后请我坐在他旁边。我们谈了一会儿制图课，然后他话锋一转问道：

"您有财产吗？"

我被这奇怪的问题给搞蒙了，微微一笑算是作答。

"别害怕，"他说，"请对我讲实话。我问这个问题是出于对您的关心，您有财产吗？"

"我并不为自己的贫穷感到脸红，督学先生。我可以坦率地告诉您，我一无所有，我的所有收入就是我那点微薄的工资。"

他听了我的回答皱了皱眉，然后我听到他低声地说了这么一句话，就好像听人忏悔的牧师在自言自语：

"真遗憾，实在是太遗憾了。"

听到他对我的贫穷表示遗憾，我感到很吃惊，我想知道为什么。我还不习惯从上司那里得到这样的安慰。

"真是很大的遗憾，"这位被人描绘得那么可怕的先生继续说，"我读了您发表在《自然科学年鉴》上的论文。您有敏锐的洞察力，有从事研究的兴趣，语言生动，文笔流畅，您本该成为一名杰出的大学教授。"

"这正是我的奋斗目标。"

"放弃这个目标吧。"

"是我的学识还达不到要求吗？"

"不，您完全符合条件，但是您没有财产。"

巨大的障碍昭然摆在了我的面前，不幸的事怎么总是落在穷人头上！想从事高等教育，首先必须有个人的定期存款，不管你是多么平庸，只要有金钱表明你地位显赫就行。这才是关键问题，其他条件都是次要的。

这位令人尊敬的先生向我讲述起自己极度贫困的经历，尽管其贫困程度不及我，却仍然因此而遭到了挫折，他动情地向我讲述那些苦涩的经历。听了他的叙述，我的心碎了，我感到那座自己一心想跻身进去，使我的未来得到庇护的庇护所倒塌了。

我对他说："先生，您刚才的话对我很有启发，您使我不再彷徨。我要暂时放弃我的计划，先想想有没有可能积累一点必要的家产，好让我能体面地教书。"

之后我们友好地握了握手，便分手了，从此我再没见过他。他像慈父一般循循善诱，很快就把我给说服了。我已经成熟，完全能够承受痛苦和不平。几个月前我得到了一份去布瓦蒂埃[①]代课的差事，讲授动物学。报酬很微薄，扣去搬家费之后，每天仅剩下不到3法郎，我还得用这笔收入维持七口之家的生活。我赶紧谢绝了这份看似非常体面的差事。

不，科学不该开这样的玩笑，如果我们这些平庸之辈能派上用场，至少也得让我们活下去。如果它无能为力，那也得让我们到大路上去敲碎石子。啊！是的，我已经成熟，当那位正直的人向我讲述不幸的痛苦经历时，我已经看清了现实。我讲的是过去的事，但并不很久远。从那以后，事情有了很大的改观，但是当梨子成熟时，我已经过了采摘的年龄。

现在，为了摆脱督学所指出的以及我个人的经历所证实的逆

---

① 布瓦蒂埃：法国西南部普瓦图省的省府。——校注

境，我该怎么办呢？我将从事工业化学。在圣马西亚教堂上公开课时，我可以使用那个仪器还算齐全的宽敞的实验室，为何不利用这个机会呢？

阿维尼翁的重要工业是茜草工业，由农业提供的茜草经工厂加工后，能变成更纯、更浓的茜草染料。我的前任教师就是干这行的，并且收益挺好。我继续步他的后尘，利用他留下来的罐子和炉子等昂贵的工具。行了，就着手干吧。

我该研制怎样的产品呢？我打算从染料中提取出主要成分茜素，把它从茜草根部蕴含的庞杂物质中分离出来，得到一种纯净的可直接用来染布的染料，这种方法完全不同于古老的印染业，而且更为快捷。

当一个问题迎刃而解时，你就会觉得它简单得不能再简单；可是当问题需要我们去解决时，都总是显得很棘手。往事不堪回首！我为此绞尽了脑汁，不知耗费了多少耐心，不厌其烦地做了多少次实验，什么也无法使我动摇，哪怕得不到期待的结果我也不罢休。我不知多少次在黑暗的教堂里沉思默想，也不知做了多少美梦。不久后，当实践推翻了我的方法时，那是多么难以承受的挫折啊！我就像古代的奴隶为了积攒一笔赎身费，百折不挠地顽强苦干。我要以第二天的成功来回答前一天的失败，可是，第二天也常常和其他日子一样失败了，不过有时也能取得一些进展。我毫不松懈地继续往前走，我有不可征服的、超越自我的雄心。

我会成功吗？也许会吧。现在我总算得到了令人满意的答案。我用一种实用而不太昂贵的方法得到了纯净的、体积很小的浓缩染料，不论是印还是染，效果都极好。我的一位朋友开始在他的工厂里大规模地采用我的方法，几家印布作坊采用了这种染料，都表示满意。未来终于向我微笑了，阴霾的天空终于出现了一道玫瑰映染的云霞，我将能得到那笔小小的财富了，没有它我就不能从事高等教育。摆脱了难以忍受的饥饿痛苦，我将能够安安心心地生活在昆虫中间了。在决定事情成败的工业化学给我带来的喜悦中，对我关爱有加的一线阳光为我增添了新的快乐，那得从更早两年说起。

两位督学到我们学校视察，一位负责文科，一位负责理科。视察结束，行政文件审查完毕后，教员们被召集到校长办公室，听两位大人物做最后的指示。分管理科的督学首先发言。

他说的话，我实在不愿去回想，完全是例行公事，毫不生动，没有激情的言语让人听罢转身就忘了。确切地说，不论是对说话人还是听话人而言，这简直是活受罪。我以前听过不少说教，从没有一次给我留下过印象。

轮到文科督学讲话了，刚听他说了几句话，我心想：哎，这回大不相同了！他讲得慷慨激昂，热情洋溢，语言生动，不落俗套，他跳跃的思维翱翔在父爱哲学的明朗天空里。这一次我洗耳恭听，甚至深受感动。这不再是行政说教，他热情奔放，讲起话来很吸引人，他擅长说话艺术，这正是演说家一词的古老定义。在多年的学校生涯中，我还从未聆听过如此激动人心的讲话。

走出会议室的时候，我的心跳比平时加快了。多可惜呀，我心想，我是搞理科的，无缘和这位督学建立联系，我觉得我们应该能成为朋友。我向那些总是消息比我灵通的同事打听他的名字，他们告诉我他叫维克多·杜雷。

两年后，有一天，我正在我的蒸馏罐之间巡视，两手因经常接触红色的染料变得红彤彤，像煮熟的龙虾螯爪似的擦也擦不掉。这时我意外地看见有一个人走进了圣马西亚的那个作坊，他的身影一下就唤起了我的记忆，我没认错，就是他，是督学先生，他的讲话曾经使我激动不已。杜雷先生现在是公共教育部部长，人们用阁下来称呼他，这个虚浮的称谓词今天才真的名副其实了。我们的部长身居这样的要职游刃有余，我们都从心底里佩服他，他是个谦逊而又勤勉的人。

来访者微笑着说道："这是我在阿维尼翁停留的最后一刻钟，我想单独和您一起度过这一刻钟，好让我从正式的礼节中解脱出来放松一下。"

我为获得如此殊荣而感到局促不安，请他原谅我没穿外套，特别是我那双龙虾爪似的手，背在身后好一阵不敢伸出来。

"您不必道歉，我就是来看望劳动者的，工人穿着带油污的工作服比穿什么都好，我们聊一会儿吧。您现在在做什么？"

我用三言两语汇报了我的研究课题，拿出生产出的产品，当着部长的面做了一个用茜红印染的小实验。我的实验室没有蒸汽室应配备的玻璃漏斗，只有一个简陋的圆底器皿，这个器皿正在沸腾。实验的成功以及那个简陋的圆底器皿，使他感到有些惊讶。

"我要帮助您，"他说道，"您的实验室需要什么设备？"

"不需要什么，部长先生，我什么也不需要，稍微想点办法，我现有的工具也就够用了。"

"什么？什么也不需要！像您这样的人恐怕找不出第二个，别人都会向我提一大堆要求，还老是嫌他们的实验室设备不全。而您，这么清贫，却拒绝我给予的帮助！"

"不，我很愿意接受某些东西。"

"说说看，是什么？"

"能否让我荣幸地握一下您的手？"

"来，朋友，我们握握手，最由衷地握手，但是这还不够，再做点什么呢？"

"巴黎植物园是您的管辖范围，如果有鳄鱼死了，请他们给我留一张皮，我把里面塞满草，将它挂在拱顶上。有了这个装饰，我的作坊就可以和巫师们占卜的神秘之地比个高低了。"

部长环顾四周，打量了一下这个大殿，瞥了一眼那尖拱顶。"这主意真不坏。"说罢他被我的俏皮话逗得哈哈大笑。

"现在我认识作为化学家的您了，"他继续道，"以前我已经了解了作为博物学家和作家的您。别人向我说起过您的小昆虫，可我却没有时间看，我得带着遗憾走了，下一次再看吧。出发的时间快到了，陪我到火车站好吗？就我们俩，边走还能边聊一会儿。"

我们一边走着，一边从容不迫地聊着昆虫和茜草，我的羞怯感早已消失。若是面对一位骄傲自大的蠢材我会一声不吭，一位才智卓越者的坦率和真诚则让我应对自如。我谈了自己在博物学方面的研究，谈了当教授的计划，以及自己与艰苦命运的抗争，谈了我的希望和担心；而他却鼓励我，和我一起憧憬更美好的未来。啊！火车站前来往的人可真多！

一位可怜的老太太走了过来，她衣衫褴褛，岁月的沧桑和田间的劳作使她的背佝偻起来，她谨慎地伸出手来祈求施舍。杜雷在兜里掏了一会儿，搜出一个两法郎硬币，放在那只伸出的手上。我多么想加上两法郎，可我的兜里和平时一样空空的，由于囊中羞涩我没能这样做。我走到乞讨者跟前，贴着她的耳朵说：

"你知道是谁给你的恩赐吗？是皇帝陛下的部长。"

那可怜的妇人吓了一跳，用惊讶的目光上下打量那位慷慨的大人物，然后，把目光移到银白色的硬币上，又从银白色的钱币移向那位慷慨的大人物。多么意想不到啊！这是多么意外的收获啊！

"佩卡伊尔！"她用微弱的声音嘟噜道。她鞠了个躬，走开了，她的目光一直停留在手心上。

"她说什么？"杜雷问我。

"她祝您健康长寿。"

"'佩卡伊尔'是什么意思？"

"佩卡伊尔是一首诗，它表达人们内心的感激。"

我也在心里默念着这朴实的祝愿。

当一个人在别人向他伸手乞讨时会停下来，他的灵魂中一定拥有比做一个部长所具备的才能更可贵的东西。

我们走进火车站，他许诺过他会一直和我单独在一起，我自信地走着。啊！如果早预料到这意外的情况，我早就匆匆告辞了！现在一群人慢慢地把我们围了起来，想溜走已经太迟，我尽量做出镇定自若的样子。走过来的有少将和他的军官们，省长和他的秘书，市长和他的助理，科学院的督察和优秀教职工代表。部长面对着围成半圆形隆重的欢送人群，我站在他身边，一边是人群，另一边是我们俩。

依惯例，接着便是一阵阿谀奉承、礼节性的鞠躬行礼，善良的杜雷刚才来到我的实验室时，暂时忘却了这一切。

忠实的狗一边在墙角边的窝里向圣克罗①致意，一边也向主人身边的小人物鞠躬。我就有点像圣克罗的狗，面对着与我毫不相干的显贵。我看着他们，把那双被染红的手藏在身后的宽边呢帽下。

正式的礼仪性问候之后，谈话并不热烈，部长抓住我藏在帽子

---

① 圣克罗（1295—1327）：法国蒙彼利埃人，人们祈求他来抵御鼠疫和各种传染病。——译注

下的右手，轻轻地拉着。

"把您的双手给这些先生看看，"他说道，"他们会为它们而感到骄傲的。"

我用胳膊肘推挡了一阵也不顶用，只得顺从了，把我的"龙虾爪"暴露在光天化日之下。

"工人的手，"省长的秘书说道，"一双真正的工人的手。"

那位将军见我和这样有身份的人在一起，几乎有些愤怒，他附和道："是的，工人的手。"

部长反驳道："我真希望您也有这样一双手。我相信，这双手将有助于我市主要工业的发展。这双手不但精通化学实验，而且也同样能灵巧地握鹅毛笔、铅笔、放大镜和解剖刀。看来诸位还不认识他，我很乐意把他介绍给你们。"

这时我真恨不得有条地缝能钻下去。幸好开车的铃声响了，我向部长道别后便匆忙逃走了。他因刚才给我开的善意的玩笑而发笑。

这件事传开了，这是必然的，在宽敞的火车站大厅里没有秘密。我由此领教了权贵的庇护给我带来的莫大烦恼。人们以为我是要人，能呼风唤雨。我被那些求助者纠缠，这个想开一家烟草店，那个要为儿子申请一份助学金，另一个人要求增加一份补助。他们说只要我提出要求就能办得到。

天真的人们，你们可真是会幻想！让我去提要求！你们会发现我只会帮倒忙。我有许多怪癖，我承认，但是我确实没有这种癖好。我撵走了那些不速之客，他们丝毫也不能理解我的谨慎。如果他们知道部长有意为我的实验室提供帮助时，我却跟他打趣，问他要一张鳄鱼皮挂在拱顶上，他们还不知会怎么说我呢！他们准会把我当成傻瓜。

6个月过去了，我收到一封部长办公室的召见信。我猜想可能是要提拔我到一所重点高中去教书，于是我请求让我留在原来的学校，留在我的冶炼炉和昆虫的身边。第二封信来了，比第一封信更急迫，这一次信上有部长的亲笔签名。这封信上说："速来此，否则我将派宪兵把您抓来。"

找不到任何搪塞的理由，24个小时后，我来到了杜雷先生的办公室。他非常和气地向我伸出手，然后拿起一份导报说："看看这篇文章，您拒绝了我的化学仪器，但您不会拒绝这个。"

我看着他指着的那一行，发现我的名字被列在荣誉勋位团里。我惊呆了，结结巴巴不知该说什么来表达我的谢意。

"到这边来，"他说，"让我拥抱您，我来做典礼主持人。仪式在我俩之间秘密举行更合您的意，我了解您。"

他为我别上红绶带，吻了我的两颊。他还差人发电报，将这件光荣的事告诉我的家里人。多么美好的早晨，我和这位杰出的人单独在一起！

我很清楚这枚金属徽章和装饰绶带的虚荣性，尤其当常见的那些不正当手段败坏了荣誉时，就更是如此；但是，我所得到的这条绶带对我来说是很珍贵的。它是个珍贵的纪念品，而不是用来炫耀自己的物品。我郑重地将它藏在衣橱的抽屉里。

桌上有一包大厚书，是关于科学发展的报告集，是刚结束的1867年万国博览会的资料汇编。

"这些书是给您的，"部长继续说道，"把它们带回去吧。您有空时翻翻，您会感兴趣的，里面还涉及一些您研究的昆虫。这个您也带回去，作为您的路费补助，不应该由您来负担我强加给您的旅行。"

　　说罢，他把一沓1200法郎的钱币交给我。我推辞了半天也没用，于是提醒他，我的路费没那么昂贵，而且他的拥抱和他授予的别针的价值，远不是这点路费能相比的；但他坚持说道：

　　"拿着，我跟您说，要不我要发火了。这还不算，明天您跟我一块去皇宫，参加学会的招待会。"

　　看到我茫然不知所措，好像是因即将被皇帝陛下接见而显出没精打采的样子，他说："别想从我这里逃跑，当心我在给您的信上说过的那些宪兵。您进来时已经看见了那些戴皮高帽的人，小心别落到他们手里。不过，为了防止您逃跑，我要和您一起去杜伊勒里宫，乘我的车去。"

　　第二天，在部长的陪同下，我被一些穿着短裤和带银环皮鞋的内侍引进杜伊勒里宫的一个小厅。这些人很奇怪，他们的服装和不自然的步伐让我觉得他们像金龟子，他们没有鞘翅，而是穿着牛奶咖啡色的大燕尾服，在背部中间画着一些横放的铜钥匙。厅里已经等候着二十几个来自各地的客人，有探险家、地质学家、植物学家、档案学家、考古学家、史前燧石器收藏家，总之他们通常代表着外省的科学生活。

　　皇帝陛下步入了会见厅，他穿着很朴素，除了戴着一条交叉的波纹织带之外，没有佩戴任何华丽的装饰。他也丝毫不显得威严，看起来和别人没什么不同。他身体微胖，留着大胡子，眼皮半垂，看上去总像是在打盹。他走过来，部长把我们的名字和从事的工作一一向他做了介绍，皇帝和每个人都聊上几句。他走过每个人身边时都能了解许多情况，从斯匹次卑尔根群岛的玻璃到拉加斯科涅①的

---

① 拉加斯科涅：法国西南部的一区。——校注

山丘，从墨洛温王朝时期的契据到撒哈拉的植物，从甜菜的生长到柯雷西亚①恺撒的战壕。走到我面前时，他询问了我最近进行的有关芜菁完全变态的研究情况。我回答时，有些失礼，竟把普通的称呼"先生"和"陛下"这个对我来说那么陌生的词混在一起使用了。

令人担心的一关好歹过去了，他继续接见我后面的人。能和皇帝陛下进行5分钟交谈，是我的荣幸，我愿意相信，但并不希望再有这样的荣幸。会见结束了，大家相互寒暄一会儿便告辞了。部长在家设午宴款待我们大家。

我坐在部长的右边，对这个特殊的礼遇我感到不自在；他的左边是一位著名的生理学家。我也和别人一样，谈天说地，甚至谈到了阿维尼翁大桥。杜雷的儿子坐在我对面，他善意地用众人在上面跳舞那座桥和我开玩笑；他笑我急于想再见到飘着百里香香气的山丘和满是蝉的灰色橄榄树的心情。

"怎么！"他父亲问道，"您不准备参观我们的博物馆和我们的收藏品吗？里面有许多有趣的东西。"

"我知道，部长先生，但是我更愿意去那里，到无与伦比的田野博物馆去。"

"您打算干什么？"

"我打算明天就走。"

我一定得走，我已经在巴黎待腻了；我以前从没有体验过，置身于滚滚人潮中时，才能感受到的孤独感。我还是走吧，主意已经打定，说走就走。

回到家人中间，是何等的轻松，何等的快活！我心灵深处也因

---

① 柯雷西亚：恺撒于公元前152年在此击败高卢将领维尔辛吉托伊克斯。——校注

即将获得自由，而发出欢快的叮当声。慢慢地那个救星工厂将建立起来，并大有前途。是的，我将会得到那笔微薄的收入，它将帮助我实现自己的理想，站在大学的讲台上讲动物和植物。

然而，你将无法得到这笔赎身金，你将永远带着奴隶的枷锁；你的钟发出的悦耳声是不真实的。工厂还没完全走上正轨，就传来了一条消息。刚开始是捕风捉影，说不上可靠，而是有可能。后来消息被证实了，已不容置疑。化学家已经找到了人造的茜草染素，实验室配制出的染剂，在我们地区工农业领域里引起了翻天覆地的变化。如果说这项成果将我的成果和希望化成了泡影，但它至少没有使我感到太吃惊。因为我自己曾经尝试过人造茜素的研制，而且对此有不少的了解，能预料到在不远的将来，蒸馏瓶的作用将可以取代田间劳动。

我的希望彻底破灭了。现在做什么呢？换一根杠杆，重新去推那块西绪福斯巨石，试着从墨水瓶里吸取从茜草罐中得不到的东西。

让我们去耕耘吧！

附录一 🐞 萤火虫[①]

在我们地区，很少有什么昆虫像萤火虫这样家喻户晓，人人皆知。这个奇特的小家伙为了表达生活的欢愉，在屁股上挂了一只小灯笼。夏天炎热的夜晚，有谁没有看见过它像从圆月上落下的一粒火星，在青草中漫游呢？即使没有见过的人，至少也听说过它的名字。古代希腊人把它叫作"朗皮里斯"，意思是"屁股上挂灯笼者"。正式的科学术语也使用相同的词，把这个灯笼携带者称为夜里发光的萤火虫。通俗的熟语不等同于学术词汇，俗语有很强的表现力，非常生动。

法语把萤火虫叫作"发光的蠕虫"，我们的确可以找找这个名称的碴。萤火虫根本不是蠕虫，即使是从外表上也不能这么说。它有6只短短的脚，而且非常清楚怎样使用这些脚，它是用碎步小跑的昆虫。雄性成虫像真正的甲虫一样，长着鞘翅，但雌虫没有得到上天的恩宠，享受不到飞跃的欢乐，终身保持着幼虫的形态；不过雄萤火虫在没到交配成熟期前，形态也是不完全的。即使如此，

萤火虫的发光器官

"蠕虫"这个词也用得不恰当。法国有句俗话"像蠕虫一样一丝

不挂"，用来形容身上没穿着任何衣服。但是，萤火虫是穿着衣服的，它有略为坚韧的外皮，另外它还有斑斓的色彩，身体栗棕色，胸部粉红色，环形服饰的边缘上还点缀着两粒红艳的小斑点。蠕虫是没有这样的服装的。

暂且不管这个不贴切的名称吧，现在我来问问萤火虫吃什么东西。美食大师布利亚-萨瓦兰说："告诉我你吃什么，我就能说出你是什么样的人。"对于将要研究其习俗的任何昆虫，我都可以首先提出同样的问题，因为不管是最大的还是最小的动物，肚子是主宰一切的，食物支配着生活中的一切。

萤火虫虽然外表上弱小无害，其实，它是个食肉动物，是猎取野味的猎人，而且它的手段是罕见的恶毒。它的猎物通常是蜗牛，昆虫学家早就知道，但是我从阅读中觉得，人们对此了解得不够，特别是对它那奇怪的进攻方法，甚至根本不了解，这种方法我在别处还从未见过。

萤火虫在吃猎物前，先给猎物注射一针麻醉药，使它失去知觉，就像人类奇妙的外科手术那样，在动手术前，先让病人麻醉而不感到痛苦。萤火虫的猎物通常是几乎没有樱桃大的变形蜗牛。夏天，变形蜗牛成群聚集在稻秆或者其他植物干枯的长茎上，在整个炎热的夏天里，它们都一动不动地在那里深深地沉思。我多次看到萤火虫用外科技巧，让猎物在颤动的茎秆上无法动弹，然后美餐一顿。

它也熟悉食物的其他储藏地。它常常去到沟渠边，那里土地阴湿，杂草丛生，是蜗牛的乐土。这时萤火虫就在地上对蜗牛动手术。我在自己家里可以很容易地饲养萤火虫，来仔细观察这个外科大夫操作的详细情况。现在我想让读者来看看这个奇怪的场面。

　　我在一个大玻璃瓶里放了一点草、几只萤火虫和一些蜗牛。蜗牛大小适中，既不太大，也不太小，主要是变形蜗牛。请耐心等待吧，尤其要时刻不离地监视，因为我们想看到的事情会突如其来地发生，而且时间很短。

　　我们终于看到了。萤火虫稍稍探察一下捕猎对象，蜗牛通常除了露出一点软肉外，全身都藏在壳里。这时贪婪者便打开它的工具，工具很简单，但要借助放大镜才能看得出来。两片变成钩状的大颚，十分锋利，但细得像一根头发，从显微镜里可以看到，弯钩上有一道细细的槽。这便是萤火虫的工具。

　　萤火虫用它的工具反复轻轻敲打蜗牛的外膜，动作十分温和，好像是无害的接吻而不是蜇咬。小孩逗着玩时，用两个指头互相轻捏对方的皮肤，从前我们把这种动作叫作"扭"，因为这只不过近乎搔痒，而不是用力拧。现在我就用"扭"这个词吧，在与昆虫谈话时，用孩子们的语言是没关系的，它是使头脑简单者互相了解的好办法。因此我说萤火虫扭着蜗牛。

　　它扭得恰如其分，它有条不紊地扭，不慌不忙，每扭一次，都要稍稍休息一下，似乎想了解扭的效果如何。扭的次数不多，要制服猎物，使之无法动弹，至多扭6次就够了。在吃蜗牛肉时，它很可能还要用弯钩来啄，不过我说不准，因为后面的情况我没有见到。但是，只要轻轻地扭几下，就足以使蜗牛失去生气，没有知觉。萤火虫的方法是这么迅速奏效，几乎可以说是像闪电般地，毫无疑问，它已经利用带槽的弯钩把毒汁注入蜗牛身上了。蜇咬表面上如此温和，却能产生快速的效果。现在我们来检验一下吧。

　　萤火虫扭了蜗牛四五下后，我就把蜗牛从萤火虫嘴里拉开来，用细针刺蜗牛的前部，刺缩在壳里的蜗牛露出来的身体部分；刺伤的肉没有丝毫颤动，它对针戳没有丝毫反应，像一具完全没有生气的尸体。

还有更令人信服的例子呢，有时我幸运地看到一些蜗牛正在爬行，小脚蠕动，完全伸出，这时它们受到了萤火虫的进攻。蜗牛乱动了几下，流露出不安的情绪，接着一切都停止下来，脚不爬行了，身体的前部也失去了像天鹅脖子那种优美的弯曲形状，触角软塌塌地垂下来，弯曲得像断掉的手杖。

蜗牛真的死了吗？根本没有，我可以使看起来已经死亡的蜗牛复活。在两三天半死不活的状态之后，我把病人隔离开来，给它洗一次澡。虽然这对于实验的成功并不是绝对必需的。

两天后，那只被阴险的萤火虫伤害的蜗牛恢复了正常，它复活了，它又能活动，又有感觉了。如果用针刺激它，它有感觉；它蠕动，爬行，伸出触角，仿佛什么不愉快的事都没发生过似的。全身酩酊大醉般的昏昏沉沉已彻底消失，它死而复生了。这种暂时不能活动、不觉得痛苦的状态叫什么呢？我想只有一个适当的名称，那就是麻醉状态。

无独有偶，许多捕食性膜翅类昆虫也是用类似的方法，为幼虫提供虽然未死却无法动弹的猎物。通过它们的丰功伟业，我了解了昆虫令对方浑身瘫痪的奇妙技术，它用自己的毒液麻痹猎物的神经中枢。在人类的科学还没有发明这种技术，这种现代外科学最奇妙的技术之前，在远古时代，萤火虫和其他昆虫显然已经了解这种技术了。昆虫的知识比我们早得多，只是方法不同而已。外科医生让病人嗅乙醚或者氯仿，昆虫则通过大颚的弯钩注射一种极其微量的特殊毒药。人类有朝一日会不会利用这种知识呢？如果我们更好地了解了小昆虫的秘密，那么我们在将来会有多少卓绝的发现啊！

对于蜗牛这样一个无害而十分和平、从不主动与别人发生争吵的对手，萤火虫的麻醉才能有什么用呢？我想我可以大致看得出来。阿尔及利亚有一种叫稚萤的昆虫。它不发光，但在身体结构，特别在习性方面，与萤火虫十分相近。它也以陆生软体动物为食，它捕食的猎物是一种圆口类动物。这种动物有优雅的陀螺形壳，一块结实的肌肉把一只石质封盖固定在身上，把甲壳关闭得严严实实。封盖好似一扇活动的门，小室的居住者只要退缩回室内，门就很快关上；隐居者外出时，很容易把门打开。这个蜗居有这样一套开关方式，是无法侵犯的。稚萤对此了如指掌。

稚萤用黏液将自己固定在蜗牛的甲壳表面。它静静地等待、窥伺，必要时还可以整天一动不动。对空气和食物的需求，终于迫使躲在甲壳里的虫子露出身子来，门稍稍打开了，这就够啦。稚萤立刻赶到门边，插上一手，门不能再关上了，进攻者从此把这座堡垒据为己有。有人认为，它是靠一把大剪刀把封盖上的运动肌切开的，但是，这个看法应该被排除。稚萤的大颚所装置的工具，还不足以立刻磨损一块大肌肉。要想用这种方法占据堡垒，必须双方一接触就立即成功，否则受攻击者就会缩回壳内，身体仍然强劲有力，那么，进攻就必须重新开始，同过去一样困难，而稚萤则会无限期忍饥挨饿。我虽然很少见到这种外地昆虫，但认为它的策略很可能同萤火虫相同。这只阿尔及利亚虫子不像吃蜗牛的虫子那样，把猎物的肉切得那么碎。猎物已经失去生气活力，只要它的壳盖稍微打开一会儿，外地虫子就轻轻扭动几下身体，麻醉它的猎物，这就够啦，进攻者于是钻进猎物的壳里，安安稳稳地吞食一只不能再用肌肉进行反抗的猎物。我仅仅根据一片茫茫云雾中，显现出的一角逻辑推理的青天，这样来判断事物。

现在我们回到萤火虫上来吧。如果蜗牛在地上爬行，甚至缩进壳里，进攻它也毫不困难。蜗牛的壳没有盖子，身体的前部露出来，蜗牛无法自卫，容易受到伤害。但是经常也有这种情况，蜗牛待在高处，贴在稿秆上或者一块光滑的石头上。这种支点成了临时的壳盖，使任何企图骚扰壳内居民的居心不良者无法进犯；不过有一个条件，围墙四处任何地方都不能有裂缝。更常见的是，蜗牛的壳和支持物没有贴紧，盖子没盖好，裸露处哪怕只有一点点，萤火虫也能够用它精巧的工具轻微地蜇咬蜗牛，使它立即沉沉入睡，一动不动，而自己便可以安安静静地美餐一顿。

萤火虫吃蜗牛总是十分小心翼翼的，进攻者必须轻手轻脚地加工牺牲品，避免引起它挣扎，蜗牛稍微挣扎动弹，就会从高茎上掉下来。它一掉到地上，这个食物就完了。萤火虫不会积极热情地去寻找猎物，它只是利用幸运得到的东西，而不肯辛勤去寻找。所以在进攻时，为稳妥起见，它必须使蜗牛毫无痛楚，不使蜗牛产生肌肉的反应，以免它从高处掉下来。可见，突然的深度麻醉，是萤火虫达到目的的好办法。

萤火虫怎么吃它的猎物呢？是真的吃吗？它把蜗牛切成小块，割成细片，然后咀嚼吗？我想不是这样，我从来没见过萤火虫的嘴上，有任何固体食物的痕迹。萤火虫并不是真正的"吃"，它是"喝"。它采取蛆虫的办法，把猎物变成稀肉粥来充饥。它就像苍蝇的食肉幼虫那样，在吃之前，先把猎物变成流质。萤火虫进食的过程大致是这样的：

蜗牛不管多大，总是由一只萤火虫去麻醉。不一会儿，客人们三三两两地跑来，同真正的拥有者丝毫没有争吵地欢宴一堂。让它们饱餐两天后，我把蜗牛壳口朝下翻转过来，就像锅被翻倒过来一样，肉羹从锅里流了出来。宾客们吃饱肚子走开了，只剩下这一点点残渣。

很显然，就像我前面说的"扭"一样，经过一再轻轻地蜇，每个客人都用某种专门的消化素来加工，蜗牛肉变成了肉粥。萤火虫各吃各的，大家尽情享用。由此可见，萤火虫嘴里的那两个弯钩除了用来叮蜗牛，注射麻醉药外，无疑也会注射可以把蜗牛肉变成流体的汁液。这两个用放大镜才能看到的小工具，还应该有另一个作用。它们是凹形的，就像蚁蛉嘴上的弯钩一样，用来吮吸和吃净捕获物，而不需要把猎物切成碎片。然而两者却有着极大的差别，蚁蛉会留下大量的残羹剩菜，并把它们扔到挖在沙地上漏斗状的陷阱外面，而萤火虫这个液化专家却吃得一点也不剩。两者所使用的工具相类似，但一个只吮吸猎物的血，另一个则事先进行液化处理，然后把猎物吃得一干二净。

有时蜗牛的身体平衡得不太好，可萤火虫却干得十分小心，玻璃瓶给我提供了不少例子。蜗牛常常爬到用玻璃片盖住的瓶子口，用少许黏液把自己粘在玻璃上，因为黏液用得少，只要轻轻一动，蜗牛就会从玻璃上掉到瓶底去。

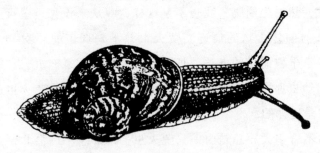

轧花蜗牛

萤火虫常常借助用来补充腿力不足的攀升器官爬到高处，选择猎物。它仔细观察，找到一个缝隙后，便轻轻一咬，使猎物失去知觉，随后立刻调制肉粥，作为几天的食物。

萤火虫吃完饭走开后，蜗牛壳便完全空了，可是仅涂了少许黏液固着在玻璃上的壳并没有掉下来，甚至位置也一点没动。蜗牛丝毫没有反抗，一点点地变成了肉粥，就在它受到第一次攻击的地方被吮干。这个细节告诉我们，具有麻醉作用的螫咬是多么突如其来，萤火虫吃蜗牛的方法多么巧妙，它没有让蜗牛从非常光滑而又垂直的玻璃上掉下来，甚至在粘得非常不牢的线上，也一点没有晃动。

萤火虫要爬到玻璃或者草茎上，光靠它那又短又笨的脚显然是不够的，需要有一种特殊的工具。那工具不怕光滑，能攀住无法抓住的东西。它的确有这样的工具，6只短足的末端有个白点，在放大镜下可以看到上面约有12个短短的肉刺，时而收拢聚成一团，时而张开像玫瑰花瓣，这就是黏附和行走器官。它如果想把自己固定在某个地方，甚至固定在十分光滑的表面上，例如在禾本科植物的茎秆上，它就打开它的玫瑰花瓣，把自己完全贴在支撑物上。它利用自身的黏性，把自己紧紧贴在支撑物上。玫瑰花瓣通过抬高和放低、张开和闭合，帮助萤火虫行走。总之，萤火虫是一种新型的双腿残疾者，它在足尖放上一朵漂亮的白玫瑰，它的跗节是12片活动自如的玫瑰花瓣。这种玫瑰花形的跗节，不是抓住而是黏附着支撑物。

这个器官还有另一作用，能当海绵和刷子使用。餐后休息时，萤火虫用这把刷子刷头部、背部、两侧和腹部；它能在身上四处刷，因为它的身体很柔软。它一处一处地从身体的一端擦到另一端，擦得十分细心，说明它对此很感兴趣。它这样认真地擦拭，擦亮刷净身子的目的是什么呢？显然是要把沾在身上的灰尘或者蜗牛肉的残迹刷掉。它要多次爬到蜗牛加工库上去，稍稍洗下身子并不是多余的。

如果萤火虫只会用接吻般的轻扭来麻醉猎物，而没有别的才能，那么普通的老百姓就不会知道它了。它还会在身上点起一盏明亮的灯，这才是它出名的缘由。我特别仔细观察了雌萤。它在达到婚育年龄，在酷热的夏天发出亮光时，也始终保持幼虫形态。

雌萤的发光器长在腹部的最后三节，发光器的前两节呈宽带状，几乎把拱形的腹部全部遮住。在第三节的发光部分小得多，只有两个像新月状的小点，亮光从背部透出来，从背腹面都可以看得见。这些宽带和小点发出微微发蓝的白光。

萤火虫的发光器官包括两部分：一部分是前两节的宽带；另一个部分是最后一节的两个斑点。只有雌萤成虫才有这两条宽带，这是最亮的部分；未来的母亲为了庆祝婚礼，用最绚丽的装束打扮自己，点亮这副光彩照人的腰带，而幼虫则只有尾部的发光小点。绚丽多彩的灯光标志着雌萤已经羽化为成虫，交配期即将到来。羽化本应该使雌萤长出翅膀，使它飞翔，从而结束生理演化过程。但是雌萤没有翅膀，不能飞翔，它一直保持幼虫的卑俗形态，可它却一直点着这盏明亮的灯。

雄萤则发育充分，改变形状，长出了鞘翅和后翅。它像雌萤一样，从孵化时起，尾部便有一盏微弱的灯。无论雌雄，也无论在发育的什么阶段，尾部都能发光，这便是整个萤火虫家族的特点。这个发光点不管从背部还是从腹部都能看得见，然而只有雌萤才拥有的那两条宽带，是在腹面发光。

我过去稳妥可靠的手和明亮的眼睛，现在还有点听我使唤，在它们的帮助下，我就萤火虫发光器官的构造这个问题，求教于解剖技术。我终于干净利落地把一根光带的大部分分离出来，放在显微镜下观察，宽带的表皮上有层由非常细腻的黏性物质构成的白色涂料，无疑便是光化物质，我已经疲惫不堪的眼睛不可能进一步仔细观察它，紧靠这层涂料，有一根奇怪的气管，主干短但很粗，上面长了许多细枝，伸延在发光层上，或者甚至深入到身体里。

发光器是受呼吸器官支配的，发光是氧化的结果。白色涂层提供可氧化的物质，而长着许多细枝的粗气管，则把空气分布到这些物质上。现在我想弄清这个发光涂层是什么物质。

人们最初想到的是磷。人们把萤焚烧了，然后化验其元素。据我所知，这种办法没有得到令人满意的答案。看来磷不是萤火虫发光的原因，尽管人们有时把磷光称为萤光。答案在别处，在我们不知道的地方。

对另一个问题，我了解得比较清楚。萤火虫能够随意发光吗？它能够随心所欲地增亮、减弱、熄灭它的光吗？它怎样办到的呢？萤火虫有没有一个不透明的屏幕朝着光源，把光源或多或少地遮住，或者一直让光源露出来呢？这样的器官是不存在的，萤火虫拥有闪光灯的方法更为巧妙。

遍布光化层的气管增加空气流量时，光度就增强；萤火虫想放慢甚至暂停通气时，光就变弱甚至熄灭。总之，这个机制就像是一盏油灯，亮度由空气到达灯芯的程度来调节。

某种刺激会引起气管的运作从而发光，但光带和尾灯的发光情况有些不同。漂亮的光带是达到婚育年龄的雌萤独有的装饰品；而尾灯，无论雄雌和长幼，每只萤火虫都拥有。尾灯会由于某种不安情绪而突然完全熄灭。我夜间捉小萤火虫时，清清楚楚地看到那盏小灯在草上发光，可是只要一不小心晃动了旁边的小草，灯光就立即熄灭，我要捉的这个昆虫也就看不见了。可是雌萤成虫身上的光带，即使受到强烈的惊吓，也没有受到丝毫的影响。

我在户外把雌萤关在笼子里，然后在笼子旁边放了一枪。爆炸声没有产生任何结果，光带依然发着光，跟没有开枪时一样明亮而平静。我用喷雾器将水雾洒在它们身上，没有一只雌萤熄灭它们的光带，顶多亮度出现非常短暂的减弱，而且还不是所有的雌萤都是如此。我吹一口烟斗的烟到笼子里，这时亮度更弱了，甚至灭了，但时间很短。萤火虫很快恢复平静，灯又亮起来，而且亮度更强。我用手指抓住萤火虫，把它翻来覆去，轻轻捏它，如果捏得不重，它继续发光，而且亮度没有减弱。在这个即将交配的时期，萤火虫对自己的光亮充满极大的热情，除非有极其严重的原因，它才会把它的灯全部熄灭。

毫无疑问，萤火虫自己控制着它的发光器，随意使它明灭。但是在某种情况下，有没有它的调节都不要紧。我在光化层割下一块表皮，放进玻璃管内，用湿棉花塞住管口，以免过快蒸发。这块皮确实还在发光，只是没有在萤火虫身上那么亮罢了。有没有生命并没有关系，可氧化的发光层与周围的空气直接接触，它不需要由气管输入氧气，它就像真正的化学磷那样与空气接触而发光。此外，我还要补充一点，在含有空气的水中，这层表皮发出的亮光同在空气中一样明亮；但如果水煮沸而没有了空气，光就熄灭。这明确地证明：萤火虫发光是慢慢氧化的结果。

它的光白色，平静，看起来很柔和，令人想到从满月里落下的小火花。这光虽然明亮，但照射的能力微弱。在漆黑的地方，用一只萤火虫在一行铅印字上移动，我可以清楚地看出一个个字母，甚至不太长的整个字；但在这狭窄的范围之外，就什么也看不到了，这样的灯很快就会使阅读的人厌烦。

如果把一群萤火虫放在一起，彼此靠近几乎碰在一起，每只萤火虫都放出光，它的光通过反射是否会照亮旁边的萤火虫，使我们能清楚地看到一只只虫子呢？事实根本不是这么回事。许多的光只是混乱地汇聚在一起，即使距离不远，我们的目光也无法清晰地看出萤火虫的形状，所有的萤火虫都模糊地混成一片。

我运用照相技术获得了一个明确的证据。在露天的金属网罩下，我有二十来只充分发光的雌萤，一丛百里香在罩子的中央形成了一片小林子。黑夜来临，我的囚徒爬到罩顶，竭尽所能朝着各个方向夸示它们发光的服饰，在小枝上形成了一串串花序。我期待这些花序能够对照相机的感光片和相纸产生很好的效应，然而我却大失所望。根据萤火虫群的分布情况，我只得到了一些或浓或淡的白色斑点，没有任何类似萤火虫的形象，也没有百里香丛的痕迹。由于没有适当的光照，美妙的灯彩好似一团模糊不清的浆液。

雌萤的灯光显然是用来召唤情侣的。但是这些灯是在腹面朝着地面发亮，而雄萤任意乱飞，它是从上面、从空中，有时在离得很远的地方寻找，它是看不见这些亮光的。

可是这种不利条件非常巧妙地得到了改善，雌萤有自己巧妙的调情手段。每个夜晚，当夜幕完全降临时，钟形罩下的囚徒便去到我用来装饰监狱的百里香丛中。它来到非常显眼的细枝上，没有像在灌木丛下时那样安安静静地待着，而是做激烈的体操，扭动十分柔韧的屁股，一颠一颠地，一下子朝这边，一下子朝那边，把灯对着各个方向照射，当寻偶的雄萤从附近经过时，不管是在地上还是在空中，一定会看到这盏随时都在闪亮的灯。

雌萤晃动它的灯，就好似我们旋转镜子捕云雀。小镜子静止不动时，云雀就无动于衷；小镜子旋转起来，放射出细碎的光，云雀便激动起来。

雌萤有招引求婚者的计谋，雄萤则有一种光学仪器，能够在远处看到这盏灯发出的微弱的光。雄萤的护甲膨胀成盾形，大大伸过了头，像灯罩似的，其作用显然是缩小视野，把目光集中到要识别的光点上。颅顶下是非常突出的两只大眼睛，球冠形，彼此相接，中间只有一条狭窄的槽沟让触角放进去。这两只复眼几乎占据了整个面部，缩在大灯罩所形成的空洞里，真正是库克普罗斯①的眼睛。

萤火虫在交配时，灯光弱了许多，几乎熄灭，只有尾部的小灯在闪光。当寻欢求爱、恋恋不去的大群夜间活动的小虫，在附近低吟普通的祝婚诗时，通宵点亮一盏不引人注目的小灯就足够了。雌萤交配过后就产卵，这些发光的昆虫丝毫没有家庭的感情，没有母爱，它把白色的圆卵产在或者不如说随便撒在什么地方。

很奇怪，萤火虫的卵，甚至还在雌萤肚子里时就是发光的。如果我不小心捏碎肚子里装满已成熟的卵的雌萤，就会有一道闪闪发光的汁液在我的手指上流淌，就好像我弄破了一个装满磷液的囊袋。然而放大镜告诉我，我错了，这光亮是由于卵被用力挤出卵巢的缘故。接近产卵时，卵巢里的萤光便已经显现出来，从肚子的外表透出柔和的乳白色光。

产卵后不久，卵就孵化了。幼虫无论雌雄，尾部都有小灯。接近严寒时，它们钻入地下，但不深，至多三四法寸。在隆冬季节，我挖出几只幼虫，发现它们的小灯一直亮着。接近4月时，幼虫又钻

① 库克普罗斯：古希腊传说中的独眼巨人，能制造雷霆。——译注

出地面，继续完成演化。

　　萤火虫从生下来到死去都发着光。它的卵发光，它的幼虫同样发光。雌萤拥有华丽的灯，雄萤则保存着幼年时已有的小灯。我已经了解了雌萤的光带的作用，但是尾部的灯有什么用呢？很遗憾，我不知道。昆虫的物理学比我们书本上的物理学更深奥，这个秘密可能会很久，甚至永远都不为人所知。

　　　　　　　　　　　　　　　　（梁守锵　吴模信译）

附录二 菜青虫

今天种植在菜园里的甘蓝，是一种半人工的植物。它是我们的耕作技术，同样也是难得的天然条件创造出来的产物。植物学告诉我们，植物的自发生长发育，向我们提供了一种野生植物。它长在大洋边的悬崖绝壁上，茎高，叶窄，味道惹人讨厌。第一个信任这个乡野植物的无名百姓，并且打算在自己的小园子里对它加以改良的人，真需要有种罕有的灵感呢。

这个种植计划一小步一小步地发展，创造出了奇迹。人们首先让野生甘蓝抛弃它那经受海风吹打、没有价值的菜叶，长出宽大而多肉的新叶。甘蓝生性柔顺，听任人们摆布。它的叶子被整理成紧束柔软的白色大脑袋，放弃了阳光给予它的乐趣。今天，在第一批结球甘蓝继承者中，有些配得上英担①甘蓝这个光荣的名称。这是影射它的重量和体积，它可真是园艺栽培的不朽之作啊！

随后人们想得到一种丰满厚实、有几千个花序的饼状植物。甘蓝赞同这种想法，于是，以中央茎为依托，甘蓝让它的小花簇、叶柄、茎吃得食物上齐喉咙，并将其结合成一个多肉的球体，它就是花椰菜。

人们又向它提出要求，于是甘蓝尽量节省嫩枝的中部，把大大小小的球形芽放置在一根高枝上，大量非常矮小的芽取代了大脑袋，它就是抱子甘蓝。

---

① 英担：1英担为100公斤。——校注

272

　　甘蓝的菜心不讨人喜欢，几乎是木质的，除了充作主茎外，它从来没有过什么别的用途。然而，园丁熟巧狡黠的手段却无所不能，甘蓝菜心对种植者百依百顺，变得多肉，鼓成类似萝卜的椭圆形球。萝卜的种种优点长处，例如多肉、味美、细嫩等，这个菜心现在无不具有。不过，这种奇怪的产品只有几张瘦瘦薄薄的菜叶，这些叶子是真正的茎，是甘蓝不愿意完全丧失它的特征所表示的最后抗议，它就是球茎甘蓝。

　　如果说茎受到引诱，那么根为什么不呢？其实，根的确也服从种植者的各种要求，它使自己的主根膨胀得圆滚肥胖，像一半露出地面的萝卜。它就是英国人的rutabaga和我国北部地区的chou-navet。[①]

　　对种植者来说，甘蓝无比驯服，它为我们的食物，为我们家畜的食物，贡献了自己的一切：叶、花、芽、茎、根。它还欠缺的只是把对人有用和讨人喜欢两者结合起来，使自己美丽动人，装饰我们的花坛，体面地出现在客厅的独脚小圆桌上。它已经努力地做到了，但用的不是花，而是叶。它的花坚持朴实端庄，不肯让步。它的叶卷曲优美，五色斑斓，像波浪形的鸵鸟羽毛般优雅，像花束般绚丽多彩。它如此的华丽，没有人认得出它曾经是平凡庸俗的甘蓝。

　　在我们的菜园里，甘蓝种植得最早。它受古希腊罗马人重视的程度，仅仅位居蚕豆和豌豆之后。但是，它更加源远流长，人们是怎样获得它的，大家已经记不清了，历史不关心这些细节。历史对屠杀我们人类的战争大肆颂扬，而对使我们得以生存的耕作田园却保持缄默。历史知道帝王的私生子，却不知道小麦的起源。人类的

---

　　①　rutabaga和chou-navet，汉语均译成芜菁甘蓝。——译注

愚蠢就喜欢这样。

对我们最珍贵的食用植物这样保持沉默，实在令人遗憾。甘蓝，可敬的甘蓝，最古老的小花园的主人，它会告诉我们趣味盎然的事。单单它本身就是一座宝藏，是一座受到双重开发的宝藏。先是人开发它，接着是菜青虫开发它。粉蝶是很普通的白色蝴蝶，它的幼虫菜青虫不加区别地吃各种甘蓝的叶，虽然这些叶的外观彼此之间迥然不同。牛心菜和花椰菜、卷心菜和皱叶甘蓝、芜菁和芜菁甘蓝，这种种甘蓝，菜青虫吃得同样津津有味。

但是，在各种甘蓝提供丰盛的食物以前，菜青虫吃什么呢？很显然，粉蝶尽情享受生活的欢乐，并没有等待人的到来和他们的园艺。过去没有我们，粉蝶照样生存；今后没有我们，粉蝶将继续生存。它的生存并不取决于我们的存在，它有不取决于我们的协助而独立存在的理由。

在卷心菜、花椰菜、芜菁等甘蓝类蔬菜诞生之前，菜青虫当然不会缺少食物。它吃海边悬崖上的野生甘蓝，现在丰富多样的甘蓝的祖先。但是，由于这种野生植物分布不广，局限在某些沿海地区，对平原和山区的鳞翅目昆虫的繁衍兴旺来说，需要有一种产量更大、分布更广的食用植物。这种植物显然是一种十字花科植物，它像后来的各种甘蓝一样，多多少少添加有硫化液汁。我将就此做一些实验。

菜青虫刚从卵孵出，我就用假芝麻菜喂养它们，这种植物饱含羊肠小道边和高墙脚下那些辛香植物的浓烈味道。我圈围在一个金属钟形网罩里的菜青虫，接受这种食物，没有丝毫犹豫，它们吃假芝麻菜的胃口同吃甘蓝一样。最后它们变成了蛹和蝴蝶，食物的改变没有引起丝毫麻烦。

　　我用别的味道比较清淡的十字花科植物，比如白芥、菘蓝、大蒜芥，等等，喂养这些菜青虫也同样取得了成功。相反，莴苣、蚕豆、豌豆和野苣等的叶子，却遭到菜青虫的顽强拒绝。我现在就谈到这里吧！已经端上的菜肴花样各异，足以证明菜青虫只吃很多种类的，甚至所有种类的十字花科植物。

　　实验是在一个钟形网罩里做的，可以想象，监禁生活迫使这个像羊群似的虫群不得不退而求其次，吃它们在可以自由觅食的情况下拒不食用的食物。这些饥肠辘辘的菜青虫，在网罩里没有别的东西吃，只好不加区别地耗食各种十字花科植物。在我实验控制的范围以外，在自由的田野里，情况会相同吗？菜青虫会在除甘蓝外的其他十字花科植物上定居吗？

　　我在羊肠小道旁，在荒石园附近进行调查，我终于在假芝麻菜、白芥等植物上找到了菜青虫。它们密密麻麻地聚在一起，像在甘蓝上定居的虫群一样繁荣兴旺。

　　然而，除了临近身体变态的时候，菜青虫从来不外出旅行，它就在它出生的植物上发育老熟。因此，在白芥和其他移民地观察到的菜青虫，并不是异想天开、心血来潮，从毗邻的几块甘蓝地里迁移来的移民，它们是就在我遇见它们的地方孵化出来的。因此我可以得出结论：白色的蝴蝶，任性飞行；为了安置它一次所产的卵，首先选择甘蓝，然后选择形态各异的十字花科植物。

　　粉蝶怎样在它的植物学领域里，辨识出自己所在的地方呢？以前，开发朝鲜蓟多肉花托的菊花象，拥有关于飞廉的植物区系的丰富知识，令我惊叹不已。[①]必要时，它们的知识可以从它们安放卵的

---

① 见卷七第七章。——校注

方法中找到解释。它们用喙筑窝，在花托上挖槽。它们在把自己产的卵交托给某种植物之前，会先品尝一下这种植物。

蝴蝶饮花蜜，却不去了解叶子的美味。它们至多把吻管插进花冠，汲取一点糖汁来舔舔。调查了解对它毫无用处，因为被它选来安家的植物这时往往还没有开花。产卵的蝴蝶围绕植物飞舞一会儿，这个快速的考察已经足够。如果认为食粮适宜，它就产卵。

要辨认十字花科植物，植物学家必须具有关于花的知识。在这方面，粉蝶胜过我们，令我们吃惊。既然这种植物还没开花，粉蝶就用不着查看它的果实和花瓣。十字花科植物的花瓣有四瓣，排列成十字。尽管对那些经过长期学习但缺少精深植物学知识的人而言，其区别很深奥，粉蝶却一下子就能辨识出什么适合于它们的幼虫。

如果粉蝶没有天生的辨别能力，我就无法解释它拥有的植物学知识。为了它的家族，它必须拥有十字花科植物。它不需要别的，只需要这种植物，它对这种植物群的情况了如指掌。半个多世纪以来，我劲头十足、充满热情地采集植物标本，如果植物没有开花结果，了解某种新的植物是否属于十字花科并不要紧，我对粉蝶所肯定的事物比对书本上的资料更加深信不疑。在科学可能有谬误的地方，本能是不会错的。

粉蝶在一年内生长两代，一代在4月和5月，另一代在9月。甘蓝也在同一时期播种两次。蝴蝶的日历和园丁的日历是吻合的。粮食既然已经运来，消费者就得做好准备。

粉蝶的卵呈浅橙黄色，用放大镜逼近观察，卵不乏优雅。卵像弄钝了的锥体，锥体并排竖立，精致地饰有纵条纹和横条纹。这些卵成片成块集结一起，如果支撑它们的叶片摊开，它们就集结在叶片的趋光面；如果叶子紧贴相邻的叶子，它们就集结在叶片的背光面。

卵的数目变化不定，含有两百枚卵的卵粒屡见不鲜，零星分散的，或集结成小粒的卵却极为罕见。雌粉蝶产卵的多寡，主要取决于产卵时是否受到干扰。

卵粒的外形很不规则，但内部却井然有序。卵在内部一个紧挨一个排成直线系列，每枚卵都能在前一系列上找到双重支撑。卵交替排列并非准确得无懈可击，却使这个集合体保持着平衡。

观看雌粉蝶产卵不是件容易的事。粉蝶产卵时如果被人牢盯细看，就会立刻逃走。但根据卵粒的结构，我可以推测出粉蝶的产卵过程。雌粉蝶的产卵管先朝着一个方向，然后朝着另一个方向轮番徐徐摆动，在先前那一列里的每两枚邻接的卵之间放置一枚新卵。产卵管摆动的幅度决定行列的长度。根据雌粉蝶反复无常、任性行事的情况，行列在这里长些，在那里短些。

卵大约在一周内孵化。整整一堆卵几乎同时孵化，一条幼虫刚刚从卵里露出，其他幼虫也跟着露出，似乎出生引起的震动在逐渐扩散。就像在修女螳螂窝里一样，似乎有一个信息在传播，唤醒所有的居民。一群卵的孵化场景，好似围绕着一个受到碰撞的部位向前推进的波浪。

卵不像成熟的蒴果一样会自动裂开。新生的菜青虫必须自己啃咬卵的围墙，开凿出口；它在接近圆锥体卵的顶端打开一扇天窗，天窗边沿整整齐齐，干干净净，既没有毛边，也没有残渣，证明这部分高墙已经被啃啮和吞食。除了这个刚刚能够使菜青虫获得自由的缺口外，卵壳原封未动，没有受到任何损伤，仍然牢固地竖立在基础上。这时用放大镜，我可以非常清楚地观察它优雅的构造。

卵孵化后的遗物是个极其精巧的袋子。袋子半透明，坚硬，白色，好像是用羊肠的薄膜制作的，完好地保存着卵的最初形态。这个袋子有二十来条表面布满小结节的经脉，经脉从袋子的底端延伸到顶端，它看上去好似一顶古代占星术士的尖帽，是一顶有凹槽的主教帽，凹槽里还雕刻着珠宝念珠。总之，菜青虫出生的小匣子是件精美的艺术品。

整群卵的孵化在两小时内完成。刚孵出的菜青虫聚集在原地，在它们出生时穿的破衣服堆上，乱蹿乱动。在下降到养育它们的叶子上之前，它们长时间停留在这个平台上，它们甚至还忙得不可开交呢。忙什么呢？它们在那里吃一片奇怪的细草，漂亮的主教帽始终垂直竖立。新生的菜青虫慢慢地、有条不紊地从顶端到基底，啃啮它们从那里钻出来的卵袋。朝夕之间，卵袋只剩下一个圆点。

因此，菜青虫最初几口食物，是自己的卵膜。这是规定的消耗，我从来没有见过一条小菜青虫在吃完传统的大餐以前，被附近青葱翠绿的食物所引诱。在这个惯常的饭桌上，好似牛羊大肠制作的薄膜袋子，就是一桌大菜。这是我第一次看见一条菜青虫吃它自己出生的卵袋。对于刚刚出生的菜青虫来说，稀奇古怪的糕饼有什么用呢？我表示怀疑。

甘蓝叶的表面滑溜溜的，像涂了蜡一样，几乎总是倾斜得很厉害。除非有稳固地支撑菜青虫的缆绳，要平平安安地在叶子上进食而又不会有跌落的危险，是不可能的；而跌落对幼小的菜青虫来说是致命的。随着菜青虫向前爬行，它必须在路上铺设小段小段的丝线。菜青虫的足紧紧勾住的丝段，就好似在光滑的叶面上活动的锚地。因此，初生的小家伙必须精打细算地装备一个制作缆绳的丝管，必须借助特殊的食物尽快准备好这种装备。

那么最初的食物将是什么样的呢？制作缓慢、产量很低的植物，不符合要求，因为事情刻不容缓，它必须马上在滑溜溜的菜叶上冒险而又平安无事。动物性饮食比较可取，它更容易消化，进行化学变化更加迅速。卵的外壳像丝本身一样，是角质的，比较容易转化。因此，幼虫吞食它的卵膜，把它转化成丝，做成初次出门旅行的缆绳。

如果我的推测理由充分，我相信其他那些光滑而倾斜的叶子的主人，为了尽快盛满将向它们提供缆绳的细颈小瓶，在吃头几口食物时，也会利用卵膜形成的袋子。

现在，菜青虫出生的卵袋形成的平台已经被拆除，它们最初就暂住在这些囊袋里。这个台子只剩下一些丝段的圆形印迹，桩柱已经消失，小菜青虫和以后将供它们食用的菜叶位于同样的高度。菜青虫呈淡橙黄色，稀稀疏疏地竖立着白色纤毛。它们的脑袋黑得发亮，充满活力，惹人注目，已经显露出贪吃的形象。小家伙大约2毫米长。

这个虫群一旦接触甘蓝的绿叶，马上就开始干起活来。它们四散在甘蓝叶上，互相紧紧靠拢，每只小虫都从自己的纺丝器里喷吐出短缆绳。缆绳纤细得必须用放大镜仔细观察才能隐约看见，但对这些瘦弱的、几乎无法称量的小虫来说，用来平衡自己已经足够。

菜青虫开始吃植物性食物，它的长度立刻增加，从2毫米增加到4毫米。改换服装的毛皮褪换也很快进行，淡黄色皮肤上出现了间杂着白色纤毛的黑点，像长着虎斑一样。对表面损伤引起的痛苦和劳顿来说，三四天的休息是必不可少的，之后，小虫开始感到极度饥饿，在几周之内就将甘蓝吃得片叶不存。

多么大的胃口啊！什么样昼夜不停地运作的胃啊！这个消耗大

量物质的作坊，食物一经过它就立刻转化。我用一包精心挑选的大菜叶喂养钟形罩下的菜青虫，两小时以后，除了粗脉以外，叶子全被吃光，什么也没有剩下；而且，如果补充粮食迟了一会儿，连这些粗脉也会被吃掉。它们以这样的速度进食，一棵重一担、供给菜青虫一片片食用的甘蓝，还不够一个星期用。

因此，当贪吃的菜青虫迅速地大量繁殖时，便成了一种灾害。怎样预防我们的园子不受它侵害呢？在伟大的拉丁博物学家普林尼那个时代，人们在甘蓝地中央竖起一根尖头木桩。木桩上面置放一个被阳光晒白了的马颅骨，当然母马的颅骨更适宜。他们认为，这样吓唬人的东西会使这些贪得无厌的孬种逃之夭夭。

我不相信这种预防措施，我之所以提到它，是因为它使我想起一种我们现在常用，至少在我们邻近地区常用的做法。没有什么比荒谬不经的事更加根深蒂固的。传统习惯一方面简化普林尼谈到的古代保护装置，一方面把它保存起来。现代的村民用蛋壳取代马颅骨，将蛋壳戴在一根竖立在甘蓝地中间的小棍子尖。这种装置更加简单，但是一样毫无效果。

由于人们有些轻信，于是什么事物，甚至荒谬不经的事物，都有理由解释。我如果问我的农民邻居，他们就会对我说，蛋壳的作用很简单。粉蝶受到蛋壳晶莹的白色引诱，便到上面去产卵。在这个寸草不生的小棍上，小菜青虫受到烈日烘烤，又缺乏食物，便会死亡，虫子死了多少便少了多少。

我追根究底，问他们是否在这些白色的蛋壳上，看见过粉蝶卵或者小菜青虫。

他们异口同声回答说："从来没有。"

"那为什么还这样干呢？"

"过去就一直这样干嘛，我们继续这样干，别的什么也不清楚。"

我就问到他们这样答复为止。我深信，对古时使用马颅骨的记忆，正如过去那些荒诞不经的事物一样，是无法根除的。

总之，我们只有一种防范措施：提高警惕，经常监视甘蓝叶，以便用手指掐死，用脚踩死菜青虫。没有什么像这种需要耗费大量时间、需要高度警惕的办法这样有效。要得到一棵完完整整、没被虫咬的甘蓝，需要操多少心啊！这些普通的土地耕种者，这些高贵的衣衫褴褛者，为我们生产出赖以生存的物质，我们欠了他们多大的恩情啊！

吃和消化、积聚营养食物，最后化为粉蝶，是菜青虫唯一需要做的事。贪得无厌，欲壑难填，吃个不停，消化不停，就是这种差不多减缩到一根肠子模样的虫子的最大幸福。除了几次突然的惊跳外，它进食时总是聚精会神。当好几条菜青虫平行排列，身体侧面互相挨靠着用餐时，这种惊跳现象特别奇怪。在这个时刻，一排菜青虫的脑袋多次突然全部抬起，又突然全部垂下，动作的协调一致，称得上是普鲁士式的军事操练。这是恐吓随时可能出现的侵略者的方法吗？这是当温暖的阳光晒热它们吃得鼓凸的大肚皮时欢快的激情冲动吗？不管这是恐惧的还是幸福的标志，当它们还没有长得十分丰满时，这就是它们除了进食外唯一的活动。

喂养了一个月后，钟形罩下的虫群的食欲过盛现象平息了。这些菜青虫在金属网纱上到处攀爬，东游西逛，毫无秩序，抬起身体前部，探测活动范围。在攀登过程中，它们摆动的头四处吐出丝来。它们游来荡去，忐忑不安，渴望去远方。不久以前我看见过菜青虫成群地移居，现在它们受到了金属网纱的阻挡。

　　初寒来临的时候，我已经在小暖房里放置了好几棵住着菜青虫的甘蓝。我将这种平庸的植物奢侈地和好望角天竺葵，以及中国报春花一起放在玻璃围墙里，看见的人都对我的奇思怪想感到惊讶。我听任别人笑话，我有我的计划。我想看看当严峻的季节来临时，粉蝶家族会表现得怎么样。

　　事情的发展如我所愿。11月末，已经长得像期望那样粗胖的菜青虫逐渐抛弃甘蓝，开始在墙上游逛。没有一条在墙上定居，在上面做身体变态的准备。我猜想它们需要生活在自由的空气中，暴露在冬天的严寒里。于是，我把暖房的门打开，整个菜青虫群很快就消失了。

　　我在大约50步之外找到了它们，看见它们盲目地分散在各处，靠在邻近的墙上。一个突檐、一道单薄的灰浆褶皱，就是它们的避难所，虫蛹表皮就是在这里擦伤的，冬天它们将在这里度过。菜青虫体质强健，不容易受酷热和严寒的影响，它化蛹只需要一个空气流通、不一直潮湿的住所。

　　网罩里的菜青虫在金属网纱上躁动了几天，忐忑不安，要去远处寻找一堵高墙。墙没有找到，事情紧急起来。它们无可奈何，只好安于现状，靠在金属网纱上，在自己周围织出一张薄薄的白色丝毯。这条毯子是蛹的摇篮，菜青虫将在上面进行艰苦细致的劳动。菜青虫用一个小丝垫把它的后端固定在摇篮上，再用一条从肩下穿过、从左右两边将这条毯子连接起来的背带，把它的前部固定在摇篮上。它这样悬挂在三个拴系点上后，就脱去旧衣服，化成裸蛹。假如我不干预，菜青虫肯定会找到高墙的。除了这堵高墙以外，蛹就没有别的保护物。

　　谁想象有一个专门为我们人类准备的、充满美好事物的世界，谁就当然是目光短浅的。地球这个伟大的乳母，乳房丰满多汁，慷慨施与。既然富于营养的物质创造了出来，它就邀请大批消费者来聚餐。端上桌子的菜肴越好，消费者就越多、越大胆。

我们果园里的樱桃好极了，一条蛆虫和我们争夺这些樱桃。我们深入思考，研究太阳和行星，也是枉然。我们那探测宇宙的最高权力，却不能阻止一种可恨的蠕虫从甜美的水果中抽取走属于它的那一份。我们对甘蓝感到满意，粉蝶的子孙也感到满意。它们剥削我们的成果时，宁愿要大蒜芥这种植物，而不要花椰菜。我们除了清除菜青虫，消灭它们的卵以外，对它们的竞争无能为力。除虫和灭卵，是一种徒劳无益的、令人生厌的劳动。

一切动物都有生存的权利。菜青虫顽强地维护和行使它的权利，如果有关人士不参与保护甘蓝，这种珍贵植物就会受到严重损害。这些人不是出于同情心，而是出于自身需要充当助手和合作者。朋友和敌人、助手和破坏者，这些名词仅仅是一种并非适合表达真实情况的表达方式。吃我们或者吃我们的收获物的动物是敌人，吃吃我们的动物的动物是我们的朋友，一切都可以归结为胃毫无节制的竞争。

动物也有使用武力、施展诡计、进行抢劫的权利："你滚开，这是我在筵席上的座位。"这是禽兽世界冷酷的规律。唉，在某种程度上，这还是我们人类世界的规律呢。

在我们的昆虫助手中，身材最小的劳动最好。其中一种昆虫受托监护甘蓝。这种虫子很小，劳动时毫不引人注目，园丁不认识它，也从来没有听说过它。如果园丁偶然看见它围绕着受保护的植物翩翩起舞，也不会去注意它，更不会猜想到它对我们的贡献。我打算阐述这种微型昆虫的功绩和优点。

学者们称它为小腹茧蜂①，也就是微小的胃的意思。这个词的创造者想指什么？他企图暗示这种昆虫的腹部狭窄吗？不是，小腹茧蜂的肚子不管多么小，还是合适的，而且与身体成比例。传统的名称不但不能向我们提供情况，如果我们完全相信它，反而会使我们陷入迷误。专业词汇一天天变化，越来越胡乱叫嚷，是个不大可靠的向导。不去问虫子本身，你怎么称呼它呢？我们还是先问问虫子：你会干什么？你干哪一行？好，小腹茧蜂的职业就是开发菜青虫。这门职业清清楚楚，不会混淆。我们愿意看看它干活的情况吗？如果愿意，就在春天到菜园附近仔细观察吧。

不管人们探索的目光多么差，仍然会发现靠着高墙或者在篱笆脚下枯萎的牧场上，有一些很小的黄茧集结成块，形成榛子那样大小的堆。在每个茧群的旁边，躺着一条有时奄奄一息，有时已经死去，外形总是破败不堪的菜青虫。这些黄茧属于小腹茧蜂家族。这些茧已经羽化或者即将完美地羽化；而这条菜青虫是这个家的幼虫吃的食物。伴随小腹茧蜂这个词的形容词"团集状的"，使人想起这些茧结成块。我就按照茧群的原样采集，尽量不让小茧彼此隔离。这些小茧被表面错综复杂的线合并在一起，采集时需要耐心和灵巧。5月，从茧里出来一大群矮人似的虫子，它们在甘蓝地里迅速投入劳动。

人们常常用小蝇和蚊子这两个词，来指称在阳光下飞舞的小昆虫。在空中芭蕾舞中，什么样的飞虫都有一些。菜青虫的迫害者，能够像很多其他虫子那样在甘蓝里生存，但是，蚊子这个名称对它的确不适用。蚊子与苍蝇相同，属双翅目，是双翅昆虫；而我们谈

---

① 小腹茧蜂的法文为：Microgaster glomeratus，意思是"团集状的微小的胃"。——译注

论的这种昆虫却长着4个翅膀，全都能够飞行。

　　由于具有这种种特性，这种昆虫属于膜翅目。既然在科学词汇之外，我们的语言没有更加准确的词，我们就用蚊子这个词吧！因为这个词把它的外貌表述得相当清楚。我们的蚊子，小腹茧蜂，个子像小蝇那样大，长3～4毫米。雌雄两性数量相等，穿着同样的黑色制服，没有浅橙黄色的足。尽管有这些相同点，辨别它们还是很容易。雄虫的肚子微微凹陷，末端略微弯曲；雌虫在产卵前，肚腹肥满，显然是被卵胀鼓起来的。这个小家伙的这个速写，对我们来说已经足够。

　　如果我们一心想要了解小腹茧蜂的幼虫，特别要调查它的生活方式，应该在钟形罩下饲养一大群菜青虫。直接研究园子里的甘蓝，得到的资料只能是变化不定和枯燥无味的。这些资料我每天都可以在眼前收集到，想要多少都行。

　　6月，在菜青虫离开它们的牧场，去远处某堵高墙定居的时期，荒石园里的菜青虫找不到更好的地方，便爬到钟形罩的圆顶，为蛹织造一个必不可少的支撑网。在这些菜青虫织工中，我发现有的已经精疲力竭，在制作毯子时没有一点热情。根据它们的外貌，我可以推测它们受到了某种毁灭性的疾病侵害。

　　我抓来几只菜青虫，用针当解剖刀，剖开它们的肚子，一包变绿的肠子从肚里流出来；肠子淹浸在一种淡黄色的液体里，这种液体就是虫的血液。在这堆乱糟糟的内脏里，挤满一些像小蚯蚓似的虫子。它们懒洋洋地乱蹿乱动，数量千差万别，最少的有10～20只，有时有50多只。它们就是小腹茧蜂的子孙。

　　这些小家伙吃什么呢？我用放大镜仔细探查。放大镜查看到的地方没有一处不向我显示，这些寄生虫在同固体食物——油腻的小袋子、肌肉等进行斗争。没有一处，我没有看见它们在啃咬、啮噬、解剖。通过以下的实验，我了解到了一些情况。

我把从菜青虫的肚子里抽取出的虫群倒入玻璃杯里，用通过简单的针刺得到的菜青虫血淹泡它们。为防止菜青虫血蒸发，我便在潮湿的空气中，在玻璃罩下做实验。我还用再放血的方法来更新营养液，添加兴奋剂。本来，活菜青虫的劳动会让营养液得到兴奋剂的。我的那些乳儿从外表看都非常健康，它们饮水并且长大。我的这些寄生虫已经老熟，正如它们会离开菜青虫的肚子一样，离开玻璃杯这个餐厅，下到地上，试图织茧，但是它们却不能这样做，并且死去；它们缺乏合适的支撑物，缺乏垂死的菜青虫的那张丝毯。不过不要紧，我已经观察够了，可以下结论了。从严格的意义上说，小腹茧蜂的幼虫并不吃东西，它们只是消耗汤汁，这种汤汁就是菜青虫的血。

我仔细观察这些寄生虫，就会知道它们的特定食物必然是流质。这些白色的小虫，体节清清楚楚，身体前部呈尖形，并且乱七八糟地画着黑色细线，似乎这个细小的昆虫在一滴墨水里浸过。它缓慢地摆动臀部，却不移动身体。我用显微镜观察，它的嘴是个细孔，缺少能把东西弄碎的骨架，既没有大颚，也没有喙。它的进攻就是简单地吻一下，它不咀嚼，它只吮吸，一口一口喝身体周围的液汁。

我解剖受侵害的菜青虫，没有发现任何伤口。在这些病虫的肚子里，尽管有大量几乎不给乳娘的内脏让出空间的乳婴，但一切都井然有序，没有一处有毁废残断的痕迹，外部也没任何迹象表明内部受到了破坏。受到剥削的菜青虫同其他菜青虫一样进食和闲逛，没有忐忑不安和扭曲身体等痛苦迹象。从胃口和安静地进食消化来看，我不可能把它们同正常的菜青虫区分开来。

当临近编织支撑蛹必不可少的毯子时，病虫的外表极度消瘦，表明疾病在发挥作用。但是，这些菜青虫却照样编织，它们始终坚韧不拔，并不因临终垂危而忘记自身的职责。最后它们终于无声无息地死去，不是被刀切割而死，而是贫血致死。就这样，一盏灯在灯油耗尽时熄灭了。

菜青虫能够进食，能够造血，它的生命对小腹茧蜂幼虫的繁衍来说是绝对需要的。它可能坚持将近一个月，直到小腹茧蜂的子孙发育老熟。这两种虫子的日历奇妙地同步。当菜青虫停止进食，并且为身体变态做准备时，寄生虫也成熟起来，可以成群移居了。当饮水的昆虫不再需要水的时候，盛水皮囊就开始干涸；但是，直到此时此刻，它仍然应当保持丰满，虽然它已经一天天松软。因此，菜青虫不能遭受虽然轻微但会终止血液流通的伤害，为了达到这个目的，菜青虫的开发者戴上了嘴套，它们的嘴是个吮吸而不碰伤东西的细孔。

奄奄一息、濒临死亡的菜青虫把头慢慢地摆来摆去，继续铺放织毯子的线。是时候了，寄生虫即将从它的肚子里出来。事情发生在6月，在夜幕降临的时刻。

小腹茧蜂幼虫在菜青虫的腹面或者两侧打开缺口，而从来不在背面打开。这个缺口是独一无二的，开在抵抗力最小的部位，开在两个体节接合的节间膜；因为没有腐蚀工具，这肯定是件辛苦费劲的活。或许幼虫在进攻宿主时轮换工作，轮流到这里来用嘴挖洞。

整个游牧部落在短时间内，一次性全部通过这个独一无二的洞孔出来，立刻动来动去，暂时住在菜青虫的表皮上。我用放大镜无法分辨出这个小孔，因为它马上又关闭了。这时菜青虫这个皮囊已经被汲光抽尽，因此连一滴血也流不出，要把它夹在两个指头中间压榨，才能挤出剩下的几滴体液，才能发现出口的部位。

菜青虫并没有彻底死亡，还在继续编织毯子，为它的寄生虫织茧。丝线像黄色稻草，随着菜青虫头部的快速后退，从纺丝器中抽出，先固定在白色的网上，接着又固定在邻近的网上。小网互相混杂交错，单个虫子织的网便连成了一大块，每只幼虫在那里都有自己的一小块。现在编织成的还不是真正的茧，而是方便制作茧的脚手架。每个脚手架都靠在相邻的脚手架上，丝线缠在一起，变成了一座公共建筑。在那里，每只幼虫都爱惜自己的小室。真正的茧，结构紧密、小巧玲珑的织物，最后将在那里编织。

在我饲养菜青虫的钟形罩里，我得到了几组细小的茧，足够我用来做实验。因为春天一代的菜青虫受到了很大的侵害，只有四分之三的菜青虫向我提供了茧。我把茧一个个放进玻璃管里，为了进行实验，我将从这批茧中取用出自同一条菜青虫的整个寄生虫群。

两周以后，将近6月，小腹茧蜂的成虫出现了。在我仔细观察的第一根玻璃管中，有50多只。这个乱哄哄的群体交配正欢，雌虫和雄虫总是在同一条菜青虫身上就餐。多么热烈活跃的景象啊！多么淋漓尽致的爱情狂欢啊！这些俾格米人跳的萨班舞令观察者晕头转向，大感困惑。

大部分雌性寄生虫渴望自由，半个身子伸进玻璃管壁和封住玻璃管口的棉絮塞子之间。玻璃管的凸肚是空的，像一条圆廊。在这条圆廊前面，雄性寄生虫推推搡搡，挤来挤去，行色匆匆。每只雄虫都找到自己的轮次，都在很短的时间内干它特别感兴趣的大事，然后让位给竞争者，又去别处重新开始。喧哗吵闹的婚礼持续了整整一个上午，第二天又开始。喧闹嘈杂的场面总是一样的：交配、分离，再交配、再分离。

配成双双对对的寄生虫，在自由自在的田野里时，离开大伙，安静地独处一隅。但是，在玻璃管里，事情变得乱哄哄的；因为在狭窄的空间内，聚集的寄生虫满坑满谷，实在太多。

这些虫子的圆满幸福还缺少什么呢？显然，缺少一点食物，缺少从花里汲取来的几大口甜汁。我把粮食送进玻璃管。这些粮食不是幼虫会陷在里面的一滴一滴的蜜，而是一片一片的面包，这些面包片是薄薄地涂着甜食的细纸带。虫子来了，在那里停留，在那里进食，以恢复元气。看来菜肴是适合它们的，我继续这样喂食，而且有分寸地更新。当细纸带逐渐干燥时，我也能够把这些虫子养得体力非常充沛，直到不明确的事物终了为止。

实验还需要采用另外一套设备。储存在玻璃管里的虫群动个不停，迅速跳跃。不久以后，我应该根据迁移的情况，把它们安顿在不同的容器里。当手、镊子和其他强制性工具不能介入，不能控制动作敏捷的小囚犯的活动时，这样做就免不了会有大量损失，甚至有集体越狱的事情发生。

"光"这个无法抗拒的引诱力帮了我的忙。如果我把一只玻璃管横放在桌子上，让一端朝着射进窗户的强光，这些囚犯就立刻奔向被照得更亮的一端，并且长时间在那里挣扎、骚动，不打算倒退。如果我让玻璃管倒转方向，虫群立即迁移集中在另外一端。强烈的光线是它们最大的乐趣，我用这种诱饵把虫子引向我要它们去的地点。

我把新容器，试管或者短颈广口瓶，横放在桌子上，让封闭的一端朝向窗户；然后在新容器的开口打开一根盛满虫子的玻璃管，甚至当开口留下广阔的空间时，我也不采取别的预防措施，玻璃管里的一大群虫子都奔向了明亮的新房间。在移动这个仪器之前，只需要把它关闭就行了。观察者现在能够控制他可以随意考察的这个庞大的虫群，而不会有什么明显损失。

我首先问这些虫子：你们是怎样把你们的卵安放在菜青虫身上的？这个问题和其他类似的问题，以木桩刑处死昆虫的人，一般都对它略而不提。他们关心名义上的琐事超过关心大量的现实，他们用野蛮的标签对昆虫进行分类和编组，似乎就是昆虫学知识的最高表现。

名称，始终是名称，其他的都无关紧要。粉蝶的迫害者从前叫"微小的胃"，现在叫"不完整的东西"。啊，真是个不小的进步呀！它向我们提供了多么正确的情况呀！人们知道"微小的胃"或者"不完整的东西"，是用什么方式进入菜青虫的体内吗？不知道。一本书由于最近才出版，本应是现有知识的忠实传播者，但它却告诉我们，小腹茧蜂在菜青虫身上直接产下它的卵。这本书告诉我们，寄生害虫住在蛹里，它在蛹结实的角质外壳上钻孔，从蛹里出来。

我几百次看见成熟的幼虫成群结队迁移，以便织茧。它们总是通过菜青虫的皮出来，从来不通过蛹壳出来。根据它的嘴，一个没有大颚的小孔，我认为幼虫不能够钻通蛹的外壳。

这个已经被验证清楚的错误，使我对另外一种说法产生了怀疑；虽然这个说法合乎逻辑，并且合乎寄生虫遵循的方法。我不太相信印刷的书刊，我宁愿直接观察事实。在对任何事物加以肯定之前，我必须查看，这就叫作观察。这样做更慢、更艰苦，但更可靠。

我没有去观察荒石园里的甘蓝上发生的事。野外观察有很大的偶然性，而且不适于进行准确的观察。既然我手头有必需的器材，有汇集起来的玻璃管，玻璃管里有新近孵出的活蹦乱跳的小虫，我将在实验室的小桌上进行观察。

我将一个容量约为1升的短颈广口瓶横放在桌子上，瓶底朝向阳光朗照的窗户，再把一张住满菜青虫的甘蓝叶放进瓶里。这些菜青虫有的已经老熟，有的不大不小，有的刚从卵中孵出。如果实验要延长一些时间，我就用一张涂蜜的细纸带充作小腹茧蜂的食堂。最后，我用刚刚谈到的迁移方法，把一根玻璃管里的虫群释放到短颈广口瓶里。这个瓶子一旦封闭，我就听之任之，只需要经常监视就行了。如果必要，我将监视几天、几周，任何值得注意的事物，都逃不过我的眼睛。

菜青虫安安静静地进食，并不关心周围可怕的小东西。如果喜好吵闹的小腹茧蜂中，有几个冒失鬼爬到它们的背上，它们就突然惊跳一下，竖起身体前部，接着又突然降下，于是那些讨厌的家伙马上逃之夭夭。这些家伙倒也一点不像想要为非作歹，它们在涂蜜的细带子上进食，恢复体力。它们来来去去，吵吵嚷嚷。在偶然跳跃时，有些小家伙会向正在进食，但对它们毫不注意的菜青虫猛扑过去。这是偶然的相遇，不是有意的交往。

我改变菜青虫群的状态，我让它们的寿命彼此不同，不过是白费力气。我改变寄生虫群的状态，也是枉然。白天和黑夜，我在阳光朗照下，在黯淡的光线下，长时间密切注视短颈广口瓶里发生的事，也没有取得任何成效。关于寄生虫的进攻情况，我什么也没有观察到。写作昆虫学著作的作者不了解情况，因为他们没有真正耐心地观察。不管写书的人怎么说，我的结论是明确的：小腹茧蜂接种它的卵，从来不进攻菜青虫。

因此，我认为，小腹茧蜂一定是将卵产在粉蝶卵里，我将通过实验来证实。由于短颈广口瓶的大小不适合，寄生虫的活动空间太大，不易进行观察。于是，7月初，我选择了一根大拇指粗的玻璃管，在里面放一片甘蓝碎叶。碎叶上置放一个黄色卵粒，就像粉蝶放在上面那样。然后我又放进我储备在一个试管里的寄生虫群和一条涂蜜的小纸带。

很快寄生虫雌虫就忙得不亦乐乎，有时甚至弄黑整粒粉蝶黄卵。它们观察这个宝物，颤抖翅膀，用后足擦刷身子，表明它们如愿以偿，心满意足。它们聚精会神，用触角探测，谛听这个卵粒。它们用触角尖反复轻轻地拍打粉蝶卵，然后很快把腹部末端贴靠在选择好的卵上。每次我都看见它的腹部末端，涌现出一个精巧锐利的角质小尖头，这是它把卵安放在粉蝶卵的薄膜下面的工具，是接种用的手术刀。甚至当大批产卵者同时劳动时，产卵进行得平平静静、有条不紊。第一个过去了，第二个就跟上去，然后是第三个、第四个，直至终结。我无法明确指出小腹茧蜂的探测何时终结。每次手术刀插进，就放进一枚卵。

在这样熙熙攘攘、嘈杂喧闹的情况下，目随这些川流不息地奔向同一枚卵的产卵者是不可能的。要估计接种在同一枚粉蝶卵上的寄生虫卵的数量，我有一个很实用的办法：以后剖开受害的菜青虫的身体，数数它们体内的蠕虫。我还有一个办法，不那么令人厌恶：清点聚集在每条死菜青虫周围的小茧壳，茧壳总数会告诉我们有多少接种的卵。在这些卵中，有一些是由同一个母亲往返多次接种的，其他的则由不同母亲接种。茧的数目千变万化，一般说来，在20只左右，我也见过有60只的，但没有任何迹象能够表明这就是最大限度。

　　消灭粉蝶的子孙后代的活动多么残酷啊！这个时候，我遇到了一位学识渊博、素养很高且精于哲学思考的访问者。在小腹茧蜂劳动的工作台前面，我把位置让给他。他整整一个小时手拿放大镜仔细观察，他目随那些产卵者，观看它们从一枚卵到另一枚卵进行选择，然后亮出精巧的柳叶刀，蜇刺那些络绎不绝的过路者已经多次蜇刺过的粉蝶卵。最后他放下放大镜，陷入了沉思，并且有些忐忑不安。这种巧妙而彻底的对生命的抢劫，他从来没有像在我那根指头粗的玻璃管里那样清晰地瞥见过。

（吴模信　译）

译名对照表

原文	译文
[昆虫名]	
Abeille	蜂
Abeille de Virgile	维吉尔蜂
Abeille domestique	蜜蜂
Abeille tapissière	织毯蜂
Acare	粉螨
Acarien	蜱螨
Achérontie Atropos	二尾蛾
Acridien	蝗虫
Agenia hyalipennis Zetterstedt	透翅黑蛛蜂
Agenia punctum Panz.	斑点黑蛛蜂
Agénie	黑蛛蜂
Agrion	豆娘
Aleochara fuscipes Fab.	褐足隐翅虫
Alyde éperonné	带马刺蛛缘蝽
Ammophile	砂泥蜂
Ammophile à pattes antérieures rouges	红爪砂泥蜂
Ammophile argentée	银色砂泥蜂
Ammophile des sables	沙地砂泥蜂
Ammophile hérissée	毛刺砂泥蜂
Ammophile Julli	朱尔砂泥蜂
Ammophile soyeuse	柔丝砂泥蜂
Analote des Alpes	阿尔卑斯距螽
Andrène	地蜂
Anisotome	大蚕蛾
Anoxie	害鳃金龟属
Anoxie australe	南方害鳃金龟
Anoxie matutinale	晨害鳃金龟
Anoxie velue	绒毛害鳃金龟
Anthaxia nitidula	露尾吉丁
Anthidie	黄斑蜂
Anthidie à manchette	肩衣黄斑蜂
Anthidie à sept dentelures	七齿黄斑蜂
Anthidie diadème	冠冕黄斑蜂

原文	译文
Anthidie florentin	采花黄斑蜂
Anthidie sanglé	色带黄斑蜂
Anthidium bellicosum Lep.	好斗黄斑蜂
Anthidium Latreillii Lep.	拉氏黄壁蜂
Anthidium manicatum Latr.	偎毛黄斑蜂
Anthidium quadrilobum Lep.	四分叶黄斑蜂
Anthophore	条蜂
Anthophore à masque	面具条蜂
Anthophore à pieds velus	毛足条蜂
Anthophore parietina	黑条蜂
Anthophore pilipes	低鸣条蜂
Anthophore retusa	钝背条蜂
Anthrax	卵蜂虻属
Anthrax flava	卵蜂虻
Anthrax sinué	变形卵蜂虻
Anthrax trifasciata	三面卵蜂虻
Anthrène	圆皮蠹
Aphidiens	蚜科
Aphodie ou Aphodiens	蜉金龟属
Apion gravidum	圆腹梨象
Apodère du noisetier	榛树卷叶象
Arachnides	蛛形纲
Araignée	蜘蛛
Araignée Clotho	克罗多蛛
Araignée domestique	家隅蛛
Araignée labyrinthe	迷宫漏斗蛛
Aranéide	蜘蛛
Argyronète	水蛛
Aromie à odeur de rose	柳麝香颈天牛
Asides	盗虻
Astate	异色泥蜂
asticot	蛆虫
Ateuchus	金龟子
Atropos	唷虫
Attagenus pellio	二星毛皮蠹

原文	译文
Attelabe curculionoïde	栎卷象
Attus	跳蛛
Balanin	象虫
Balanin des glandes	栎象
Balanin éléphant	欧洲栎象
Balarin des noisettes	榛子象
Bembex	泥蜂
Bembex bidenté	带齿泥蜂
Bembex de Jules	朱尔泥蜂
Bembex oculata Jur.	大眼泥蜂
Bembex olivacea Rossi	橄榄树泥蜂
Bembex rostré	铁色泥蜂
Bembex tarsata Lat.	跗猴泥蜂
Blaps	琵琶甲
Blatte	蟑螂
Bolbites onitoïde	牛粪球蜣螂
Bolbocère	盔球角粪金龟
Bombus hortorum	长颊熊蜂
Bombus terrestris	土熊蜂
Bombyle	蜂虻属
Bombylien	蜂虻
Bombylius	蜂虻
Bombylius nitidulus	黄蜂虻
Bombyx du chêne	橡树蛾
Bombyx du mûrier	蚕蛾
Bombyx du pin	松毛虫蛾
Bombyx du trèfle	苜蓿蛾
Bothynoderes albidus	甜菜象
Bourdon	熊蜂
bousier	食粪虫
Brachycère	短喙象
Brachydère pubescent	柔毛短喙象
Brachydère gracilis	细长短喙象
Bruche	豆象
Bruche des haricots	菜豆象
Bruche du pois	豌豆象
Bruchus granarius	谷仓豆象
Bubas	布蜣螂属
Bubas bison ou Onitis bison	野牛布蜣螂

原文	译文
Bubas bubale	水牛布蜣螂
Bupreste	吉丁
Bupreste bronzé	青铜吉丁
Bupreste éclatant	亮丽吉丁
Bupreste géminé	对生吉丁
Bupreste noir	八斑吉丁
Bupreste ténébrion	粉吉丁
Buprestis bifasciata	双面吉丁
Buprestis biguttata	双斑吉丁
Buprestis chrysostigma	金点吉丁
Buprestis flavo maculata	黄斑吉丁
Buprestis micans	碎点吉丁
Buprestis novem-maculata	九点吉丁
Buprestis pruni	紫红吉丁
Buprestis tarda	慢步吉丁
Calandre	谷象
Calicurgue bouffon	滑稽蛛蜂
Calliphore	丽蝇
Calosome sycophante	告密广宥步甲
Cantharide	西班牙芫菁
Capricorne	大天牛
Capricorne du chêne	神天牛
Carabe	步甲
Carabe doré	金步甲
Carabe pourpré	紫红步甲
Carabique	步甲科
Casside	龟甲
Cérambyx	神天牛
Ceratina albilabris Fab.	白唇芦蜂
Ceratina callosa Fab.	硬皮芦蜂
Ceratina chalcites Germ.	金色芦蜂
Ceratina coerulea Villers.	蓝芦蜂
Cératine	芦蜂
Cerceris	节腹泥蜂
Cerceris antonia	安多尼娅节腹泥蜂
Cerceris arenaria	沙地节腹泥蜂
Cerceris aurita	大耳节腹泥蜂
Cerceris bupresticide	吉丁节腹泥蜂
Cerceris de Ferrero	铁色节腹泥蜂

原文	译文
Cerceris Julli	朱尔节腹泥蜂
Cerceris labiata	大唇节腹泥蜂
Cerceris orné	缀锦节腹泥蜂
Cerceris quadricincta	四带节腹泥蜂
Cerceris tuberculé	栎棘节腹泥蜂
Cerf-volant	鹿角锹甲
Cérocome	蜡角芫菁
Cérocome de Schaeffer	谢氏蜡角芫菁
Cérocome de Schreber	施氏蜡角芫菁
Cétoine	花金龟
Cétoine dorée	金绿花金龟
Cétoine drap-mortuaire	斑尖孔花金龟
Cétoine floricole	多彩花金龟
Cétoine métallique	铜星花金龟
Cétoine morio	傲星花金龟
Ceutorhynque	龟象
Chalcide pygmée	侏格米小蜂
Chalcidite	小蜂科
Chalicodome	石蜂
Chalicodome de Sicile	西西里石蜂
Chalicodome des arbustes	灌木石蜂
Chalicodome des galets	卵石石蜂
Chalicodome des hangars	棚檐石蜂
Chalicodome des murailles	高墙石蜂
Chalicodome pyrenaïca Lep.	比利牛斯石蜂
Chalicodome pyrrhopeza Ger.	红脚石蜂
Chalicodome rufescens Perez	红黄色石蜂
Chalicodome rufitarsis Giraud	红跗石蜂
Charançon	象虫
Charançon de l'Iris des marais	沼泽鸢尾象
Chenille	幼虫
Chenille arpenteuse	量地虫
chenille de Dicranura vinula	舟蛾幼虫
chenille de l'arbousier	野草莓幼虫
Chenille de papillon crépusculaire	黄昏凤蝶幼虫
Chenille de Papillon diurne	昼凤蝶幼虫
Chenille de Papillon nocturne	夜蛾幼虫
Chenille de Zeuzère	豹蠹蛾幼虫

原文	译文
Chloenies	强步甲
Chlorion comprimé	克罗翁
Choleva tristis Panz.	暗色食尸虫
chrysalide	蛹蛹
Chrysis	青蜂
Chrysis flammea	火焰青蜂
Chrysobothris chrysostigma	铜点吉丁
Chrysomèle	叶甲
Chrysomèle du peuplier	杨树叶甲
Chrysomèle noire	大黑叶甲
Cicada orni Lin.	山蝉
Cicada plebeia Lin.	南欧熊蝉
Cicada tomentosa	毛蝉
Cicadelle	黄叶蝉
Cicadelle écumeuse	白沫叶蝉
Cicindèle	虎甲
Cigale	蝉
Cigale noir	黑蝉
Cigale pygmée	矮蝉
Cigale rouge	红蝉
Cione	球象
Cionus thapsus Fab.	胡萝卜球象
Clairon	喇叭虫
Cléone	方喙象
Cléone ophthalmique	小眼方喙象
Cleonus alternans	双带方喙象
cloporte	鼠妇
Clubione	管巢蛛
Clythre	锯角叶甲
Clythre à longs pieds	长脚锯角叶甲
Clythre à quatre points	四点锯角叶甲
Clythre à six taches	六斑锯角叶甲
Clythre longimana	长腿锯角叶甲
Clythre taxicorne	塔克西锯角叶甲
Clytus arietis	蜂形天牛
Clytus tropicus	热带天牛
Coccinelle	瓢虫
Coccinelle à sept points	七星瓢虫
Coccinelle interrupta Oliv.	橄榄树瓢虫

原文	译文
Coelioxys	尖腹蜂
Coelioxys 8-dentata	八齿尖腹蜂
Coelioxys caudata Spinola	媚态尖腹蜂
Coléoptère	鞘翅目
Conocéphale	草螽
Copris	粪蜣螂属
Copris d'Isis	虹彩粪蜣螂
Copris espagnol	西班牙粪蜣螂
Copris lunaire	月形粪蜣螂
Coprobie à deux épines	双刺蚍蜣螂
Cossus	木蠹
Courtilière	蝼蛄
Cousin	库蚊
Craboniens	方头泥蜂科
Crabron bouche d'or	金口方头泥蜂
Crabronite	方头泥蜂
Criocephalus ferus	天牛
Criocère	叶甲
Criocère à douze points	十二点叶甲
Criocère champêtre	田野叶甲
Criocère du lis	百合花叶甲
Criquet	蝗虫
Criquet à ailes bleues	蓝翅蝗虫
Criquet cendré	灰蝗虫
Criquet des vignes	葡萄树蝗虫
Criquet d'Italie	意大利蝗虫
Criquet pédestre	红股秃蝗
Crocise	盾斑蜂
Cryptocéphale	隐头叶甲
Cryptocéphale à deux points	二星隐头叶甲
Cryptocéphale de l'yeuse	圣栎隐头叶甲
Cryptocéphale doré	金色隐头叶甲
Cryptos	毒千足虫
Cryptus bimaculatus Grav.	双点小蠹
Cryptus gyrator Duf.	转纹小蠹
Curculionide	象虫科
Dasypode	毛斑蜂
Dectique	螽斯
Dectique à front blanc	白额螽斯

原文	译文
Dectique gris	灰色螽斯
Dermeste	皮蠹
Dermestes Frischii Kugl.	拟白腹皮蠹
Dermestes pardalis Schoen.	豹斑皮蠹
Dermestes undulatus Brah.	波纹皮蠹
Dioxys	双齿蜂
Dioxys à ceinture	束带双齿蜂
Diptère	双翅目
Dorcus parallelipipedus	平行陶锹甲
Dorthésie	蜡衣虫
Drile	稚萤
Dynaste Hercule	大力神独角仙
Dytique	龙虱
Echinomyia intermedia	中带寄蝇
Echinomyia rubescens	寄蝇
Egasome	薄翅天牛
Empuse appauvrie	椎头螳螂
Epeire	圆网蛛
Epeire adianta	铁线圆网蛛
Epeire angulaire	角形圆网蛛
Epeire cratère	漏斗圆网蛛
Epeire diadème	冠冕圆网蛛
Epeire pâle	苍白圆网蛛
Epeire scalaris	梯形圆网蛛
Ephialtes divinator Rossi	占卜长尾姬蜂
Ephialtes mediator Grav.	中介长尾姬蜂
Ephippigère	距螽
Ephippigère avitium Serv.	短翅距螽
Ephippigère des vignes	葡萄树距螽
Ergate	大薄翅天牛
Eristale	尾蛆蝇
Eschna grandis Lin.	大蜻蜓
Eucère	长须蜂
Euchlore	朱尔丽金龟
Eumène	黑胡蜂属
Eumène d'Amédée	阿美德黑胡蜂
Eumène onguiculé	有爪黑胡蜂
Eumène pomiforme	点黑胡蜂
Eumenes bipunctis Sauss.	双点黑胡蜂

原文	译文
Eumenes dubius Sauss.	模糊状黑胡蜂
Euritoma rubicola J. Giraud	赭色广宥小蠹
Foenus pyrenaicus Guérin	比利牛斯蜂
forficule	球螋
Fourmi-Lion	蚁蛉
fourmis	蚂蚁
Fourmis rousse	红蚂蚁
Fumea comitella Bruand	小蓑蛾
Fumea intermediella Bruand	中介小蓑蛾
gent porte-trompe	大吻管昆虫
Geonemus flabellipes	细长短方喙象
Géotrupe	粪金龟属
Géotrupe hypocrite	黑粪金龟
Géotrupe mutator Marsh	变粪金龟
Géotrupe spiniger	具刺粪金龟
Géotrupe stercoraire	粪堆粪金龟
Gonia atra	黑服寄蝇
Grand-Paon	大孔雀蛾
Grillon	蟋蟀
Grillon bimaculé	双斑蟋蟀
Grillon bordelais	波尔多蟋蟀
Grillon champêtre	田野蟋蟀
Grillon solitaire	独居蟋蟀
Gromphas de Lacordaire	拉科代猪蜣螂
Guêpe	胡蜂
Guêpe commune	普通胡蜂
Guêpe frelon	黄边胡蜂
Guêpe moyenne	中形胡蜂
Gymnetron thapsicola Germ.	毒鱼草象
Gymnopleure	侧裸蜣螂属
Gymnopleure pilulaire	墨侧裸蜣螂
Gymnopleurus flagellatus Fab.	鞭侧裸蜣螂
Gyrin	豉甲
Halicte	隧蜂
Halicte à six bandes	六带隧蜂
Halicte cylindrique	圆柱隧蜂
Halicte zèbre	斑纹隧蜂
Halictus malachurus K.	软体隧蜂
Hanneton	云鳃金龟属

原文	译文
hanneton des pins	松树鳃角金龟
Hanneton foulon	富云鳃金龟
Helophilus pendulus	悬垂蝇
Hémerobe	普通草蛉
Heriades rubicola Pérez	红黑孔蜂
Hérissonne	刺毛虫
Hister cadaverinus	腐阎虫
Histériens	阎虫科
Hoplie	单爪丽金龟
Hydromètre	尺蝽
Hydrophile	水龟虫
Hylotome	三节叶蜂
Hyménoptère	膜翅目
Hyménoptères déprédateurs	捕食性膜翅目
Hyménoptères mellificiens	采蜜类膜翅目
Hyménoptères parasites	寄生类膜翅目
Ichneumons	姬蜂
Infusoires	纤毛虫
insecte aptère	无翅昆虫
iule	马陆
Kermès de l'yeuse	圣栎胭脂虫
Lamellicorne	鳃角类
Lamies	青杨黑天牛
Larin	菊花象
Larin à étole	襟带菊花象
Larin maculé	色斑菊花象
Larin ours	熊背菊花象
Larin parsemé	撒斑菊花象
Larinus Scolymi Oliv.	斯氏菊花象
lépidoptère	鳞翅目
Leucopsis	斑腹蝇
Leucospis	褶翅小蜂
Leucospis grandis	大褶翅小蜂
Libellule	蜻蜓
Limnophilus flavicornis	红角沼石蛾
Liparis	尼蛾属
Liparis auriflua Fab.	毒蛾
Liparis de l'arbousier	野草莓尼蛾
Lithobie	石蜈蚣

原文	译文
Lithurgue	刺胫蜂
Lithurgus cornutus Fab.	角刺胫蜂
locustien	飞蝗
Longicornes	天牛科
Lucilia cadaverina Linn.	食尸绿蝇
Lucilia coesar Linn.	叉叶绿蝇
Lucilia cuprea Rob.	常绿蝇
Lucilie	绿蝇
Lycose	狼蛛
Lycose de Narbonne	纳博讷狼蛛
Lycose tarentule	狼蛛
Machaon	金凤蝶
Macrocère	大头蜂
Malmignatte	红带蜘蛛
Mante décolorée	灰螳螂
Mante religieuse	修女螳螂
Mégachile	切叶蜂
Mégachile à ceinture blanche	白带切叶蜂
Megachile apicalis Spin	斑点切叶蜂
Megachile argentata Fab.	银色切叶蜂
Megachile imbecilla	愚笨切叶蜂
Megachile lagopoda Linn.	兔脚切叶蜂
Megachile sericans Fonsol	丝光切叶蜂
Mégachile soyeux	柔丝切叶蜂
Mégathope bicolore	双色大地蜣螂
Mégathope intermédiaire	居间大地蜣螂
Mélasomes	杨树叶甲科
Mélecte	毛足蜂
Méloé	短翅芫菁
Méloé à cicatrices	疤痕短翅芫菁
Méloïdes	芫菁科
mélolonthien	鳃金龟属
Microgaster glomeratus	小腹茧蜂
Milesia fulminans	苹蚜蝇
Mille-Pattes	千足虫
Mille-Pieds	类千足虫
Minime à bande	小阔纹蛾
Minotaure typhée	蒂菲粪金龟
Monche domestique	苍蝇

原文	译文
Monodontomerus cupreus Sm.	赤铜短尾小蜂
Mouche	蝇
mouche bleue de la viande	反吐丽蝇
Moucheron	飞蝇
Musca domestica	家蝇
muscides	蝇科
Mutille	蚁蜂
Mygale	原蛛
Myiodite	蟥
Mylabre	斑芫菁
Mylabre à douze points	十二点斑芫菁
Mylabre à quatre points	四点斑芫菁
Myodites subdipterus	蟥
myriapode	多足纲
Nécrophoge	负葬甲属
Nécrophore vestigator	残葬甲
Nécrophorus vespillo	夜葬甲
Necydalis major	短翅天牛
Nèpe	蝎蝽
Nessus	蛱蝶
Noctuelle des moissons	黄地老虎
Notonecte	仰泳蝽
Odynère	蜾蠃
Odynère alpestre	阿尔卑斯蜾蠃
Odynère nidulateur	筑巢蜾蠃
Odynère rubicole	赭色蜾蠃蜂
Odynerus delphinalis Giraud	海豚蜾蠃蜂
Odynerus Reaumurii	雷氏蜾蠃
Odynerus spinipés	棘刺蜾蠃
Oecanthe pellucide	树蟋
Oedipoda miniata Pallas	红斑翅蝗
Omalus auratus	小蓝
Omophlus lepturoides	野樱朽木甲
Oniticelle	缨蜣螂属
Oniticelle à pieds jaunes	黄腿缨蜣螂
Onitis	双凹蜣螂属
Onitis d'Olivier	贝利双凹蜣螂
Onthophage	嗡蜣螂属
Onthophage coenobita	垃圾嗡蜣螂

原文	译文
Onthophage de Schreber	斯氏嗡蜣螂
Onthophage fourchu	叉角嗡蜣螂
Onthophage taureau	公牛嗡蜣螂
Onthophagus fronticornis	额角嗡蜣螂
Onthophagus lemur Fab.	鬼嗡蜣螂
Onthophagus nuchicornis Lin.	颈角嗡蜣螂
Onthophagus vacca Lin.	母牛嗡蜣螂
Opâtre	砂潜
Orthoptère	直翅目
Orycte nasicorne	葡萄蛀犀金龟
Orycte Silène	凹叶颚犀金龟
Oryctes	蛀犀金龟属
Osmie	壁蜂
Osmie à trois cornes	三叉壁蜂
Osmie andrénoïde	红腹壁蜂
Osmie bleue	蓝壁蜂
Osmie cornuta	角壁蜂
Osmie cyanoxantha Pérez	青壁蜂
Osmie de Latreille	拉氏壁蜂
Osmie de Morawitz	摩氏壁蜂
Osmie dorée	金黄壁蜂
Osmie minime	微形壁蜂
Osmie rousse	红毛壁蜂
Osmie tridentée	三齿壁蜂
Osmie usée	啮屑壁蜂
Osmie variée	杂色壁蜂
Osmie viridane	绿壁蜂
Otiorhynche	耳象
Otiorhynchus maleficus	作恶耳象
Otiorhynchus rancus	草莓耳象
Oxyporus rufus Lin.	巨须隐翅甲
Pachytilus nigrofasciatus de Géer.	黑面小车蝗
Palare	黄足小唇泥蜂
Pangonie	距虻
Panicaut	瘦姬蜂
Papillon	凤蝶
Papillon nocturne	夜蛾
Paragus	锯盾小蚜蝇

原文	译文
Parnassius Apollo	阿波罗绢蝶
Parnope	青蜂
Parnope carné	肉色青蜂
Pélopée	长腹蜂
Pélopée de Sumatra	苏门答腊长腹蜂
Pélopée tourneur	车工长腹蜂
Pemphigus	瘿绵蚜
Pemphigus cornicularius Pass.	角瘿绵蚜
Pemphigus follicularius Pass.	苴葵瘿绵蚜
Pemphigus pallidus Derb.	白瘿绵蚜
Pemphigus semi-lunaris Pass.	半月瘿绵蚜
Pemphigus utricularius Pass.	胞果瘿绵蚜
Pentatome	真蝽
Pentatome à noires antennes	黑角真蝽
Pentatome costumé de vert pâle	淡绿真蝽
Pentatome des baies	浆果真蝽
Pentatome orné	华丽真蝽
Pentodon punctatus	显刻禾犀金龟
petit capricorne	栎黑天牛
Petit-Paon	小樗蚕
Phalène	尺蛾
Phanée Milon	米隆亮蜣螂
Phanée splendide	亮丽亮蜣螂
Phanéroptère	镰刀树螽
Phaneus festivus	靓丽尖腹蜣螂
Phérophorie	斐洛福蝇
Philanthes	大头泥蜂
Philanthes apivore	食蜜蜂大头泥蜂
Philanthes couronné	冠冕大头泥蜂
Philanthes ravisseur	劫持者大头泥蜂
Philanthidae	大头泥蜂科
Phrygane	石蛾
Phrygane de genre Leptoceras	长角石蛾
Phrygane de genre Sericostoma	毛石蛾
Phytonome	叶象
Phytonomus murinus	鼠灰色叶象
Phytonomus punctatus	带刺叶象
Phytonomus variabilis	变形叶象
Piéride	粉蝶

原文	译文
Pimélie	黑绒金龟
Pimélie biponctuée	两斑黑绒金龟
Platycleis grisea Fab.	灰色跳螽
Platycleis intermedia Serv.	跳螽
Polistes gallica	胡蜂
Pollenia floralis	花粉蝇
Pollenia rudis	粗野粉蝇
Pollenia ruficollis	粉蝇
Polydesme	赤马陆
Pompile	蛛蜂
Pompile à huits points	八点蛛蜂
Pompile annelé	环带蛛蜂
Pompile apical	尖头蛛蜂
Pou des Abeilles	蜂虱
Processionnaire du pin	松毛虫
Procruste coriace	革黑步甲
Procuste	小红夜蛾
Prosopis confusa Schenck.	钝叶舌蜂
Psen	短柄泥蜂
Psen atratus	黑色短柄泥蜂
Psyche	蓑蛾属
Psyché	蓑蛾
Psyche febretta Boyer de Fonscolombe	黑蓑蛾
Psyche unicolor Hufnagel	单色蓑蛾
Psythire	拟熊蜂
Puceron	蚜虫
Puceron du térébinthe	笃耨香树蚜虫
Punaise	臭虫
Punaise grise	灰色臭虫
Pupa	蛹
Quedius fulgidus Fab.	闪光隐翅虫
Réduve à masque	臭虫猎蝽
Résiniers	采脂蜂
Rhynchite	卷叶象
Rhynchite de la vigne	葡萄树象
Rhynchite du bouleau	桦树卷象
Rhynchite du peuplier	青杨绿卷象
Rhynchite du prunellier	黑刺李象

原文	译文
Rhynchites Bacchus Lin.	杏树象
rubicole	珠蜂
Saperde Carcharias	山杨楔天牛
Saperde chagrinée	轧花天牛
Saperde ponctuée	色斑楔天牛
Saperde scalaire	天使鱼楔天牛
Saperdes	楔天牛
Saprin	腐阎虫
Saprin maculé	具斑腐阎虫
Saprinus detersus Illig.	脱污腐阎虫
Saprinus furvus Erichs.	暗色腐阎虫
Saprinus metallescens Erichs.	红色腐阎虫
Saprinus oeneus Fab.	酒腐阎虫
Saprinus rotundatus Kug.	圆形腐阎虫
Saprinus semipunctatus De Mars.	半斑腐阎虫
Saprinus speculifer Latr.	光腐阎虫
Saprinus subnitidus De Mars.	光泽腐阎虫
Saprinus virescens Payk.	绿色腐阎虫
Sapyge ponctuée	寡毛土蜂
Sarcophaga agricola	农田麻蝇
Sarcophaga carnaria	常麻蝇
Sarcophaga hoemorrhoidalis	红尾粪麻蝇
Sarcophage	麻蝇
Sauterelle verte	绿色蝈蝈儿
Scarabée	金龟子
Scarabée à cicatries	瘢痕金龟
Scarabée à huile	油金龟子
Scarabée à large cou	阔背金龟
Scarabée sacré	圣甲虫
Scarabée semiponctué	半刻金龟
Scarabée varioleux	麻点金龟
Scarabéiens	金龟子科
Scarite géant	大头黑步甲
Scarite lisse	光滑黑步甲
Scatophaga scybalaria	丝翅类蝇
Scolie	土蜂
Scolie à deux bandes	双带土蜂
Scolie de Madagascar	马达加斯加土蜂

原文	译文	原文	译文
Scolie des jardins	花园土蜂	Sphodres	心步甲
Scolie hémorrhoïdale	痔土蜂	Staphylin	隐翅虫
Scolie interrompue	沙地土蜂	Staphylin odorant	芬芳隐翅虫
Scolien	小土蜂	Staphylinus maxillosus Linn.	颚骨隐翅虫
Scolopendre	蜈蚣	Stelis	暗蜂
Scolytiens	棘胫小蠹	Stilbum calens Fab.	蚁小蜂
scorpion	蝎子	Stize	大唇泥蜂
Scorpion blanc du Midi	南方白蝎子	Stize ruficorne	赤角大唇泥蜂
Scorpion languedocien	朗格多克蝎子	Stize tridenté	三齿大唇泥蜂
Scorpion noir	黑蝎子	Stomoxys	厩蛰蝇
Ségestrie perfide	类石蛛	Stromatium strepens	绞天牛
Sésie	透翅蛾	Strophosome	象虫
Silphe	葬甲属	Sylphe	葬尸甲属
Silphe obscura Lin.	暗葬甲	Syritta	粗股蚜蝇
Silphe rugosa Lin.	皱葬甲	Syritta pipiens	黄环粗股蚜蝇
Silphe sinuata	曲缘尸葬甲	Syrphe	蚜蝇
Sirex	树蜂	Syrphide	食蚜蝇科
Sirex augur Klug.	堂树蜂	Syrphus corolloe	彩色蚜蝇
Sirex gigas	巨树蜂	Tabanus	虻属
Sirex juvencus	蚴树蜂	Tachina	寄蝇属
Sisyphe de Schoeffer	赛西蜣螂	Tachinaire	弥寄蝇
Sitaris	西芫菁	Tachyte	步甲蜂
Sitaris humeralis	肩衣西芫菁	Tachyte anathème	弃绝步甲蜂
Sitona lineata	直条根瘤象	Tachyte chasseur de Mantes	弑螳螂步甲蜂
Sitona tibialis	长腿根瘤象	Tachyte de Panzer	装甲车步甲蜂
Sitone	根瘤象	Tachyte noir	黑色步甲蜂
Solenius à ailes brunes	褐翅旋管泥蜂	Tachyte obsoleta	便服步甲蜂
Solenius vagabond	流浪旋管泥蜂	Tachyte tarsier	跗猴步甲蜂
Sphex	飞蝗泥蜂	Taon	虻
Sphex à ailes jaunes	黄足飞蝗泥蜂	Tarentule	狼蛛
Sphex à bordures blanches	白边飞蝗泥蜂	Tarentule à ventre noir	黑腹狼蛛
Sphex africain	非洲飞蝗泥蜂	Teigne	衣蛾
Sphex languedocien	朗格多克飞蝗泥蜂	Ténébrionide	拟步甲科
Sphex saharien	撒哈拉飞蝗泥蜂	Tenthrède	叶蜂
Sphingonotus coerulans Lin.	青翅束颈蝗	Termite	白蚁
Sphinx	天蛾	Theridion	球蛛
Sphinx Atropos	鬼脸天蛾	Théridion lugubre	暗色球蛛
Sphinx des tithymales	桲天蛾	Thomise	蟹蛛
Sphinx rayé	条纹天蛾	Thomisus onustus Walck.	金钱蟹蛛

原文	译文	原文	译文
Thomisus rotundatus Walck.	满蟹蛛	Bernard Verlot	威尔罗
Tipule	大蚊	Boileau	布瓦洛
Tripoxylon	短翅泥蜂	Boitard	布瓦塔尔德
Tripoxylon figulus Linn.	制陶短翅泥蜂	Bréguet	布雷盖
Trox	皮金龟属	Brillat-Savarin	布利亚－萨瓦兰
Trox perlé	珠皮金龟	Brullé	布鲁莱
Truxale	蚱蜢	Buffon	布封
Vanesse grande tortue	大龟蛱蝶	Buridan	比利当
Ver à soie	蚕	Cagliostro	卡廖斯特罗
Ver luisant ou Lampyre	欧洲萤火虫	Callot	卡罗
Volucelle	黑带蜂蚜蝇	César	恺撒
Vulcain	海军蛱蝶	Cicéron	西塞罗
Xylocope	木蜂	Claire	克莱尔
Zeuzère	豹蠹蛾	Clairville	克莱维尔
Zonitis	带芫菁	Claude Bernard	贝尔纳
Zonitis brûlé	焦斑带芫菁	Cléopâtre	克娄巴特拉
Zonitis mutique	钝带芫菁	Clotho	克罗多
		Columelle	科吕麦拉
		Confucius	孔子
[人名]		Cuvier	居维叶
		Dante	但丁
A. Dugès	杜热	Darwin	达尔文
Aglaé	阿格拉艾	Daumas	多玛
Agrippa	阿格里帕	David	大卫
Alembert	阿朗伯特	De Castelnau	卡斯特诺
Anacréon	阿那克里翁	Démonsthène	狄摩西尼
Anaxagore	阿纳夏格尔	Devillario	德维拉里奥
Anna	安娜	Diogène	狄奥简内
Antoine	安东尼	Dioscoride	迪约斯科里德
Antonia	安多尼娅	Doré	多雷
Archimède	阿基米德	Du Hamel	杜·阿梅尔
Aristophane	阿里斯托芬	Dumas	杜马
Aristote	亚里士多德	Durand	德杜朗
Audouin	欧杜安	Dzierzon	茨耶尔松
Audubon	奥迪蓬	Emile	埃米尔
Auguste	奥古斯特大帝	Emile Blanchard	布朗夏尔
Bastien	巴斯蒂安	Enée	埃涅阿斯
Beauregard	博勒伽尔	Erasme	伊拉谟斯
Bellot	贝洛	Esope	伊索
Béranger	贝朗瑞		

原文	译文
Fabricius	法布里齐乌斯
Favier	法维埃
Félicien David	戴维
Florian	弗罗里安
Flourens	弗卢朗
Franklin	富兰克林
Frisch	弗里希
Gaston Paris	加斯东·帕里斯
Géer	吉尔
Gilbert	吉尔伯特
Gledditsch	格勒迪希
Goedart	哥达尔
Grandville	格兰维尔
Hernandez	埃尔南德斯
Hérodote	希罗多德
Herschell	赫尔歇尔
Horace	贺拉斯
Huber	于贝尔
Illiger	伊利热
Jacotot	雅克多
Jacques Bernouilli	伯努利
Jean-Jacques	让·雅克
José-Maria de Heredia	埃雷迪亚
Joseph	约瑟夫
Judulien	朱迪里安
Jullian	朱利安
Jussieu	朱西厄
Képler	开普勒
Klug	克鲁格
L. Couty	库笛
La Fontaine	拉·封登
La Palice	拉·巴利斯
Lacordaire	拉科代尔
Lagrange	拉格朗日
Laplace	拉普拉斯
Latreille	拉特雷依
Leibnitz	莱布尼茨
Lenz	兰兹
Léon Dufour	杜福尔

原文	译文
Lepeletier de Saint-Fargeau	拉普勒蒂埃
Lhomond	洛蒙德
Liebig	李比希
Linné	林奈
Loriol	罗里奥尔
Lucas	吕卡
Lucie	露丝
Lucrèce	卢克莱修
Lycurgue	里库格
Mac-Leay	麦克勒维
Magendie	玛让迪
Malpighi	马尔比基
Marie-Pauline	玛丽－波丽娜
Marius Guigue	马里尤斯
Martial	马提雅尔
Matthiole	马蒂约
Mesmer	梅斯梅尔
Michelet	米什莱
Mithridate	米特里达特
Modéer	摩德埃尔
Molière	莫里哀
Montaigne	蒙田
Montezuma	蒙特儒马
Moquin-Tandon	莫干－唐东
Mulsant	米尔桑
Nemrod	宁录
Newport	牛波特
Newton	牛顿
Octave	屋大维
Olivier	奥利维埃
Omar	欧麦尔
Osiris	奥斯里斯
Ovide	奥维德
Pascal	帕斯卡尔
Passerini	帕瑟里尼
Pasteur	巴斯德
Paul	保尔
Pélias	珀利阿斯
Pérez	佩雷

原文	译文	原文	译文
Perse	贝尔斯	Victor Duruy	杜雷
Persoon	佩尔松	Virgile	维吉尔
Phidias	菲迪亚斯	Vitruve	维特鲁威
Platon	柏拉图	Voltaire	伏尔泰
Plaute	普劳图斯	Vulcain	伍尔坎
Pline	普林尼	Xavier de Maistre	梅斯特尔
Proudhon	蒲鲁东		
Pythagore	毕达哥拉斯	[地名]	
Rabelais	拉伯雷		
Racine	拉辛	Ajaccio	阿加克西奥
Raspail	拉斯帕耶	Allioni	阿里奥尼
Réaumur	雷沃米尔	Amazone	亚马逊
Redi	热蒂	Anazarba	阿那扎巴
Régulus	雷古卢斯	Andes	安第斯山脉
Requien	雷基安	Apt	阿普特
Rhamsès	拉姆西斯	Aramon	阿拉蒙
Robinson	鲁滨逊	Ardèche	阿尔代什
Romanes	罗缪路斯	Argentine	阿根廷
Rondelet	隆德勒	Arles	阿尔
Rosa	罗莎	Attique	阿提喀
Roussel	卢塞尔	Auvergne	奥弗涅
Rumford	拉姆福特	Aveyron	阿维龙
saint Roch	圣克罗	Avignon	阿维尼翁
Saint-André	圣安德烈	Aygues	埃格河
Socrate	苏格拉底	Babylone	巴比伦
Sophocle	索福克勒斯	Baglivi	巴格利维
Spallanzani	斯帕朗扎尼	Barbentane	巴邦塔纳
Swammerdam	斯瓦麦尔达姆	Beaumont	博蒙
Th. Delacour	德拉库尔	Bonifacio	博尼法西奥
Thénard	泰纳尔	Bordeaux	波尔多
Théocrite	忒奥克里托斯	Bordelais	波尔德莱
Thestylis	特斯梯利丝	Bourgogne	勃艮第
Thomas Moufet	托玛斯·穆菲	Brésil	巴西
Thoutmosis	图特摩斯	Bretagne	布列塔尼
Tibère	迪贝尔	Bruxelles	布鲁塞尔
Toricelli	托里切利	Buenos-Ayres	布宜诺斯艾利斯
Toussenel	图塞内尔	Byzance	拜占庭
Triboulet	特里布勒	Calabres	卡拉布尼亚
Varron	瓦罗	cap Nord	北海海峡

原文	译文	原文	译文
Caraïbe	加勒比	kabyle	卡比利亚
Carnac	卡纳克	la Caspienne	里海
Caromb	卡隆	La Plata	拉普拉塔
Carpentras	卡班特拉	Lagarde	拉嘉德
Carthage	迦太基	Landes	朗德
Catalogne	卡塔洛涅山	Latium	拉丁姆
Cavaillon	卡瓦翁	les Angles	安格尔
Cayenne	卡宴	les Issarts	伊萨尔
Cette	塞特	Leyde	莱顿
Château-Renard	蕾纳尔堡	Longchamp	隆香
Colchos	科尔科斯	Lyon	里昂
Constantine	君士坦丁城	Macédoine	马其顿
Constantinople	君士坦丁堡	Maillanne	马雅内
Corse	科西嘉岛	Marseille	马赛
Crète	克里特岛	Maurice	毛求斯
Crimée	克里木	Mecque	麦加
Danube	多瑙河	Memphis	孟菲斯
Delphes	德尔菲	mer Rouge	红海
Domitia	多米西亚公路	Milo	米诺斯岛
Down	顿城	mont Cenis	塞尼山
Drâme	德龙省	monte Renoso	雷诺索山
Durance	杜朗斯河	Montpellier	蒙彼利埃
Ephèse	以弗所	Nil	尼罗河
Etna	埃特拉	Nîmes	尼姆
Euphrate	幼发拉底河	Nouvelle-Calédonie	新喀里多尼亚
Font-Claire	封克莱尔	Nubie	努比
Gard	加尔省	Orange	奥朗日
Gascogne	比斯开	Palavas	帕拉瓦
Gigondas	吉贡达山脉	Palestine	巴勒斯坦
Golconde	戈尔孔达	Pernes	佩尔纳
Groenland	格陵兰	Pérou	秘鲁
Guyane	圭亚那	Phocée	佛塞
Haut Nil	上尼罗河	Piolenc	皮奥朗克
Îles d'Hyères	耶尔群岛	Poitiers	布瓦蒂埃
Îles Sanguinaires	圣吉内尔群岛	Polynésie	波利尼西亚
Inde	印度	Pont	蓬特
Jéricho	耶利哥	Portugal	葡萄牙
Juan	莱昂	Pouille	普伊
Kaaba	克尔白圣庙	Provence	普罗旺斯

原文	译文
Réunion	留尼旺
Rhône	罗讷河
Roberty	罗伯蒂
Rodez	罗德
Rouergue	鲁埃格
Roussillon	鲁西荣
Sahara	撒哈拉
saint Antoine	圣安托万
Saint-Armans	圣阿曼
Saint-Jean	圣让
Saint-Martial	圣马西亚
Saint-Sever	圣塞维
Savoie	萨瓦
Sébastropol	塞巴斯托波尔
Sénégal	塞内加尔
Sérignan	塞里昂
Sicile	西西里

原文	译文
Sion	丝隆
Sirius	西里乌斯
Sodome	索多姆
Spitzberg	斯匹茨卑尔根
Tarascon	塔拉斯孔城
Texas	得克萨斯
Toulourenc	土鲁朗克河
Toulouse	图卢兹
Uchaux	余霄山
Vaison	维松
Valence	瓦伦西亚
Varna	瓦尔拉
Vaucluse	沃克吕兹省
Ventoux	万杜山
Villeneuve	维勒尼弗
Westminster	威斯敏斯特

《昆虫记》汉译小史（代跋）

秦　颖

法布尔（Jean-Henri Fabre, 1823—1915）是法国著名昆虫学家、动物行为学家、作家，十卷《昆虫记》是他耗费毕生心血写成的一部昆虫学巨著。法布尔于1823年生于法国南部圣雷翁村一户农家，童年是在乡间与花草虫鸟一起度过。1857年，他发表了处女作《节腹泥蜂习性观察记》，这篇论文修正了当时的昆虫学祖师列翁·杜福尔的错误观点，由此而赢得了法兰西科学院的荣誉，被授予实验生理学奖。达尔文也给了他很高的赞誉，在两年后出版的《物种起源》中称他为"无与伦比的观察家"。1879年，《昆虫记》第一卷问世，1910年，《昆虫记》第十卷出版。1915年，92岁的法布尔在他钟爱的昆虫陪伴下，静静地长眠在荒石园。他一生著述甚丰，著有许多科学论文和科普作品，其中最有影响的是十卷本的《昆虫记》。

在中国第一个介绍法布尔《昆虫记》的是周作人。《法布耳〈昆虫记〉》最初在1923年1月26日的《晨报副镌》上刊出，之后收入了《自己的园地》。周作人在这篇文章中说：

> 法布耳的书中所讲的是昆虫的生活，但我们读了却觉得比看那些无聊的小说戏剧更有趣味，更有意义。……我们看了小说戏剧中所描写的同类的运命，受得深切的铭感，现在见了昆虫世界的这些悲喜剧，仿佛是听说远亲的……消息，正是一样迫切的动

心，令人想起种种事情来。他的叙述，又特别有文艺的趣味，更使他不愧有"昆虫的史诗"之称。戏剧家罗斯丹（Rostand）批评他说，"这个大科学家像哲学者一般的想，美术家一般的看，文学家一般的感受和抒写"，实在可以说是最确切的评语。默忒林克（Maeterlinck）称他为"昆虫的荷马"，也是极简明的一个别号。

同年8月4日和8月25日，周作人接着又在《晨报副镌》上发表了两篇转译自美国哈恩布路克编《昆虫故事》（法布尔原著）中玛托思英译本的《蝙蝠与癞虾蟆》《蜘蛛的毒》，署名作人。为纪念法布尔诞辰一百周年，周作人还由英国麦妥思英译本转译了《爱昆虫的小孩》，译文后附有长篇《附记》，将法布尔及其《昆虫记》又做了一番全面的介绍。该文刊发于当年9月《妇女杂志》九卷九号，署名周作人。1933年10月14日他在《大公报》刊出的《蠕范》一文中，甚至发出慨叹："读一本《昆虫记》，胜过一堆圣经贤传远矣。"1935年3月在《文饭小品》第四期上发表的《科学小品》中，周作人再次谈到：

> 我不是弄科学的，但当作文章看过的书里有些却也是很好的科学小品，略早的有英国怀德的《色耳彭自然史》，其次是法国法布耳的《昆虫记》。这两部书在现今都已成为古典了，在中国知道的人也已很多，虽然还不见有可靠的译本，大约这事真太不容易，《自然史》在日本也终于未曾译出，《昆虫记》则译本已有三种了。

这往后几十年，只要有机会，周作人总会引征《昆虫记》。我们稍稍翻查一下，他的自编文集，如《苦口甘口》《苦茶随笔》《自己的园地》《泽泻集》《夜读抄》《立春以前》《饭后随笔》《瓜豆集》《冥土旅行》等中，都会发现有文字涉及法布尔或《昆虫记》。

鲁迅先生也一直钟情于《昆虫记》，据《鲁迅日记》中关于法布尔《昆虫记》的记载，他从1924年起就开始购买："下午往东亚公司买《辞林》一本，《昆虫记》第二卷一本，共泉五元二角。"（11月28日日记）因《昆虫记》是分册出版，版本又很多，不易购齐，这之后鲁迅一直在搜购。请看鲁迅先生日记中关于购买《昆虫记》的部分记载：

1924年12月16日：东亚公司送来亚里士多德《诗学》一本，本华尔《论文集》一本，《昆虫记》第一卷一本，共泉六元四角。

1927年10月31日：上午得淑卿信，二十四日发，又《昆虫记》二本，书面一枚。午后往内山书店买《昆虫记》一本，文学书三本，共泉八元。

1930年2月15日：午后往内山书店买《昆虫记》（分册十）一本，六角。

1930年5月2日：往内山书店买《昆虫记》（五）一本，二元五角。

1930年12月23日：下午往内山书店买小说二本，《昆虫记》二本，计泉八元。

1931年1月17日：往内山书店买《昆虫记》（六）一本，二元五角。

1931年2月3日：买《昆虫记》（六至八）上制三本，共十元……

1931年9月5日：午后往内山书店，得《书道全集》（二十二）一本，《岩波文库》本《昆虫记》（二、一八）二本，共泉三元六角。

1931年9月29日：午后往内山书店买《世界裸体美术全集》（二及五）二本，十五元；丛文阁版《昆虫记》（九）一本，二元二角。

1931年11月4日：午后往内山书店买《书道全集》（一）、《昆虫记》各一本，共泉五元。

1931年11月19日：下午往内山书店买《昆虫记》布装本（九及十）二本，共七元……

直到1936年初鲁迅还给友人写信，请托购买。1936年3月21日，鲁迅致当时留学日本的翻译家许粤华的信中说《昆虫记》"德译本未曾见过，大约也是全部十本，如每本不过三四元，请代购得寄下，并随时留心缺本，有则寄为荷"。当时，鲁迅身体已经很不好，半年后即辞世。周建人的《鲁迅与自然科学》也记到，直到生命最后一年，鲁迅还在从欧洲陆续邮购《昆虫记》英译本，计划两兄弟合译出来。现在，我们翻看鲁迅的藏书，光日文版本就有三种：一、大杉荣等译，大正十三年至昭和六年（1924—1931）东京丛文阁版精装本；二、林达夫、山田吉彦译，昭和五年至十七年（1930—1942）东京岩波书店出版，

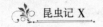

"岩波文库"本；三、大杉荣、椎名真二译，昭和三年至六年（1928—1931）东京丛文阁版平装本。

鲁迅买《昆虫记》读《昆虫记》想译《昆虫记》，不仅仅是因为它在西方文化中的地位，而是更看重它在中国现代文化的发展和中国国民性改造中的作用。他从《昆虫记》中得到了知识、启发，获得了武器。鲁迅是人性和国民性的解剖者，他一生致力的目标之一便是中国现代文化的发展和中国国民性的改造，而他常常以《昆虫记》的例子来做人性和国民性的解剖。1925年4月，他在《春末闲谈》中谈到法布尔："自从法国的昆虫学大家发勃耳（Fabre）仔细观察之后，给幼蜂做食料的事可就证实了。而且，这细腰蜂不但是普通的凶手，还是一种很残忍的凶手，又是一个学识技术都极高明的解剖学家。她知道青虫的神经构造和作用，用了神奇的毒针，向那运动神经球上只一螫，它便麻痹为不死不活状态，这才在它身上生下蜂卵，封入巢中。青虫因为不死不活，所以不动，但也因为不死不活，所以不烂，直到她的子女孵化出来的时候，这食料还和被捕当日一样的新鲜。"这些知识当然是来自法布尔。在文中，他借细腰蜂发一通议论，表明他对人类社会、对历史的看法，他对中国古代的圣君、贤臣、圣贤的"黄金世界"做了批判，揭露了古今中外那些为现实政治统治权力而编造出来的文化理论和文化学说。又如，鲁迅在谈到知识分子的启蒙时，主张首先是要有好读物，适于青年的读物。他特别指出："单为在校的青年计，可看的书报实在太缺乏了，我觉得至少还该有一种通俗的科学杂志，要浅显而且有趣的。可惜中国现在的科学家不大做文章，有做的，也过于高深，于是就很枯燥。现在要Brehm的讲动物生活，Fabre的讲昆虫故事似的有趣，并且插许多图画的；但这非有一个大书店担任即不能印。至于作文者，我以为只要科学家肯放低手眼，再看看文艺书，就够了。"（《通讯》）

鲁迅在1933年写的《"人话"》一文中，以法布尔《昆虫记》为例，谈到读书观文的要旨，要能读出作者的观点立场来。他极不主张说教。他说："现在很有些人做书，格式是写给青年或少年的信。自然，说的一定是'人话'了。但不知道是哪一种'人话'？为什么不写给年龄更大的人们？年龄大了就不屑教诲么？还是青年和少年比较的纯厚，容易诓骗呢？"在《小杂感》《名人和名言》等文章中都借昆虫发表了他的大见解。鲁迅读《昆虫记》，里面的实例常常成了投枪，战斗的利器。从中我们不难看出其思想的基础和出发点。

而周作人，关于《昆虫记》，有更充足的议论和看法。他在《祖先崇拜》一文中有一句话："我不信世上有一部经典，可以千百年来当人类的教训的，只有记载生物的生活现象的比阿洛支（按：指生物学），才可供我们参考，定人类行为的标准。"对这句话，他后来反复加以引用申说。他在《自然》（1944）一文中，在重复了上一句话后发挥道："这也可以翻过来说，经典之可以做教训者，因其事于物理人情，即是由生物学通过人生哲学，故可贵也。我们听法勃耳讲昆虫的本能之奇异，不禁感到惊奇，但亦由此可知焦理堂言生与生生之理，圣人之易，而人道最高的仁亦即从此出。"在《博物》（1945）一文中，他再次重申这句话："生物学的知识也未始不可为整个人生问题研究之参考资料。我不信世上有一部经典，可以千百年来当人类的教训的，只有记载生物的生活现象的比阿洛支，才可供我们参考，定人类行为的标准。我至今还是这样想，觉得知道动植物生活的概要，对于了解人生有些问题比较容易，……如《论语》上所说，多识于鸟兽草木之名，与读诗有关，青年多认识种种动植物，养成对于自然之爱好，也是好事，于生活很有益，不但可以为赏识艺文之助。生理生态我想更为重要，从这里看出来的生活现象与人类原是根本一致，要想考虑人生的事情便须得于此着手。"周作人论述道，中国人一向是拙于观察自然的，自然科学在中国向来就不发达，而所谓植物或动物学从来都只是附属于别的东西之上，比如说经部的《诗经》《尔雅》，史部的地志，学部的农与医。地志与农学没有多少书，关于不是物产的草木禽虫就不大说到了，结果只有《诗经》《尔雅》的注笺以及《本草》可以算是记载动植物事情的书籍。可见博物学向来只是中国文人的余技。而关心的都是造物奇谈，这些东西有的含有哲理，有的富于诗趣，这都很有意思，但其中缺少的却是科学的真实。自然考察薄弱的同时，我们又往往喜欢把这些与人事连接在一起，将自然界的种种儒教化，道教化。将人类的道德用于自然。鲁迅的《"人话"》一文便是针对这一点而来。然而，周作人的脾性不像哥哥那般锋芒毕露，而是冲淡平和，他在自己的文章中几十年如一日地谈论博物，推举多识鸟兽虫鱼，其思想的深刻和对中国文化批判的力度，并不输给哥哥。他反用《论语》里的"小子可莫学夫诗"一章说"多识于鸟兽草木之名，可以兴，可以观，可以群，可以怨，迩之事父，远之事君，觉得也有新的意义，而且与事理也相合，不过事君或当读作尽力国事而已"（《自然》）。他又说道："中国国民的中心思想之最高点为仁，即是此原始的生存道德所发达而成，如不从生物学的立脚地来看，不能了解其意义之深厚。我屡次找机会劝诱青年朋友留意动物的生活，获得物理学上的常识，主要的目的就在这里。其次是希望利用这些知识，去纠正从前流传下来的伦理化的自然观。"（《博物》）

周氏两兄弟对《昆虫记》的推崇，共同点是认为这本书是有趣的、有益的，对青少年来说是难得的科学精神和科学知识的普及读本。立足点都是中国国民性的改造和中国现代文化的发展。对鲁迅先生来说，还夹杂有对生物科学的感情因素。"鲁迅先生从学医的时候起，及以后，对于生物科学及生物哲学都很有兴趣。他在去世不远的几年前还翻译过《药用植物》，又想译法布尔的《昆虫记》，没有成功。"［见乔峰（即周建人）《略讲关于鲁迅的事情》，人民文学出版社1954年版］而周作人则从其闲适冲淡的人生哲学和审美趣味出发，在《昆虫记》中看到更多的是文艺的趣味和生物生理的启蒙，对"诗与科学两相调和"带来的美感大加推崇。

正是周氏兄弟的这般推崇、介绍，国人开始知道法布尔和《昆虫记》，开始翻译法布尔作品集。

1927年上海出版了林兰的选译本《昆虫故事》（据《昆虫学忆札》译后记）。1932年上海商务印书馆出版了王大文据英文改写本译成的《昆虫记》一册（版权页注明：原著者：J.H.Fabre，英译者：Alexander Teixeira De Mottos，重述者：Mrs. Rodolph Stawell，译述者：王大文，发行人：朱经农。英文原名：*Fabre's Book of Insects*。这个本子以后多次重印，收入不同的套书中），有插图5幅，正文共16章，无任何前言、后记、说明文字。同年，上海儿童书局出版了《法布尔科学故事》（第一集）再版本（显然该书初版要早于此年），董纯才译，101页，有插图。二十世纪三十年代中期还翻译出版过一些法布尔的其他作品和传记。如1935年上海开明书店"开明青年丛书"中的《科学的故事》，宋易译。该书译序说，"这译本的初稿是在1931年秋完成的，所根据的本子是F.C.Bicknell氏的英译本，和大杉荣与伊藤野枝两人的日译本"。译序中还谈到顾均正译有法布尔的另一本同类著作《化学奇谈》。1935年7月，商务印书馆王云五、周昌寿主编的"自然科学小丛书"中收入《法布尔传》二册，原书名：*Fabre, Poet of Science*，原著者：G.V.Legros，林奄方译。该书收有法布尔的生活、研究、交友、住宅等照片十余篇。1936年中华书局出版向仲据F.C.Bicknell英译本重译的《法布尔科学故事》。另外，从《商务印书馆图书目录1897—1949》中，知道曾出版过一本法布尔的《科学故事》，宋一重译，收入"新小学文库五年级自然科"，没注明出版时间。这些大概是三十年代我国对法布尔的译介简况。四十年代，上述法布尔的图书继续重版，又添了其他的品种。1945年8月，开明书店出版了宋易翻译的《家常科学谈》，这也是个从英文本转译的本子，英文原名为*The Secret of Everyday Things, Informal Talks with the Children*，F.C.Bicknell，译自法文。据译者称，此书从1932年开始断断续续译了十几年。他还提到成绍宗译有法布尔的《家禽的故事》。1948年光华书店出版了一本法布尔写的《生物奇谈》，仍是宋易译，收入"大众科学丛书"。三四十年代出版的这些法布尔的著作，70岁以上的老一辈知识分子，都会有依稀的记忆。家父说四十年代读中学时，老师曾推荐他们读过法布尔的《昆虫世界》，开明书店出版，贾祖璋译。当我将这一说法求证于何兆武先生时，他说他小学时读的，正是贾祖璋的译本，书名没印象了，但记得封皮是蓝色的，点缀了许多的小星星。五六十年前的事情，记忆不一定准确，贾祖璋有鸟类译著和著作多种，目前尚未查到他有关昆虫的译著。但这些都说明了法布尔在我国的影响。

　　姑且将二十世纪三四十年代称为法布尔传入我国的第一阶段。从目前所掌握的法布尔的译本的版本看，主要是把他当作一位科普作家，对象主要是青少年读者。虽然当时也强调"这科学的诗人的文字和谈话正是些美丽的散文，活的有生命的小品"（《家常科学谈》译者序注）。

　　五六十年代，法布尔的和关于法布尔的书仍有出版，既有重版本，也有新译本。1951年上海百海书店出版了沙克军翻译的《昆虫的故事》，收入"百新青年丛刊"，这是一个据英文节译本转译的译本。同年，北京开明书店出版了顾瑞金翻译的《蜘蛛的故事》，书前有梅特林克的长文《昆虫的诗人》，这是一篇重要的评介文章，文中写道："天赋的诗人气质，使得法布尔能够避免人工的虚饰而又富于情趣，自成一格，能跻身今日第一流的散文作品之列。"也是他给法布尔冠上"昆虫的荷马"的美名。仍是这一年，天津知识书店出版了一本法布尔传《昆虫的好伴侣——法布尔》，严大椿编撰，收入"新少年读物"之中。此书

1956年又由上海儿童读物出版社重印，书名《法布尔》。三十年代王大文的译本《昆虫记》1956年修订重印，24开，彩色插图14幅，改名《昆虫的故事》，1995年广东人民出版社租型印刷过。这个本子1974年在台北出版，书名改回为《昆虫记》。1963年上海少年儿童出版社"科学家传记丛书"中出了一本《法布尔》（*The Insect Man*），原著者是英国的E.Doorly，徐亚倩译。1976年台北徐氏基金会出版《昆虫的生活》，洪霈浓译，收入"科学图书大库，童子军科学丛书"。

八十年代，商务印书馆的"外国历史小丛书"中出了一本《"昆虫汉"法布尔》，胡业成著。1981年少年儿童出版社出版了张作人译的《胡蜂的生活》，由法文本译出，收入"少年自然科学丛书"，此本当是第一个译自法文原作的选本。同年黑龙江人民出版社出版日本小林清之介著、宋世宜译的《法布尔》，1983年上海少年儿童出版社重版严大椿编著的《法布尔》，1987年北京科普出版社出版勒格罗著、张正严等译的《法布尔生平》。

这40年，法布尔留给读者的印象不能说太深。30至60岁的人中，知道法布尔，读过《昆虫记》的并不多，其影响大大不如第一阶段。

但把镜头切换到九十年代，完全是一番不同的景象了。1992年12月，作家出版社悄悄抛出一个由法文原版选译的本子《昆虫记》，王光译，罗大冈作序，此本为"四季译丛"中的一种，出版后一直湮没不彰。这个本子在法布尔的翻译介绍上有其地位，它不是将法布尔的名著《昆虫记》改写成浅显易读的儿童读物，而是强调它在文学史上的地位。罗大冈先生的序说："《昆虫记》在法国自然科学史与文学史上都有它的地位，也许在文学史上的地位比它在科学史上的地位更高些。"1997年6月，花城出版社出版了据法文本选译的《昆虫的故事》，黄亚治译，梁守锵校，十余万字，配30幅插图。大概是这本书引发了法布尔《昆虫记》新一轮的出版热潮，这本科学与艺术完美结合的巨著再次成为读书界、青少年关注的热点。1997年12月，作家出版社将《昆虫记》选译本修订重版，并于1999年推出"观照生命书系"九种：《蜘蛛画地图》《公鸡背母鸡》《乌鸦照镜子》《害虫记》《胡蜂的甜言蜜语》《在太阳里打瞌睡》《燃烧的大拇指》《感情动物》《敬畏生命·法布尔传》（太阳工作室译）。河北教育出版社于1998年出版了《昆虫物语》（太阳工作室译），未注明所据文本。据有关专家将之与法文原著比读，发现并不能完全切合，推测可能译自日文本。上海文化出版社1998年出版《昆虫世界》，谭常轲译，未注明所据文本，收入"第一推荐丛书"。1999年1月陕西旅游出版社推出六卷本：《大自然的清道夫——粪金龟》《花丛中的小刺客——狩猎蜂》《夏日林中的歌手——蝉》《荒野中的冷面杀手——蝎子》《纪律剧团的小雄兵——蚂蚁》《长嘴巴的能工巧匠——象鼻虫》，没注明所据文本，配有大量插图。湖南教育出版社1999年出版王光译《昆虫学忆札》，收入"世界科普名著精选"（与作家出版社本多有重复）。海南出版社1999年12月推出《法布尔观察手记》（精华卷）六种：《蜘蛛的生活》《蝎子的生活》《象鼻虫的生活》《苍蝇的生活》《石匠黄蜂》《昆虫家族神奇的本能》，据多家英文本译出。与此同时，法布尔的传记也出版了三四个之多。短短三年多时间里，出版界上演了一出空前的"昆虫总动员"，法布尔的《昆虫记》及其他的作品达十余种。海峡对岸似乎感应到了母体内昆虫的这般躁动，遥相呼应，于1993年出版了八卷本《昆虫记》（包括一本法布尔传），此书系据奥本大三郎日文改写本转译过来，东方出版社出版。2001年推出一个选译本《昆虫诗人法布尔》，张瑞麟译，梅林文化公司出版。

九十年代的这一出"昆虫总动员"，以花城出版社2001年1月推出的由法文原本译出的《昆虫记》十卷全译本，画上了一个句号。而从鲁迅、周作人最初介绍并呼唤有人来翻译编纂算起，有近80年了。《昆虫记》这部经典在经历了百年的介绍和节译后，终于有了从法文原文直接翻译的全本。

（原载《读书》2002年第7期）